西门子工业自动化技术丛书

西门子 SIMATIC WinCC 使用指南

下　册

组　编　西门子（中国）有限公司

主　编　陈　华

副主编　雷　鸣　朱飞翔

　　　　张占领　张　腾

主　审　刘书智

机械工业出版社

本书将完全按照深入浅出的思路，以任务为导向，加以精准的理论说明，最终以任务实现的完整过程对 SIMATIC WinCC V7.4 进行全面的介绍。

针对任务，将 WinCC 中相关的功能进行了详细的说明，使读者能够充分地了解 WinCC 的工作机制及原理。通过相关的理论说明及介绍，使读者能够掌握相关知识并结合自身想法去实现任务。在每个章节的最后部分，以 Step-by-Step 的方式，将任务实现的过程清晰地呈现给读者以达到浅出效果。

本书以条目 ID 的方式嵌入基于西门子官方总结出的用户常见问题并提供官方相关 FAQ 链接。

本书可以帮助工控行业用户中的新手快速入门，也可供具有相关 WinCC 使用经验的工程师借鉴及参考，提高使用水平，还可用作大专院校相关专业师生的学习资料。

图书在版编目（CIP）数据

西门子 SIMATIC WinCC 使用指南：全 2 册/陈华主编. —北京：机械工业出版社，2018.11（2024.6 重印）

（西门子工业自动化技术丛书）

ISBN 978-7-111-61505-7

Ⅰ.①西⋯　Ⅱ.①陈⋯　Ⅲ.①可编程序控制器-指南
Ⅳ.①TM571.61-62

中国版本图书馆 CIP 数据核字（2018）第 267659 号

机械工业出版社（北京市百万庄大街 22 号　邮政编码 100037）
策划编辑：林春泉　　　　　责任编辑：林春泉
责任校对：王　延　郑　婕　封面设计：鞠　杨
责任印制：单爱军
北京虎彩文化传播有限公司印刷
2024 年 6 月第 1 版第 6 次印刷
184mm×260mm·39.5 印张·955 千字
标准书号：ISBN 978-7-111-61505-7
定价：168.00 元

前　　言

　　"数字化正在改变着我们的一切！"除了人们的日常生活，同样也在深刻地影响着传统制造业。在"工业4.0""数字化"的浪潮之下，工厂企业如何基于当前已实现的电气化、自动化的现状，让生产线稳步迈向信息化、智能化，以帮助企业解决生产过程中实际存在的信息孤岛、产品质量、生产柔性及效率等问题？这些都依赖于生产中无处不在的数据，无论是工艺参数、报警消息、状态信息还是上层的管理数据等。万丈高楼平地起，首先需要考虑的是夯实这个"数字化"的数据基础，让这些数据足够的"透明"并能够在自动化控制层与上层MES/ERP各层级之间流转，并被再次加工成更具价值的信息，让生产运营和管理人员能够真正做到"心中有数"，而且是心中有"实数"时，才有可能找到解决问题、优化生产的切入点。

　　作为西门子TIA（全集成自动化）理念中的关键组成之一，过程可视化软件平台SIMATIC WinCC是自动化系统与IT系统之间互联互通的信息枢纽，承载了"实数"集散中心的作用。软件平台的通用性和开放性，即可畅享简单集成，亦可纵享无限可能。

　　首先，软件集成的各种通信驱动，确保所采集的生产现场的原始数据是实时、有效且准确的。其次，所集成的高效、可靠的实时历史数据库系统，又确保了这些数据的一致性、长期有效性和可追溯性。

　　诚然，这些采集的未经过加工处理、仅具时间属性的原始数据，其对生产所带来的价值通常并不容易被人们所感知。SIMATIC WinCC为此提供的专业工具，诸如：系统及过程故障的快速识别定位、基于生产状态的预防性维护策略、基于OEE（全局设备效率）的设备性能潜力挖掘，"管之有道"方能成就"设备高效"；追溯生产全过程的批次数据管理，全透明化的能源消耗与成本管理，"有数可依，有据可溯"方能成就"质量可控，能效可优"。再则，基于现代网络和IT技术，生产操作和运营管理人员，纵使在千里之外，也可以使用PC，甚至手机、iPad这些智能终端"随时随地"掌控设备状态，感知数据精炼之后带来的价值。简而言之，SIMATIC WinCC软件平台的功能也远远超越传统SCADA（监视控制和数据采集）系统的范畴，支撑了更多的聚焦于生产线和车间的"透明化运营管理"功能，可以帮助企业实实在在地解决在生产制造环节的"数从何来""数存何处""数有何用"的基础问题，同时为企业实现终极"数字化"，夯实了基础，拓宽了道路。

　　为了让大家对SIMATIC WinCC这样一款优秀的软件平台有更好、更深入的理解，我们几年前就开始策划这本基础教材，反复讨论了章节体系和写作方式，力求全书系统连贯，每个章节简单易学、可实践，以期达到"深入浅出"。本书的作者和主审都来自西门子技术支持部，拥有超过10年的SIMATIC WinCC应用开发经验，是这支数十人的SIMATIC WinCC支持团队中最资深的技术专家；他们在日常繁重的技术支持工作之余，承担了本书的编写工作，占用了他们大量工作之外的宝贵时间，有的人为了思路不被打断，甚至请了年假在家专心写作，有的人因为书稿最后的集中会审，错过了孩子的生日，本人对此充满无限的感激和敬意！同时也对这本凝集了他们心血、由他们经验转换成的文字作品充满期待！坚信读者们"开卷必有益"！尽管作者们对书稿"精益求精"，主审也"百般挑剔"，但也难免还有考虑不周之处，欢迎广大读者朋友们不吝赐教，提出宝贵意见。谢谢！

何海昉

西门子数字化工厂集团

SIMATIC WinCC 产品经理

如何使用本书

本书首先对 WinCC 的功能进行了描述，然后与实际组态操作过程相结合，以便于读者理解 WinCC 功能后能够学以致用。

在相关描述的过程中，本书引用了一些西门子网站中的已有资源，便于读者通过西门子网站进一步阅读相关资料。并且可以充分利用网站资源学习、掌握更多的使用技巧以便查找西门子产品的相关信息。

在实际组态操作过程中，编者对步骤进行了许多详细的描述，并通过便于理解的图片将操作过程可视化。

1. 如何使用网站资源

在本书各章节中，读者可看到例如"条目 ID xxxxxx"的字样。xxxxxx 有纯数字或字母加数字两种形式，可以访问"西门子工业支持中心"网站，通过不同的入口链接进入网站后输入两种不同形式的条目 ID，即可查看详细文档内容。

西门子工业支持中心网站链接：http：//www.siccc.cn

网站包含：

1）全球技术资源库；

2）下载中心；

3）找答案；

4）技术论坛；

5）在线学习园地；

6）咱工程师的故事；

7）产品技术支持主页；

8）售后服务。

如果条目 ID 为纯数字时，在网站首页的"搜索产品资料"输入域中输入该数字后单击搜索即可直接跳转到具体文档链接，如图 1 所示。

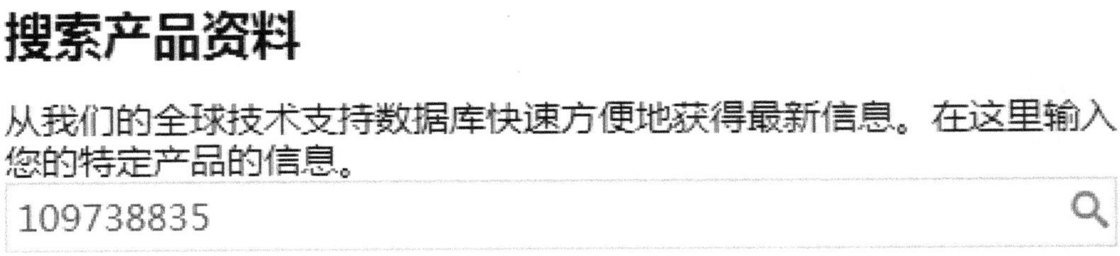

搜索产品资料

从我们的全球技术支持数据库快速方便地获得最新信息。在这里输入您的特定产品的信息。

109738835

图 1 搜索数字条目 ID

单击搜索按钮后即可直接跳转到具体文档页面，结果如图 2 所示。

图 2　搜索结果

如果条目 ID 为字母加数字形式时，在网站首页单击"下载中心"，跳转到下载中心页面如图 3 所示。

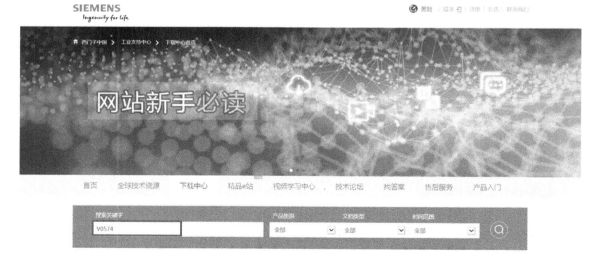

图 3　下载中心首页

在下载中心首页的"搜索关键字"输入域中输入该字母加数字后单击搜索即可看到查询结果，如图 4 所示。

图 4　搜索结果

也可通过移动设备扫描图 5 中的二维码，访问 "西门子工业技术支持中心" WAP 站点进行搜索。

图 5　支持中心 WAP 站点二维码

西门子 WinCC 专属网站链接：http：//www.wincc.com.cn，也可通过移动设备扫描图 6

中的二维码，访问 WinCC 专属 WAP 站点。

扫描二维码，手机看网站

图 6　WinCC WAP 站点二维码

　　通过该网站读者可以获取 WinCC 的相关信息。本书中所提供的相关 Demo 示例程序，也可通过该网站下载，需要手工输入网址为 http：//www. wincc. com. cn/winccbook。

　　2. 本书操作指示说明

　　为便于读者更好地理解操作过程，编者在具体操作过程的截图中使用了大量的操作指示。具体含义见表 1。

表 1　操作指示

图　标	说　明
	单击鼠标左键
	单击鼠标右键
	双击鼠标左键
	通过键盘输入文本（或表示可编辑、可选择的选项）
	按住鼠标左键拖拽

（续）

图　标	说　明
	按住鼠标右键拖拽
	键盘 Ctrl + 单击鼠标左键
	Shift + 单击鼠标左键
	键盘 Ctrl + A

其中 ① 为步骤标识号，具体操作按照该步骤数顺序执行即可完成。

目　　录

第9章 报 表 系 统

工业生产中的报表一般用来记录现场的工艺参数和统计信息。在 WinCC 的基本包中，提供了报表编辑器，用于实现报表的创建和输出。本章主要介绍了如何使用 WinCC 报表编辑器实现项目中的报表功能。

在 WinCC 中，支持输出的报表包括项目文档和运行系统文档，其中项目文档输出的是 WinCC 项目的组态数据，运行系统文档输出的是项目运行期间生成的实时和历史数据。通常的报表需求多为打印项目运行过程中现场采集和归档的数据，即打印输出运行系统文档。

WinCC 的报表编辑器中还提供了连接外部数据的控件。通过这些控件可以打印外部的 CSV 文件和具有 ODBC 接口的数据源中的数据。此外，WinCC 还支持打印输出当前运行项目的画面等功能。

通过对本章内容的学习，读者能够熟悉 WinCC 的报表功能，能够熟练使用 WinCC 的报表编辑器组态常用的报表并实现打印功能。

9.1 实现原理

WinCC 的报表编辑器包含两部分内容，即布局和打印作业。布局必须与打印作业关联后才能最终输出报表。

在 WinCC 项目中，通过布局编辑器组态布局，在 WinCC 中布局包含页面布局和行式布局，它们对应的编辑器分别为页面布局编辑器和行布局编辑器。当打开一个页面布局时，就打开了页面布局编辑器的编辑界面。通常在布局中组态报表输出的外观和数据源，例如：页面的纸张大小、页眉页脚、需要打印的数据对象和数据的呈现形式等。组态页面布局时有很多的对象和控件可供选择，通过简单地拖拽就可以实现页面布局的设计。行式布局用于消息顺序报表的输出，需要使用行布局编辑器创建和编辑。消息顺序报表是指允许按时间顺序逐条打印输出在项目中产生的消息。

WinCC 中的打印作业用于将报表输出到打印设备。打印作业首先需要关联要打印的布局，其次组态报表输出的介质、打印的数量和开始打印的时间等参数。使用打印作业可以灵活地决定报表在什么情况下以什么形式输出。例如：通过打印作业可以指定报表是直接输出到打印机还是输出成特定格式的文件，可以指定是周期自动打印还是需要外部条件触发打印，还可以指定在打印期间是否允许用户指定打印机和打印数据的范围等信息。

行式布局对应的打印作业是一个比较特殊的打印作业，在本章中 9.4 节 "行式打印" 部分将予以介绍。

WinCC 项目中的布局是和语言相关的。可以组态特定语言的布局，也可以组态语言无关的布局。在 "打印作业属性" 对话框中，使用 "布局文件" 下拉列表选择所需布局时，可以看到会有不同符号标识的布局。这些页面布局标识和语言的关系请见表 9-1。

通过 "WinCC 项目管理器>报表编辑器>布局"，选择相应的语言就可以看到该语言中的布局，如图 9-1 所示。此处文件名中的 "_ CHS" 代表报表的语言为中文简体。

表 9-1　页面布局标识

标识	内　容
	布局与语言相关 布局文件支持所有运行系统语言
	布局与语言相关 布局文件不支持所有运行系统语言 如果切换到某运行系统语言,但没有该语言形式的布局文件,将使用英语布局文件
	布局与语言无关 在运行系统中,首选打印与语言无关的布局,无论是否还存在特定语言的布局文件 例如:系统中存在 3 个布局,分别是 a.rpl、a_CHS.rpl 和 a_ENU.rpl。当执行打印作业时将会首选打印 a.rpl。如果没有 a.rpl,才会根据运行系统语言打印相关的布局。中文情况下打印 a_CHS.rpl,英文情况下打印 a_ENU.rpl

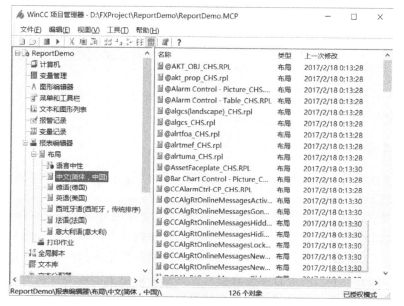

图 9-1　报表布局

在 WinCC 项目中,提供了很多预定义的布局和打印作业,即系统布局和系统打印作业。它们在项目中以 @ 开头作为标识,如图 9-1 所示。这些系统对象均已经与特定的 WinCC 应用相关联,在不了解其详细功能的情况下不建议编辑这些对象,也不建议删除,也不要使用 @ 符号命名自定义的布局和打印作业。

在 WinCC 中,为了实现自定义的报表功能,通常建议通过新建布局和新建打印作业的方式来实现。主要步骤如下:

步骤 1:新创建一个布局。组态要打印的内容和显示形式。

步骤 2:新创建一个打印作业。关联要打印的布局并设置打印输出的方式。

步骤 3:定义打印作业的触发条件,周期执行还是事件触发。如需手动输出报表,需要调用打印函数触发相应的打印作业。

9.2　页面布局

页面布局编辑器作为报表编辑器的组件,用于创建和动态化报表输出的页面布局。它提供了许多用于创建页面布局的对象和工具。页面布局编辑器具有工作区、工具栏、菜单栏、状态栏和各种不同的选项板，如图 9-2 所示。可以类比图形编辑器来理解页面布局编辑器各项工作区的功能。打开页面布局编辑器后，将出现默认设置的工作环境。也可根据个人喜好排列选项板和工具栏或隐藏它们。

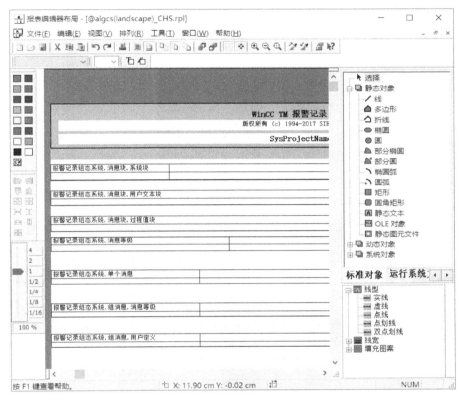

图 9-2　"报表编辑器布局"默认窗口

　　每个页面布局由三个页面组成：封面、报表内容和封底。封面、封底的创建和输出都是可选的。默认状态下，将输出封面，而不输出封底。可在页面的属性中进行设置是否输出封面或者封底，如图 9-3 所示。

　　页面布局在几何上分割为多个不同的区域，如图 9-4 所示。对于布局中要打印内容的组态，通常的操作是：首先组态页眉、页脚和可打印区

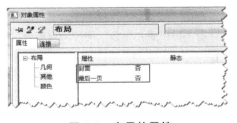

图 9-3　布局的属性

域的页边距。然后，对用于报表数据输出的其余可打印区域进行组态，这些区域称为页面主体。页面主体中组态的内容为报表打印的主要内容。页面范围对应于布局的整个区域。可通过属性界面为该区域定义打印页边距，纸张大小等，如图 9-5 所示。

　　页面布局包括静态部分和动态部分。可以通过菜单栏"视图>静态部分/动态部分"进行切换，如图 9-6 所示。静态部分包括布局的页眉和页脚，通常用于输出公司名称、公司标志、项目名称、布局名称、页码和时间等信息。动态部分包括输出组态信息和运行系统数据

的动态对象。只有静态对象和系统对象可插入到静态部分。静态对象和动态对象均可插入动态部分。但是具有固定位置的对象必须插入到布局的静态部分。在报表编辑器的"对象"选项卡中列出了系统中可用的"静态对象""动态对象""系统对象"，如图 9-7 所示。

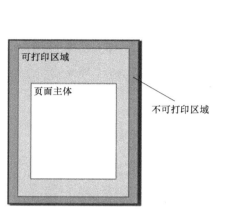

图 9-4　页面布局的区域划分

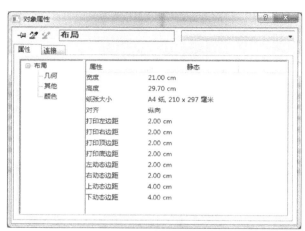

图 9-5　"布局"的"几何"属性

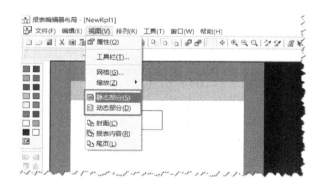

图 9-6　"静态部分"和"动态部分"切换

图 9-7　对象选项卡

　　只能将动态对象插入到页面布局的动态部分中。使用动态对象，可设置来自不同数据源的要输出到报表中的数据。插入到页面布局动态部分中的对象可进行动态扩展。例如：WinCC 在线表格控件会根据显示数据量的多少自动扩展控件的大小。

9.3　打印作业

　　在 WinCC 项目管理器中，通过"报表编辑器>打印作业"创建新的打印作业，以便输出页面布局，如图 9-8 所示。打印作业编辑器的"常规"界面如图 9-9 所示。在该界面中可以设置打印作业的名称，关联的"布局文件"等参数。

　　WinCC 项目激活后，可以后台自动执行打印作业，也可以通过事件调用打印作业。在打印机的属性可以设置"起始参数"和打印作业执行的"周期"等参数，如图 9-10 所示。如果设置了周期，那么打印作业会按照设定的周期自动执行。

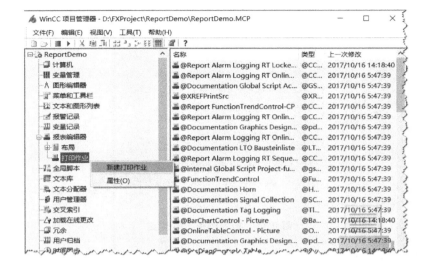

图 9-8 新建打印作业

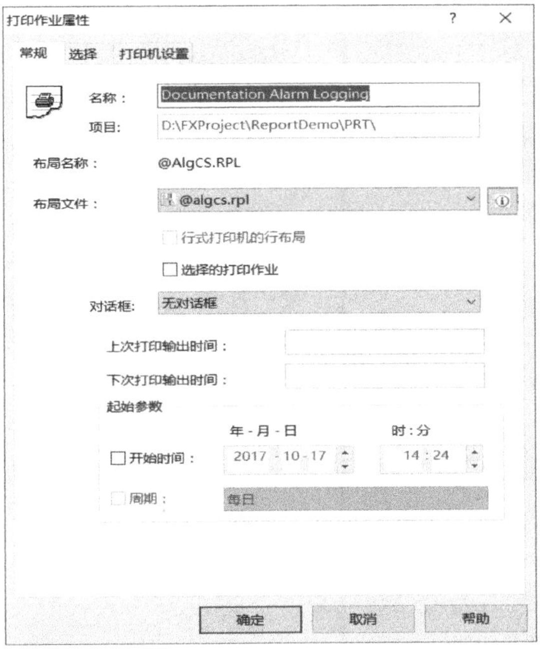

图 9-9 打印作业编辑器

图 9-10 打印作业参数设置

基于事件触发打印作业（如鼠标动作），需要使用 WinCC 提供的标准 C 函数实现，在 C 脚本编辑器中 "标准函数>Report" 下可以找到相关的函数。如图 9-11 所示，在按钮的鼠标事件下创建 C 动作，调用 "RPTJobPrint" 函数。当触发该动作时，会执行 "打印作业 001"。"打印作业 001" 中关联的布局随后会被打印出来。

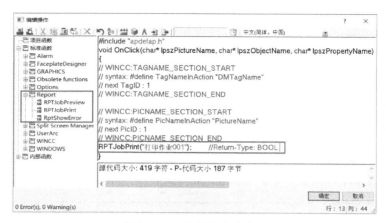

图 9-11　如何调用打印作业

在"打印机设置"中,可以设置输出的打印机和输出文件的路径。报表可以直接输出到计算机的默认打印机,也可以同时保存成文件。打印机的设置界面如图 9-12 所示。

图 9-12　打印机设置

9.4　行式打印

行式打印是一种比较特殊的应用,主要用于消息顺序报表的输出,即来一条消息打印一条,在 WinCC 中需要使用行式布局和行式打印作业来实现。截止到 V7.4 SP1 为止,WinCC 仅支持通过并口方式连接的行式打印机,实现行式打印的前提条件是激活 WinCC 项目中的"消息顺序报表/SEQPROT"项,如图 9-13 所示。

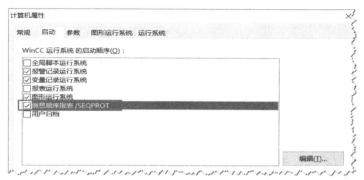

图 9-13　消息顺序报表

在 WinCC 中，通过行布局编辑器创建行布局并使之动态化，以用于消息顺序报表的输出。每个行布局包含一个连接到 WinCC 消息系统的动态表。该动态表中可以设置过滤条件，来选择需要打印的消息内容，其它的对象不能添加到行布局中。在 WinCC 报表编辑器空白处，右键单击；在弹出菜单中，选择"打开行布局编辑器"，如图 9-14 所示。

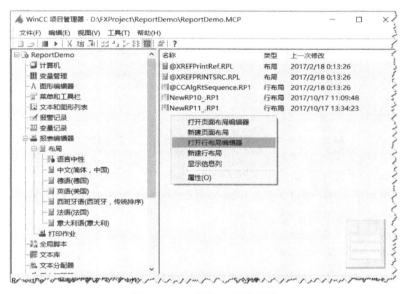

图 9-14　打开行布局编辑器

行布局也包括静态部分和动态部分。静态部分包括页眉和页脚，以纯文本的形式输出公司名称、项目名称、布局名称等。动态部分包括用于输出报警记录消息的动态表。首次打开时，行布局编辑器默认设置如图 9-15 所示。

WinCC 为输出行布局提供了特殊的打印作业"@ Report Alarm Logging RT Message sequence"，如图 9-16 所示。行布局只能使用该打印作业输出，并且不能为行布局创建新的打印作业。

默认情况下，WinCC 项目中的行式打印作业"@ Report Alarm Logging RT Message sequence"已经关联系统布局文件"@ CCAlgRtSequence. RP1"，如图 9-17 所示。

当项目激活后，Windows 系统中会出现行式打印作业的状态和执行情况。如果计算机上没有正确地设置相应的打印机，就会出现如图 9-18 所示的提示。

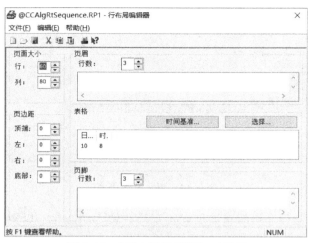

图 9-15　"行布局编辑器" 对话框

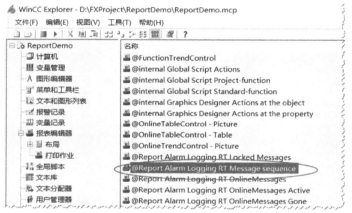

图 9-16　"@Report Alarm Logging RT Message sequence" 打印作业

图 9-17　"@Report Alarm Logging RT
Message sequence" 打印作业的属性

图 9-18　行式打印作业的状态提示

如果项目中不需要此功能或者计算机没有组态行式打印机，可以取消图 9-13 中的"消息顺序报表/SEQPROT"。

9.5 功能实现

本节主要介绍了如何使用 WinCC 的基本报表功能制作常见的报表。关于 WinCC 中组态报表打印的常规步骤可参考条目 ID V1126。下面将介绍几种常见的应用。

9.5.1 使用控件直接输出报表

WinCC 中很多控件已经集成了打印功能，使用控件的打印按钮🖶可以直接打印报表，如"WinCC OnlineTableControl"控件的打印功能，使用该功能可以调用系统预定义的页面布局"Online Table Control-Table. RPL"，实现变量记录数据的表格打印，如图 9-19 所示。

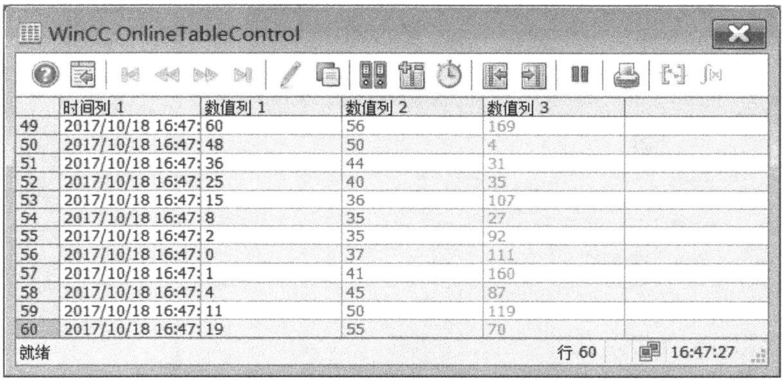

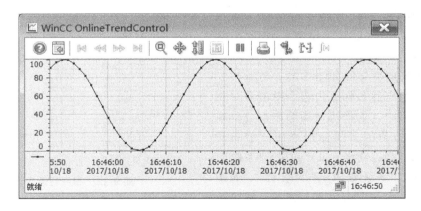

图 9-19 WinCC Online Table Control 界面

"WinCC OnlineTrendControl"控件也自带打印功能，使用该功能可以调用系统预定义的页面布局"OnlineTrendControl-Picture. RPL"，实现变量记录数据的趋势打印，如图 9-20 所示。

图 9-20 WinCC Online Trenel Control 界面

以上两个控件都可以直接单击🖶按钮，打印出当前控件显示的内容。也可以先单击▓按钮暂停控件刷新，设置好控件的过滤条件后，再单击🖶按钮，打印出过滤后的数据。

关于在 WinCC 中使用标准控件打印历史数据报表的详细步骤，可参考视频条目 ID V1127。

9.5.2　自定义报表打印变量记录

在本例中，组态一个带页眉和页脚的用户自定义布局，实现变量记录的报表输出。前提条件：项目中已经组态好了变量记录，并且项目中有历史数据可供打印输出。关于变量记录的组态方法，请参考本书第 8 章过程值归档部分。报表组态的详细步骤如下：

步骤 1：新建页面布局。命名为 NewRPL0_ chs. RPL，如图 9-21 所示。

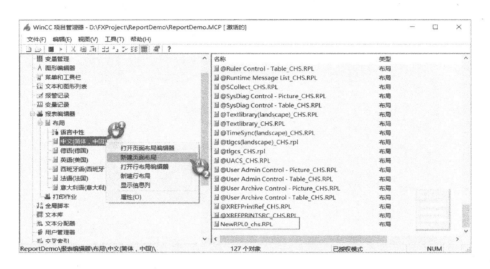

图 9-21　新建页面布局

步骤 2：打开页面布局编辑器。双击 "NewRPL0_ chs. RPL"，打开页面布局编辑器。鼠标右键单击页面空白处，在弹出的菜单中选择 "属性"，打开属性对话框。通过 "属性>几何>纸张大小" 设置纸张大小为 "A4 210 * 297"。设置 "属性>其它>封面" 为 "否"，布局属性界面如图 9-22 所示。

步骤 3：组态静态部分内容。单击菜单栏 "视图>静态部分"，切换页面到静态部分。在静态部分通过拖拽的方式分别添加 "静态对象>静态文本""静态对象>OLE 对象""系统对象>日期/时间""系统对象>项目名称"，如图 9-23所示。鼠标右键单击对象，在弹出的菜单

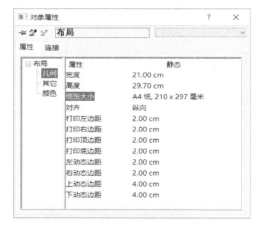

图 9-22　布局对象属性

中选择 "属性"，即可打开该对象的属性界面。可以根据需要调整每个对象的显示样式和对齐格式等。

添加 OLE 对象用于显示图片。图片的格式为 BMP。插入对象时选择 "由文件创建"，

图 9-23　添加静态对象

然后浏览相应的图片，如图 9-24 所示。确定后，通过拖拽方式，可以调整对象的大小。

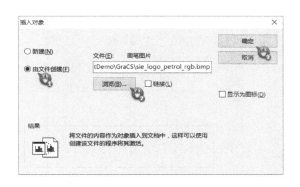

图 9-24　插入"OLE 对象"

　　步骤 4：组态动态部分内容。单击菜单栏"视图>动态部分"，切换页面到动态部分，如图 9-25 所示。选择"运行系统文档>WinCC 在线表格控件（经典）>表格"，拖拽到页面，并调整尺寸到合适的大小。

　　双击在线表格控件。打开"对象属性"对话框，选择"连接"选项卡。在"连接"选

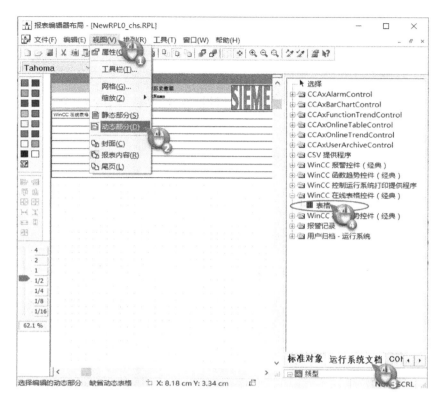

图 9-25　添加在线表格控件

项卡的左侧选择"表格"，右侧选择"分配参数"。然后单击"编辑…"按钮，如图 9-26 所示。

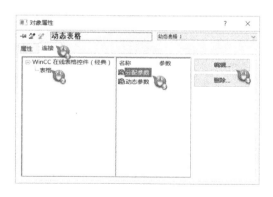

图 9-26　在线表格控件"对象属性"对话框

在弹出的"WinCC 在线表格控件的属性"对话框中，添加需要显示的列，详细步骤如图 9-27 所示。切换到"常规"选项卡，激活"公共时间列"选项，如图 9-28 所示。切换到后面的"列"项，根据需要设置数据显示的格式和时间范围，如图 9-29 所示。

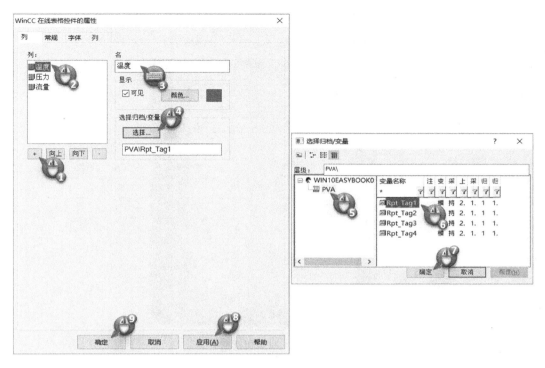

图 9-27 "WinCC 在线表格控件的属性"对话框

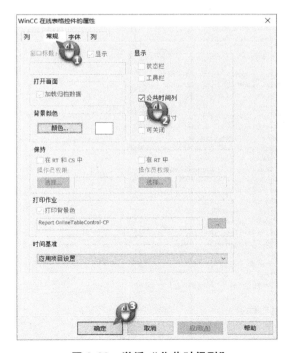

图 9-28 激活"公共时间列"

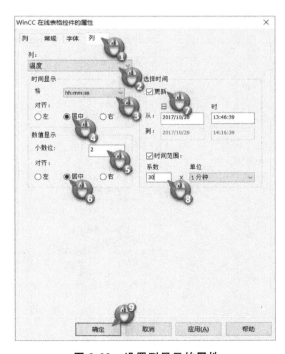

图 9-29 设置列显示的属性

编辑后的布局界面如图 9-30 所示。然后单击保存关闭报表编辑器布局。

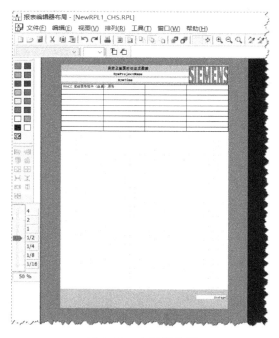

图 9-30　布局预览图

步骤 5：创建打印作业。选择 "WinCC 项目管理器>报表编辑器>打印作业"，右键单击 "打印作业"，在弹出的菜单中选择 "新建打印作业"，如图 9-31 所示。

图 9-31　新建打印作业

双击新建的打印作业 "打印作业 001"，选择布局文件为 "NewRPL0. RPL"，如图 9-32 所示。

切换到 "打印机设置"，从下拉列表中选择所需的打印机，如图 9-33 所示。

图 9-32　打印机常规属性

图 9-33　打印机设置

步骤 6：预览打印作业。激活项目后，鼠标右击前述创建的打印作业"打印作业 001"。在快捷菜单中，选择"预览打印作业"菜单项，如图 9-34 所示。

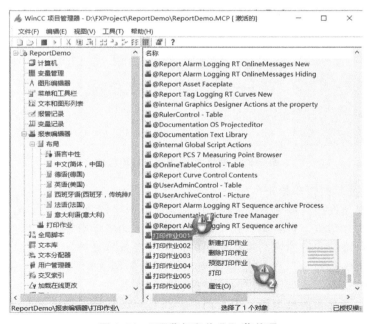

图 9-34　"预览打印作业"菜单项

在预览窗口中可以预览打印效果，如图 9-35 所示。单击菜单栏的"打印"按钮，就可以直接打印输出。

日期/时间	温度	压力	流量
17-10-20 16:10:46	8.00	50.00	7.60
17-10-20 16:11:46	41.00	50.00	41.32
17-10-20 16:12:46	100.00	50.00	99.51
17-10-20 16:13:46	25.00	50.00	25.00
17-10-20 16:14:46	19.00	50.00	19.22
17-10-20 16:15:46	91.00	56.00	91.45
17-10-20 16:16:46	72.00	61.00	71.92
17-10-20 16:17:46	0.00	61.00	0.12
17-10-20 16:18:46	62.00	61.00	62.10
17-10-20 16:19:46	90.00	61.00	90.45
17-10-20 16:20:46	15.00	65.00	15.27
17-10-20 16:21:46	19.00	68.00	19.22
17-10-20 16:22:46	97.00	68.00	96.98
17-10-20 16:23:46	48.00	68.00	48.26

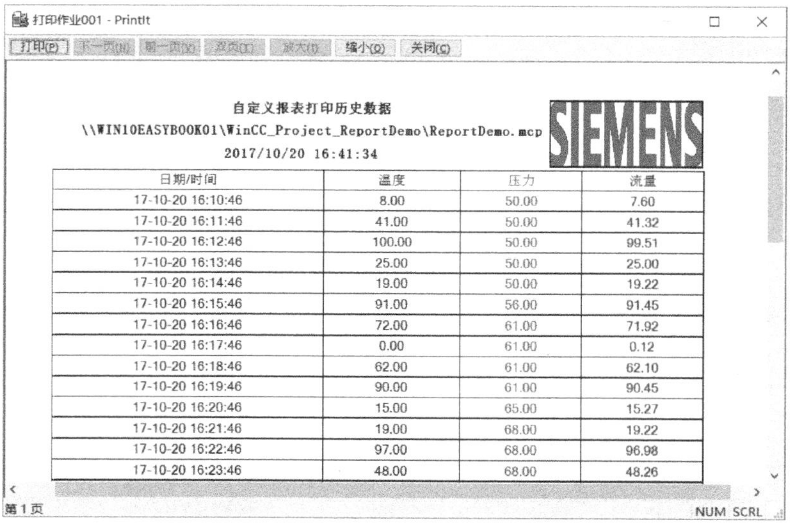

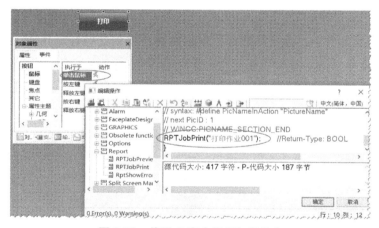

图 9-35　“打印预览”对话框

步骤 7：直接打印输出。通常会在画面创建按钮，直接调用 C 函数触发打印任务，如图 9-36 所示。项目激活后，单击画面上的“打印”按钮，就可以打印输出报表。

图 9-36　使用 C 脚本调用打印作业

9.5.3　消息顺序报表的打印输出

消息顺序报表允许按时间顺序逐条打印在项目中产生的消息，WinCC 消息顺序报表可以通过并口的针式打印机逐行打印，也可以通过常规打印机逐页输出。如果使用行式打印机进行输出，则必须将行式打印机与执行记录的计算机进行本地连接，并且必须选择打印作业中的“行式打印机的行布局”复选框。如果以页面布局形式输出消息顺序报表，当进入的消息填满一个页面或者启动打印输出时，将执行打印作业。

本例中介绍如何实现消息填满一个页面后，执行打印功能。详细的步骤如下：

步骤 1：创建页面布局，并设置相关的参数。详细的方法参见 9.5.2 节的“步骤 1”和“步骤 2”。新的页面布局命名为 NewRPL1_ chs. RPL。

步骤 2：编辑页面布局。首先将页面切换到“动态部分”，然后通过拖拽的方式，将“运行系统文件>报警记录>消息报表”拖拽到页面的动态部分，如图 9-37 所示。

图 9-37　添加"消息报表"对象

步骤 3：配置"消息报表"对象的属性。双击控件，在弹出的"对象属性"对话框中切换到"连接"页，通过"选择>编辑…"打开"表格列选择对话框"。在打开的对话框中，可以设置将要打印的报表列的内容。选中相应的列，可以单击右侧的"属性"按钮，设置列属性。设置完后，单击"确定"按钮，退出相应的对话框，如图 9-38 和图 9-39 所示。

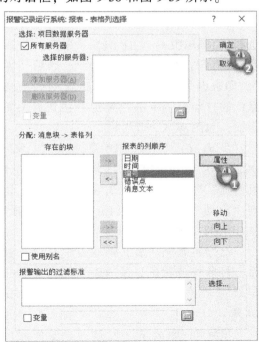

图 9-38　"消息顺序"报表对象属性　　　　图 9-39　"表格列选择"属性

> **提示**：在图 9-39 中，通过单击"选择…"按钮，可以设置"报警输出的过滤标准"。从而只打印符合特定条件的消息内容。

步骤 4：保存页面布局。关闭"报表编辑器布局"。

步骤 5：组态打印作业。在 WinCC 项目管理器中，通过"报表编辑器>打印作业"，找到"@Report Alarm Logging RT Message sequence"。双击该打印作业，打开"打印作业属性"对话框，如图 9-40 所示。

图 9-40　"@Report Alarm Logging RT Message sequence"打印作业

在"打印作业属性"中，通过下拉列表选择"NewRPL1_ chs. RPL"布局。并取消"行式打印机的行布局"选项。然后切换到"打印机设置"选项卡，从下拉列表中选择默认的打印机。单击"确定"按钮并关闭对话框，如图 9-41 所示。

步骤 6：启动"消息顺序报表/SEQPROT"。在 WinCC 项目名称下，双击计算机名称，打开"计算机属性"对话框。切换到"启动"选项卡。激活"消息顺序报表/SEQPROT"选项，如图 9-42 所示。

上述组态完成后，当项目中有消息触发后，打印作业就可以接收到该消息触发的打印任务。关于报警的组态请参考本书第 14 章。

步骤 7：激活 WinCC 项目，验证运行结果。当系统中触发的报警条数达到整页时，

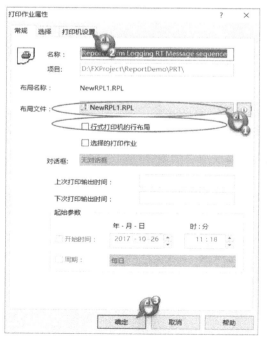

图 9-41　打印作业属性

项目会自动发送打印作业到打印机，实现逐页打印功能。并且会显示打印作业的执行情况，如图 9-43 所示。

图 9-42　"计算机属性"对话框

图 9-43　打印作业执行界面

9.5.4　自定义时间范围报表的打印

在 WinCC 中，可以实现自定义时间范围的报表打印功能，支持用户在画面上输入起始时间和结束时间，然后根据时间范围过滤相应的归档和报警历史数据，实现特定时间范围内的打印报表。该功能首先需要配置控件的"动态参数"，然后在程序运行过程中给相应的参数赋值即可。例如：WinCC 在线表格控件的动态参数"BeginTime"和"EndTime"。参数配置界面如图 9-44 所示，运行效果界面如图 9-45 所示。关于 WinCC 中如何实现绝对时间范围内数据打印的详细步骤可参考视频条目 ID V1128。

图 9-44　动态化参数

9.5.5　打印外部数据库中的数据

WinCC 支持打印外部 CSV 文件，同时 WinCC 也提供了"ODBC 数据表"和"数据域"控件直接连接外部数据库获取数据，实现打印功能。可以分别从"标准对象>动态对象>ODBC 数据库"和"运行系统文档>CSV 提供程序"下找到这些控件，如图 9-46 所示。

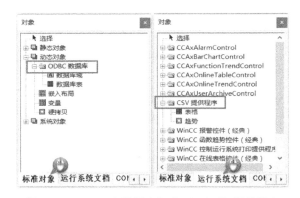

图 9-45　自定义时间范围报表打印界面

图 9-46　"ODBC 数据库"和"CSV"提供程序

关于如何使用 WinCC 的基本报表功能打印外部数据的详细步骤可参考视频条目 ID V1136。

9.5.6　报表中嵌入布局的使用

在 WinCC 中，支持在布局中嵌入其它布局的功能。这种情况下，需要用到"嵌入布局"控件。可以在"标准对象>动态对象"找到"嵌入布局"对象，如图 9-47 所示。

双击"嵌入报表"，在弹出的属性对话框中，通过"属性>其它>布局文件"设置需要加载的布局即可，如图 9-48 所示。

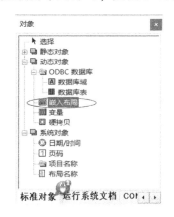

图 9-47　"嵌入布局"

图 9-48　"嵌入布局"属性设置

9.5.7　使用硬拷贝直接打印画面

在 WinCC 中除了可以打印数据外，也支持打印画面的功能。如果需要打印当前激活的整个运行画面，可以为"项目属性>快捷键>硬拷贝（复制）"分配快捷键。

具体步骤如图 9-49 所示。当进行到第 3 步时，在键盘上按下执行打印的组合键（例如：ctrl+p），然后单击"分配"按钮分配快捷键。最后单击"应用"退出组态对话框即可。至此，当项目激活后，按下相应的组合键，就可以把当前画面输出给系统默认的打印机。

在 WinCC 的报表编辑器中，也提供了"硬拷贝"对象用于打印画面。可以在"标准对象>动态对象"找到该对象，如图 9-50 所示。

图 9-49 "硬拷贝"快捷键

图 9-50 "硬拷贝"对象

双击"硬拷贝"对象，在弹出的对象属性对话框中，通过"连接>区域选择>编辑"，就可以打开"区域选择"对话框，设置必要的参数，如图 9-51 所示。

关于如何创建硬拷贝打印输出的设置请参考条目 ID 22060332。此外，也可以通过脚本形式实现定制化的画面打印输出，请参考条目 ID 21606152。关于如何使用 WinCC 以横向格式打印硬拷贝，可以参考条目 ID 22055343。

9.5.8 输出 EXCEL 报表

在 WinCC 中，支持使用 VBS 和 EXCEL 相结合生成 EXCEL 报表的功能。首先使用 EXCEL 设计好报表的模板，然后在 WinCC 中使用 VBS 将相应的数据写入预定义的表格中，并保存为新的文件。针对这种需求，西门子技术支持中心已经发布了相关的文档。这些文档可以从西门子技术支持网站获取。其中：

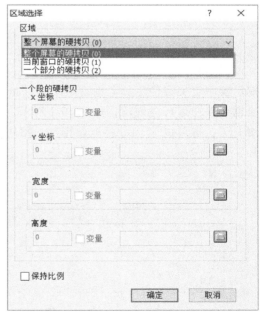

图 9-51 "区域选择"对话框

关于在 WinCC 中如何使用 VBS 读取报警记录数据到 EXCEL，可参考条目 ID 77938393；关于如何在 Excel 中访问 WinCC 变量归档数据，可参考条目 ID 71676391；关于在 WinCC 中如何使用 VBS 读取变量归档数据到 EXCEL，可参考条目 ID 77940055。另外，在西门子技术支持网站上也发布了 WinCC 数据报表实现方法的介绍性文档，可参考条目 ID 78668993。

第 10 章　用 户 归 档

本章包含 WinCC 用户归档的介绍，还将介绍用户归档的一些实用实例组态实现过程。

用户归档（User Archive）是 WinCC 的一个选件，其安装程序包含在 WinCC 基本安装包当中，安装 WinCC 时即可选择其进行安装。但是，要使用用户归档功能则需单独订购用户归档授权。用户归档可用于参数化配方的编辑组态和归档管理，在生产需要时将配方数据向控制器（PLC）进行批量的下载，或者将控制器中的控制参数上传用于更新或生成新的配方记录。也可使用用户归档按生产批次进行生产数据或产品质量数据的归档管理，便于后期对批次数据的分析。

通过对本章的学习，可以充分理解用户归档的使用方法，并能使用其实现实用功能。包括：

- 配方数据记录的手动/自动下载、上传更新或生成新配方数据记录。
- 配方数据记录运行时的导出/导入。
- 配方视图的使用。
- 批次生产数据的自动记录。

10.1　WinCC 用户归档介绍

10.1.1　用户归档和变量归档的区别

可以简单地将 WinCC 用户归档认为是一张数据库中自定义的表，表的结构可在用户归档编辑器中定义或使用脚本进行定义（并指定和 PLC 的通信方式），表的内容可以在组态时创建也可以在运行时创建，如图 10-1 所示。读者可以选定某一行（即数据记录），将数据传送给 PLC，也可以从 PLC 读取数据传送给用户归档。

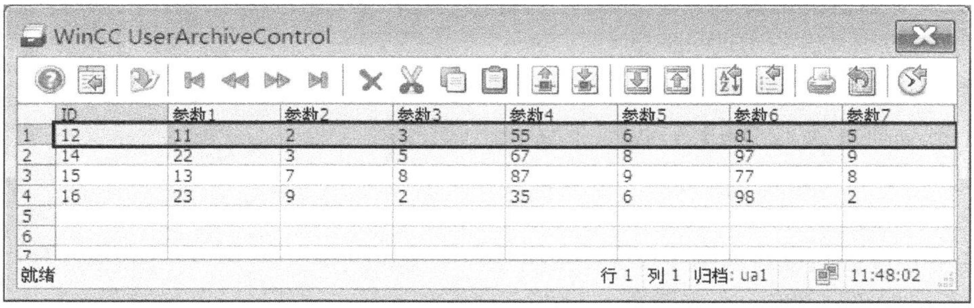

图 10-1　用户归档视图

WinCC 的用户归档可以理解为关系型的数据记录，即数据记录中的所有参数都对应同一个 ID，可以实现基于批次的数据报表，如图 10-2 所示。

而变量归档是 WinCC 运行系统自动将归档变量按照设定的周期将变量值和对应的时间戳记录下来，归档变量之间并不存在关系，如图 10-3 所示。

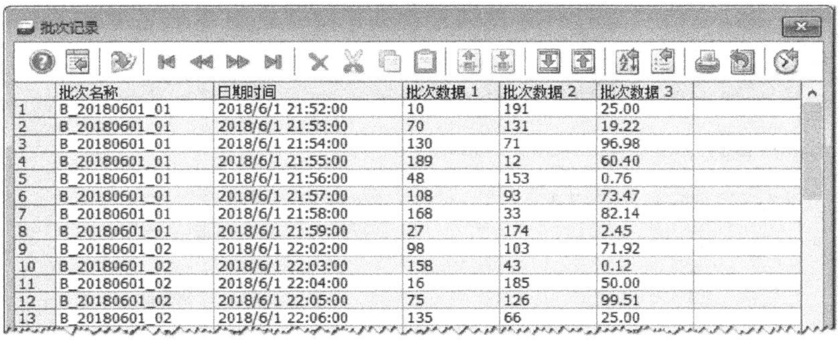
批次记录

	批次名称	日期时间	批次数据 1	批次数据 2	批次数据 3
1	B_20180601_01	2018/6/1 21:52:00	10	191	25.00
2	B_20180601_01	2018/6/1 21:53:00	70	131	19.22
3	B_20180601_01	2018/6/1 21:54:00	130	71	96.98
4	B_20180601_01	2018/6/1 21:55:00	189	12	60.40
5	B_20180601_01	2018/6/1 21:56:00	48	153	0.76
6	B_20180601_01	2018/6/1 21:57:00	108	93	73.47
7	B_20180601_01	2018/6/1 21:58:00	168	33	82.14
8	B_20180601_01	2018/6/1 21:59:00	27	174	2.45
9	B_20180601_02	2018/6/1 22:02:00	98	103	71.92
10	B_20180601_02	2018/6/1 22:03:00	158	43	0.12
11	B_20180601_02	2018/6/1 22:04:00	16	185	50.00
12	B_20180601_02	2018/6/1 22:05:00	75	126	99.51
13	B_20180601_02	2018/6/1 22:06:00	135	66	25.00

图 10-2　批次记录

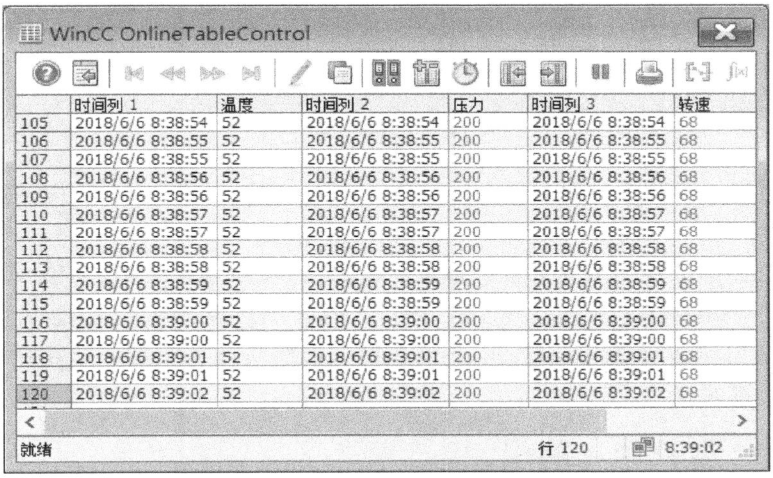
WinCC OnlineTableControl

	时间列 1	温度	时间列 2	压力	时间列 3	转速
105	2018/6/6 8:38:54	52	2018/6/6 8:38:54	200	2018/6/6 8:38:54	68
106	2018/6/6 8:38:55	52	2018/6/6 8:38:55	200	2018/6/6 8:38:55	68
107	2018/6/6 8:38:55	52	2018/6/6 8:38:55	200	2018/6/6 8:38:55	68
108	2018/6/6 8:38:56	52	2018/6/6 8:38:56	200	2018/6/6 8:38:56	68
109	2018/6/6 8:38:56	52	2018/6/6 8:38:56	200	2018/6/6 8:38:56	68
110	2018/6/6 8:38:57	52	2018/6/6 8:38:57	200	2018/6/6 8:38:57	68
111	2018/6/6 8:38:57	52	2018/6/6 8:38:57	200	2018/6/6 8:38:57	68
112	2018/6/6 8:38:58	52	2018/6/6 8:38:58	200	2018/6/6 8:38:58	68
113	2018/6/6 8:38:58	52	2018/6/6 8:38:58	200	2018/6/6 8:38:58	68
114	2018/6/6 8:38:59	52	2018/6/6 8:38:59	200	2018/6/6 8:38:59	68
115	2018/6/6 8:38:59	52	2018/6/6 8:38:59	200	2018/6/6 8:38:59	68
116	2018/6/6 8:39:00	52	2018/6/6 8:39:00	200	2018/6/6 8:39:00	68
117	2018/6/6 8:39:00	52	2018/6/6 8:39:00	200	2018/6/6 8:39:00	68
118	2018/6/6 8:39:01	52	2018/6/6 8:39:01	200	2018/6/6 8:39:01	68
119	2018/6/6 8:39:01	52	2018/6/6 8:39:01	200	2018/6/6 8:39:01	68
120	2018/6/6 8:39:02	52	2018/6/6 8:39:02	200	2018/6/6 8:39:02	68

就绪　行 120　8:39:02

图 10-3　变量归档

10.1.2　用户归档相关概念

1. 域（字段）

用户归档表格中的字段，称为域。是用户归档控件中的某一列，见表 10-1 中的参数列。

2. 数据记录

数据记录是用户归档表格中一行的内容，所有域的值的集合。表 10-1 中的每一行就是一个数据记录。

表 10-1　用户归档中的域和数据记录

	域 1	域 2	域 3
数据记录 1			
数据记录 2			
数据记录 3			

3. 视图

视图能够汇总来自不同用户归档的数据域。

例如，图 10-4 中用户归档“Customers”下保存客户信息，包括客户编号、公司名称、地址、电话及传真。另一个用户归档“Jobs”下保存的是订单信息，包括客户编号、货物名称、数量及价格。在订单信息里只有客户编号，如果要想在订单信息里显示详细的客户信息就需要用到视图。图中视图"Orders"的作用是汇总了"Jobs"归档和"Customers"归档中的信息。两个归档中客户编号相同的数据记录被整合到一起，这种整合规则在视图中的定义为"关系"（"Customers. Cust. No. = Jobs. Cust. No."）。

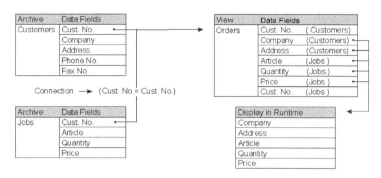

图 10-4　视图和归档

一个视图可以关联两个或两个以上的归档。

4. 原始数据

WinCC 通过原始数据类型变量可以批量读取 S7 PLC 中连续地址区中的数据，例如批量读取 DB1. DBB0 ~ DB1. DBB99，总共 100 个字节的数据。原始数据类型变量无法直接在 WinCC 画面中使用，必须使用 GetTagRaw 函数按字节解析这些数据。但用户归档可以直接使用原始数据类型的变量。

10.2　WinCC 用户归档的组态

用户归档的组态就是定义用户归档的结构，包括归档及其域的属性。

可以通过用户归档编辑器或 WinCC 用户归档的标准函数组态用户归档。同时用户归档的组态数据也支持导出、导入功能。

10.2.1　用户归档编辑器

用户归档编辑器提供了友好的界面，能够轻松地创建和编辑用户归档，如图 10-5 所示。

图 10-5　用户归档编辑器

用户归档编辑器分为 3 个区域：

•导航区域：以树状文件夹形式显示各种对象。并可以在各编辑器之间进行切换。

•表格区域：用于创建和编辑用户对象，例如归档、视图、域和数据记录。

•属性区域：显示所选对象的属性，并可在此对其进行编辑。

在用户归档编辑器中可以创建并管理归档和视图。

1. 归档

可在"用户归档"编辑器的表格区创建用户归档。归档名称中只能包含数字、字母和下划线"_"字符。第一个字符必须是字母，并且不可以使用 SQL 中的关键字或保留字作为用户归档名称。图 10-6 是用户归档及其属性。

•类型：指定归档中的数据记录的数量是否有限制。

图 10-6　归档属性

选项包括"无限制"和"有限制"。如果选择了"有限制"，并为归档设置了限制值，那么只能保存有限数量的数据记录，达到限制值之后无法再插入记录，也不会自动删除以前的记录，必须手动删除之后再添加新记录。

•通讯类型：指定用户归档数据的来源。

选项包括"无""原始数据变量""数据管理器变量"，如图 10-7 所示。

"无"：用户归档的数据不连接变量（PLC），只是用来存储/显示数据。

图 10-7　通讯类型

"原始数据变量"：通过原始数据变量和 PLC 进行数据交换。这种方式是使用用户归档自定义的报文和 PLC 进行通信。

"数据管理器变量"：用户归档的每个域都对应 WinCC 的变量。

•控制变量：包括 ID、Job、Field、Value 4 个控制变量。

可实现对指定数据记录的读、写、删除及添加操作（Job = 6 读，= 7 写，= 8 删除）。

2. 域

域是用户归档的字段，如图 10-8 所示。在 WinCC V7.4 SP1 中，可以为每个用户归档最多创建 500 个字段。

域的属性如图 10-9 所示。选择条目后在最下方会有属性条目的说明。

•名称：域的名称不能使用中文。别

图 10-8　用户归档的域

名支持中文，并且用户归档控件默认是以别名作为域标题。

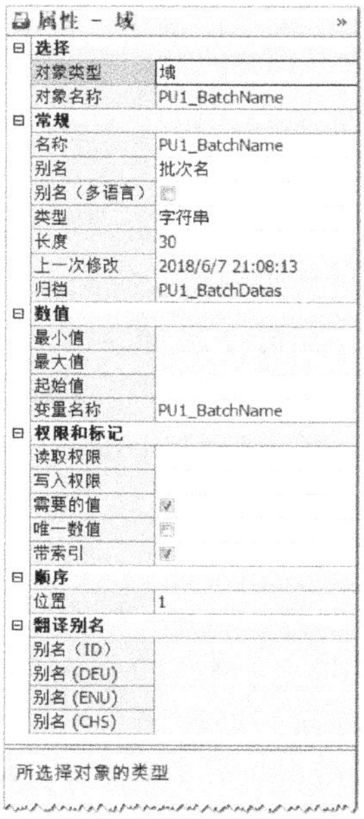

●类型：域的数据类型。用户归档支持 5 种数据类型，每种数据类型对应不同类型的 WinCC 变量。

●数字（整型）：对应 WinCC "整型" 变量。

●数字（浮点型）：对应 WinCC "32 位浮点数 IEEE 754" 变量。

●数字（双精度）：对应 WinCC "64 位浮点数 IEEE 754" 变量。

●字符串：对应 WinCC "文本变量，8 位字符集" 变量。

●日期/时间：对应 WinCC "日期/时间" 变量。用来输入日期/时间，支持长日期格式和短日期格式。

输入长日期格式：完整的时间写入数据库。

输入短日期格式：仅输入日期，数据库中默认时间是 00：00：00。仅输入时间，数据库中默认日期是 1899-12-30。

●变量名：当归档选择 "数据管理器变量" 时，此处选择域对应的 WinCC 变量名。

●最大值和最小值：如果该字段为 "数字" 类型，则可以设置最小值、最大值。当在用户归档控件中为本字段输入的数值超过设定的范围时，输入值不会被接受并且有如图 10-10 所示的提示。

●需要的值：选择 "需要的值" 属性的字段不能为空。否则会有如图 10-11 所示的错误提示。

图 10-9　域的属性

图 10-10　小于最小值时的提示

图 10-11　字段为空时报错

●唯一的值：所有数据记录中本字段的数值不能有相同的，必须是唯一的值。

●带索引：索引支持该字段，可进行快速搜索。索引仅支持某些字段。

●位置：域在归档中的顺序号。决定域在运行系统中的显示顺序。

3. 数据记录

用户归档的数据记录界面如图 10-12 所示。其中的每一行为用户归档的一条数据记录。

4. 视图

视图可以通过设定 "关系" 关联多个归档，如图 10-13 所示。

"关系" 的格式为 ~ "归档名 . 域 = ~ 归档名 2. 域"。

"关系" 支持多个条件，多个条件之间是 "与（and）" / "或（or）" 关系。

视图的内容是由 "列" 和 "视图数据" 组成，如图 10-14 所示。"列" 连接指定的用户归档中的某一个域。"视图数据"保存的是视图的数据记录。

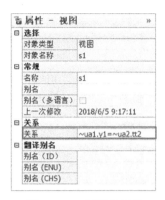

图 10-12 数据记录

图 10-13 视图的属性

图 10-14 视图的内容

10.2.2 用于组态用户归档的标准函数

WinCC 提供了一组标准函数可以组态用户归档,见表 10-2。这些函数位于 C 脚本下的"标准函数>userarc"下。函数的使用说明请参考 WinCC 帮助"选件>用户归档>用户归档函数"。

表 10-2 用于组态用户归档的标准函数

函 数	描 述
uaAddArchive	添加新的用户归档
uaAddField	添加新的域
uaGetArchive	读取归档组态
uaGetField	读取域组态
uaGetNumArchives	读取已创建的归档数
uaGetNumFields	读取域数
UaQueryConfiguration	建立与用户归档组态的连接
uaReleaseConfiguration	组态后关闭连接
uaRemoveAllArchives	删除所有归档
uaRemoveAllFields	删除所有域
uaRemoveArchive	删除特定归档
uaRemoveField	删除特定域
uaSetArchive	写入归档组态
uaSetField	写入域组态

表 10-2 中的 uaAddArchive 函数用于添加一个用户归档。语法如下：

```
LONG uaAddArchive (UAHCONFIG hConfig, UACONFIGARCHIVE* pArchive)
```

该函数返回该归档的索引，如有错误，则返回-1。

参数 hConfig 是用户归档组态的句柄。使用 "uaQueryConfiguration"（连接用户组态组态系统）函数设置该句柄。

参数 pArchive 是个结构体，存储用户归档的所有属性。pArchive 结构体定义如下：

```
typedef struct tagUACONFIGFIELD
{
LONG lArchiveId; //用户归档的唯一 ID
LONG lFieldId; //数据字段的唯一 ID
LONG lPosition; //用户归档的位置
CHAR szName[UA_MAXLEN_NAME+1]; // 归档名称最多可以有 20 个字符
CHAR szAlias[UA_MAXLEN_ALIAS+1]; // 别名最多可以有 50 个字符
LONG lType; //归档类型
LONG lLength; /* 数据域为字符串类型时的最大字符数;否则不使用此参数 */
LONG lPrecision; // 内部使用;无需填充
CHAR szMinValue[UA_MAXLEN_VALUE+1]; /* 数据域不是字符串或日期类型时的最小字符数;
否则不使用此参数 */
CHAR szMaxValue[UA_MAXLEN_VALUE+1]; /* 数据域不是字符串或日期类型时的最大字符数;
否则不使用此参数 */
CHAR szStartValue[UA_MAXLEN_VALUE+1]; // 起始值
CHAR szDMVarName[UA_MAXLEN_DMVARNAME+1]; /* 数据管理器中的变量(用于通过 WinCC 变
量进行通讯的归档)*/
DWORD dwReadRight; // 读访问权限
DWORD dwWriteRight; // 写访问权限
DWORD dwFlags; // 上次访问
} UACONFIGFIELD;
```

uaAddField 函数用在指定的归档中添加一个域。语法如下：

```
LONG uaAddField (UAHCONFIG hConfig, long lArchive, UACONFIGFIELD* pField)
```

该函数返回新域的索引，为（域总数-1）。

参数 hConfig 是用户归档组态的句柄。使用 "uaQueryConfiguration" 函数设置该句柄。

参数 lArchive 是归档的索引。lArchive =（归档的位置-1）。

pField 是个结构体，存储用户归档域的所有属性。pField 结构体定义如下：

```
typedef struct tagUACONFIGARCHIVE
{
LONG lArchiveId; //用户归档的唯一 ID
LONG lPosition; //用户归档的位置
CHAR szName[UA_MAXLEN_NAME+1]; // 归档名称最多可以有 20 个字符
CHAR szAlias[UA_MAXLEN_ALIAS+1]; // 别名最多可以有 50 个字符
LONG lType;UA_ARCHIVETYPE_UNLIMITED //归档类型"无限"
```

```
UA_ARCHIVETYPE_LIMITED //归档类型"有限"
LONG lNumRecs; // 数据集的最大数量
LONG lCommType;
UA_COMMTYPE_NONE // 无通讯
UA_COMMTYPE_RAW // 通过原始数据进行通信
UA_COMMTYPE_DIRECT //通过数据管理器变量进行通信
CHAR szPLCID[UA_MAXLEN_PLCID+1];//原始数据变量的 PLCID
CHAR szDMVarName[UA_MAXLEN_DMVARNAME+1]; //原始数据变量的名称
CHAR szIDVar[UA_MAXLEN_DMVARNAME+1]; //控制变量"ID"
CHAR szJobVar[UA_MAXLEN_DMVARNAME+1]; //控制变量"作业"
CHAR szFieldVar[UA_MAXLEN_DMVARNAME+1]; //控制变量"字段"
CHAR szValueVar[UA_MAXLEN_DMVARNAME+1]; //控制变量"值"
DWORD dwReadRight; // 读访问权限
DWORD dwWriteRight; // 写访问权限
DWORD dwFlags; UA_ARCHIVEFLAG_ACCESS //"上次访问"标记
UA_ARCHIVEFLAG_USER //"上个用户"标记
} UACONFIGARCHIVE;
```

使用标准函数组态用户归档的脚本编写思路：

1) 建立到用户归档组件（组态）的连接 uaQueryConfiguration（ ）。

2) 执行需要的操作；

3) 断开到用户归档组件的连接 uaReleaseConfiguration（ ）。

例如，下面的脚本是在用户归档中创建"ua01"的归档及其下面的 10 个域（类型为双精度）。

```
#include "apdefap.h"
void OnLButtonDown(char* lpszPictureName, char* lpszObjectName, char* lpsz-
PropertyName, UINT nFlags, int x, int y)
{
    UAHCONNECT   hConnect;
    UAHARCHIVE   hArchive;
    UAHCONFIG    hConfig;
    UACONFIGARCHIVEA  uaNewA;
    UACONFIGFIELDA    uaField;
    LONG         lArchiveId;
    LONG         lFeldId;
    BYTE         byArcType;
    short int i ;
    char ValueFieldName[255] ;
    // ======== 建立到用户归档组件(组态)的连接========
        if (uaQueryConfiguration(&hConfig) == FALSE)
    {
    printf("Error calling uaQueryConfiguration: % d", uaGetLastError() );
                return;
```

```
    }
    //======= 添加新的归档 =====================================
    sprintf(uaNewA.szName,"ua01") ;//归档名称
    uaNewA.lType = 1;//归档类型 UA_ARCHIVETYPE_UNLIMITED ;
    uaNewA.lNumRecs = 0;
    uaNewA.lCommType = 3;//通讯类型 UA_COMMTYPE_NONE;
    uaNewA.dwFlags = 0; // UA_ARCHIVEFLAG_ACCESS | UA_ARCHIVEFLAG_USER ;
    uaNewA.dwReadRight = 0 ; //读权限
    uaNewA.dwWriteRight = 0 ;//写权限
        // ======= 添加归档=======
        lArchiveId = uaAddArchive( hConfig, &uaNewA);
        if (lArchiveId ==-1)
        {
            printf("Error calling uaAddArchive: % d", uaGetLastError() );
            // 如果添加失败,断开和组态环境的连接
            uaReleaseConfiguration(hConfig, FALSE);
            return;
        }
    //======= 添加域 =====================================
    for( i = 1; i<=10; i++)
    {
    sprintf(ValueFieldName,"Value_% 03d",i) ;//域名称
    strcpy (uaField.szName, ValueFieldName);
    strcpy (uaField.szAlias, "");//域的别名
    uaField.lType  = UA_FIELDTYPE_DOUBLE;//域的类型是双精度
    // 添加域
    lFeldId = uaAddField(hConfig, lArchiveId, &uaField);
    if (lFeldId ==-1)
    {
        uaReleaseConfiguration(hConfig, FALSE);
        return;
    }
    }
    uaReleaseConfiguration(hConfig,TRUE);   // 释放和组态环境的连接
}
```

脚本执行结果如图 10-15 所示,通过脚本创建了用户归档"ua01"及其域。

10.2.3 组态数据的导入/导出

将归档和视图的组态数据导出为一个 .TXT 或 Excel 文件。导出的文件可以打开编辑。可以被导入到本项目也可以导入到其它项目里。

可以通过菜单"编辑>导入/导出"来导入/导出所有归档数据,如图 10-16 所示。

只有组态数据被导出(归档、视图、域、列),如图 10-17 所示。

图 10-15　通过函数创建用户归档

图 10-16　导入导出菜单

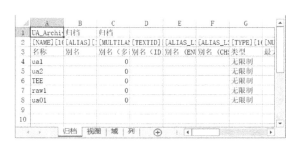

图 10-17　导出结果

10.3　访问 WinCC 用户归档的运行数据

WinCC 提供了多种方法访问用户归档的运行数据（数据记录）。可以通过用户归档控件、控制变量、用户归档函数、原始数据类型（RawData）变量来访问用户归档的数据记录，也可以通过直接访问 SQL Server 的方法实现对用户归档数据记录的操作。其中用户归档控件支持将用户归档的数据记录导出到文件以及从文件导入到用户归档。

10.3.1　用户归档控件

WinCC 用户归档控件可以访问用户归档的归档和视图，如图 10-18 所示。在运行系统

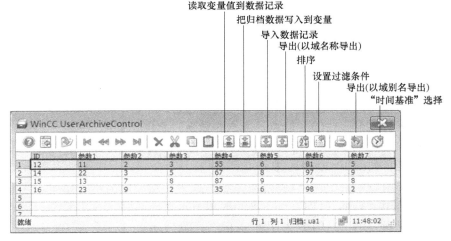

图 10-18　用户归档控件

中，可以执行以下操作：

- 浏览用户归档。
- 创建、删除或修改数据记录。
- 读取变量值到数据记录或将数据记录写入到变量。
- 导入和导出用户归档。
- 定义或选择过滤条件。
- 定义所显示用户归档列的排序条件。

用户归档控件"WinCC UserArchiveControl"在"ActiveX
控件"下，如图 10-19 所示。可以通过拖拽的方式将它添加
的画面中。

可以调整用户归档控件的属性，以满足各种要求。图
10-20 为用户归档控件的属性。

图 10-19　ActiveX 控件

图 10-20　用户归档控件属性

- 控件链接的用户归档名称，如图 10-20 中的①。
- 设置控件编辑用户归档的（修改、插入和删除）权限，如图 10-20 中的②。
- 用户归档中"日期/时间"是以格林威治时间（比北京时间晚 8 小时）保存的，此处
可以选择时间基准，如图 10-20 中的③。
- 本地时间：用户归档中"日期/时间"会转换为本地时间显示。比如，本地时间为北
京时间，用户归档中"日期/时间"加上 8 小时再显示在控件中。
- 世界协调时间：用户归档中"日期/时间"不做转换。
- 项目设置：在 WinCC 的"计算机属性"下"参数"栏"运行时时间显示的基准"中设置。

- 选择要在用户归档控件中显示的列，如图 10-20 中的④。
- 对选择的列进行"写保护"，即无法在控件中对此列进行编辑，如图 10-20 中的⑤。
- 在图 10-20 中的⑥处定义用户归档显示的过滤条件，如图 10-21 所示。

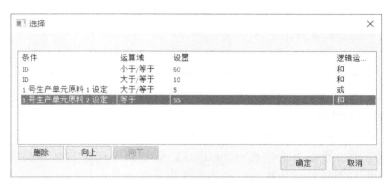

图 10-21 过滤条件

10.3.2 控制变量

WinCC 的每个用户归档都可以设置 4 个控制变量，分别为"ID"、"JOb"、"Field"和"value"，如图 10-22 所示。

控制变量的数据类型及作用见表 10-3。

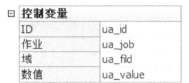

图 10-22 控制变量

表 10-3 控制变量信息

变量	数据类型	功 能
ID	有符号 32 位数	用户归档的记录编号
Job	有符号 32 位数	可以进行 3 种作业:读、写和删除: 读 = 6 写 = 7 删除 = 8 执行作业后,该控制变量将包含一个错误 ID: 无错 = 0 错误 = −1
Field	文本变量,8 位	归档域
Value	文本变量,8 位	归档域值

可实现读、写、删除 3 种动作。当 Job = 6 时进行读操作，Job = 7 时进行写操作，Job = 8 时进行删除操作。

使用 ID，Job 组合控制，ID 是用户归档的 ID，对应于记录编号，也可以设置为某些特殊值，如−1、−6（最低 ID）、−9（最高 ID）。见表 10-4。

表 10-4 控制变量组合的功能

ID	Job = 6	Job = 7	Job = 8
−1	添加数据记录	—	删除带最低 ID 的数据记录
−6	读取带最低 ID 数据记录	写入带最低 ID 数据记录	删除带最低 ID 的数据记录
−9	读取带最高 ID 数据记录	写入带最高 ID 数据记录	删除最高 ID 的数据记录

也可以使用 Job、Field、Value 组合实现用户归档数据的控制功能。此时，需要注意。

● Field 必须输入域名，不能用别名。

● 需使 ID=0，Field、Value 组合才生效。

● 用 Field、Value 组合不能实现添加新数据记录到归档，只能读取 PLC 数据，或者将已存在的记录写入 PLC，或者删除记录。

ID 号的唯一性。一旦删除记录，ID 号即作废，每个 ID 仅能使用一次。创建新记录条目的 ID 自动增加 1，不能手动修改。使用记事本可以修改导出数据记录的 ID 号，并可导回到用户归档。

10.3.3　原始数据类型变量

1. 报文

用户归档使用原始数据类型变量（RawData）就相当于用户归档定义了一种特定的协议，可以在 PLC 中与用户归档的数据记录进行数据交换。

从 PLC 发送到 WinCC 的报文结构见表 10-5。一个报文中可以执行一个或多个动作。

表 10-5　PLC 请求报文

报文类型	字节编号	内容	注释
通信报头	0	报头长度_第一个字节	报头长度占 4 个字节 最大长度为 4091（字节）
	1	报头长度_第二个字节	
	2	报头长度_第三个字节	
	3	报头长度_第四个字节	
	4	传送类型	1 为从 WinCC，2 为从 PLC
	5	保留	
	6	消息帧中作业的数量_第一个字节	数量占 2 个字节
	7	消息帧中作业的数量_第二个字节	
	8	PLCID 第 1 个字符	PLCID，占 8 个字节
	9	PLCID 第 2 个字符	
	10	PLCID 第 3 个字符	
	11	PLCID 第 4 个字符	
	12	PLCID 第 5 个字符	
	13	PLCID 第 6 个字符	
	14	PLCID 第 7 个字符	
	15	PLCID 第 8 个字符	
作业 1 的报头	16	作业长度	本作业字节的长度
	17	作业长度	
	18	作业类型	4:检查用户归档是否存在 5:删除用户归档中的所有记录 6:读取数据集 7:写入数据记录 8:删除记录 9:读取数据记录域 10:写入数据记录域

（续）

报文类型	字节编号	内容	注释
作业 1 的报头	19	保留	
	20	字段编号	域编号
	21	字段编号	
	22	数据记录编号	数据记录编号
	23	数据记录编号	
	24	数据记录编号	
	25	数据记录编号	
	26	选择标准	
	27	选择标准	
作业 1 的数据		域 1 的数据	
		域 2 的数据	
		域 3 的数据	
		……	
作业 2 的报头（如果有）			
作业 2 的数据（如果有）			
作业 n（如果有）			

图 10-23 所示报文是往第一个数据记录中写入数据（JobType = 07，RecordNumber = 16# 1000000），数据分别为 1、2、3、4，报文中的 PLCID 为 "raw12345"。

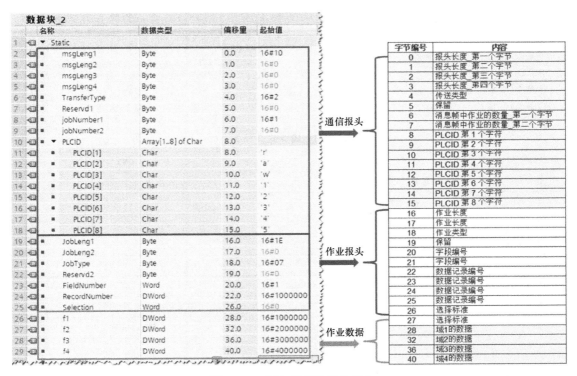

图 10-23　写入数据记录的报文

报文中关于归档数据的格式，需要注意：

- 数字必须以 Intel 格式传送（首先传送 LSB，最后传送 MSB）。
- 整型域的长度为 4 个字节，浮点域为 4 个字节，双精度域为 8 个字节。

"Intel" 格式中，首先存储最低有效字节，最后存储最高有效字节。

例如，"Intel" 格式中，十进制数 300 的存储格式见表 10-6。

表 10-6　"Intel" 格式

十六进制	0				1				2				C			
二进制	0	0	0	0	0	0	0	1	0	0	1	0	1	1	0	0
位	15	14	13	12	11	10	9	8	7	6	5	4	3	2	1	0

SIMATIC 格式中，最低有效字节存储于最高有效位置上。

SIMATIC 格式中，十进制数 300 的存储格式见表 10-7。

表 10-7　SIMATIC 格式

十六进制	2				C				0				1			
二进制	0	0	1	0	1	1	0	0	0	0	0	0	0	0	0	1
位	15	14	13	12	11	10	9	8	7	6	5	4	3	2	1	0

报文中的 PLCID 和用户归档 "PLCID" 属性中的设定值要一致。这样归档才能判断出报文发送的目标，如图 10-24 所示。

图 10-23 所示的报文发送到 WinCC 后，成功地往第一个数据记录中写入数据。WinCC 收到 PLC 的报文后，需要发送确认报文（从 WinCC 发送到 PLC）。确认报文格式见表 10-8。

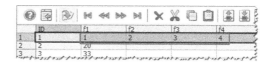

图 10-24　用户归档中的 "PLCID"　　　　　图 10-25　写入结果

表 10-8　确认报文格式

字节编号	内　　容	注　　释
0	消息帧长度_第一个字节	长度为 4 个字节
1	消息帧长度_第二个字节	
2	消息帧长度_第三个字节	
3	消息帧长度_第四个字节	
4	传送类型	1 为从 WinCC，2 为从 PLC
5	保留	
6	错误代码	请参见帮助中错误代码的描述
7	作业类型	与表 xxx 相同
8	保留	
9	保留	

（续）

字节编号	内　　容	注　　释
10	字段编号_第一个字节	长度为 2 个字节
11	字段编号_第二个字节	
12	数据记录编号_第一个字节	长度为 4 个字节
13	数据记录编号_第二个字节	
14	数据记录编号_第三个字节	
15	数据记录编号_第四个字节	
16	PLCID 第 1 个字符	ASCII 格式的名称，字段长度为 8 个字节
17	PLCID 第 2 个字符	
18	PLCID 第 3 个字符	
19	PLCID 第 4 个字符	
20	PLCID 第 5 个字符	
21	PLCID 第 6 个字符	
22	PLCID 第 7 个字符	
23	PLCID 第 8 个字符	

例如，图 10-23 的写数据记录的报文发送到 WinCC 后，WinCC 返回的确认报文如图 10-26所示。

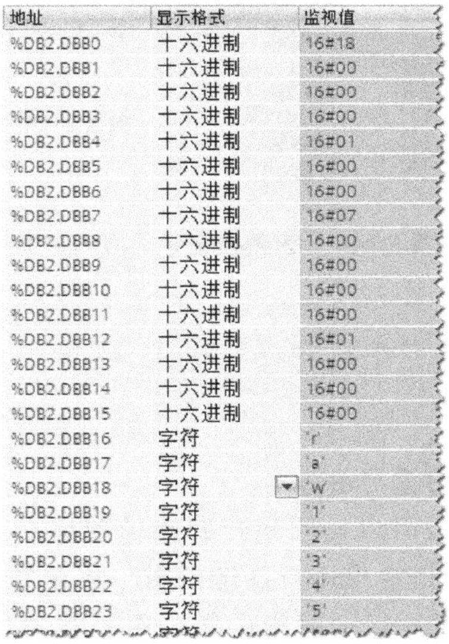

地址	显示格式	监视值
%DB2.DBB0	十六进制	16#18
%DB2.DBB1	十六进制	16#00
%DB2.DBB2	十六进制	16#00
%DB2.DBB3	十六进制	16#00
%DB2.DBB4	十六进制	16#01
%DB2.DBB5	十六进制	16#00
%DB2.DBB6	十六进制	16#00
%DB2.DBB7	十六进制	16#07
%DB2.DBB8	十六进制	16#00
%DB2.DBB9	十六进制	16#00
%DB2.DBB10	十六进制	16#00
%DB2.DBB11	十六进制	16#00
%DB2.DBB12	十六进制	16#01
%DB2.DBB13	十六进制	16#00
%DB2.DBB14	十六进制	16#00
%DB2.DBB15	十六进制	16#00
%DB2.DBB16	字符	'r'
%DB2.DBB17	字符	'a'
%DB2.DBB18	字符	'w'
%DB2.DBB19	字符	'1'
%DB2.DBB20	字符	'2'
%DB2.DBB21	字符	'3'
%DB2.DBB22	字符	'4'
%DB2.DBB23	字符	'5'

图 10-26　PLC 收到的 WinCC 确认报文

如果是读操作（JobType=07）的请求报文，WinCC 用户归档返回的确认报文如图 10-27 所示。

2. PLC 程序处理

PLC 侧需要调用“BSEND/BRCV”功能块进行数据的发送和接收。关于利用 BSEND/BRCV 功能实现 S7-300/400 与 WinCC 进行数据量交换的详细使用步骤，请参考条目 ID 79551652。

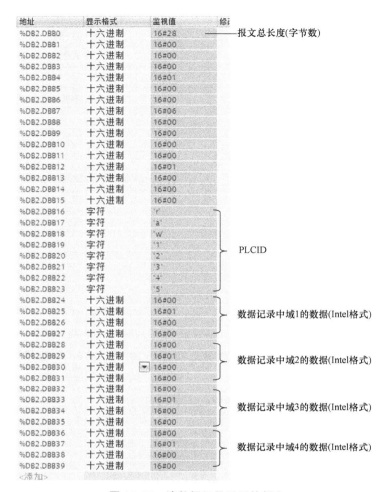

图 10-27　读数据记录返回的报文

提示：S7-1200（Firmware 版本：V4.2）和 S7-1500（Firmware 版本：V2.1）还不支持 "BSEND/BRCV" 功能。

10.3.4　运行系统中操作归档的标准函数

WinCC 提供了一组标准函数可以访问用户归档的数据。这些函数位于 C 脚本下的 "标准函数 > userarc" 下。表 10-9 是常规运行系统函数，用于在运行系统中打开和关闭用户归档及视图。表 10-10 是归档专用的运行系统函数，用于在 WinCC 运行系统中访问用户归档的数据记录。

表 10-9　用户归档的常规运行系统函数

函　　数	描　　述
uaConnect	建立与用户归档的连接。该连接对运行系统中的所有用户归档均有效
uaDisconnect	关闭与用户归档的连接
uaGetLocalEvents	读取本地事件

（续）

函　数	描　述
uaIsActive	确定运行系统是否为活动状态
uaOpenArchives	确定打开的用户归档的数量
uaOpenViews	确定打开的视图的数量
uaQueryArchive	建立与用户归档的连接
uaQueryArchiveByName	通过归档名称建立与用户归档的连接
uaReleaseArchive	关闭与用户归档的连接
uaSetLocalEvents	设置本地事件
uaUsers	查找活动连接或活动用户的数量

要在运行系统中访问用户归档的数据记录，必须先调用"uaConnect"函数。"uaConnect"用于创建打开用户归档所需的"UAHCONNECT"句柄。操作完成后必须使用"uaDisconnect"函数关闭与"用户归档"的连接。"uaQueryArchiveByName"用于与指定归档名的用户归档建立连接。其函数语法为：

uaQueryArchiveByName (UAHCONNECT hConnect, LPCSTR pszName, UAHARCHIVE * phArchive)

其中，参数 pszName 为归档名称。注意，归档名称区分大小写！

表 10-10　归档专用的运行系统函数

函　数	描　述
uaArchiveClose	关闭与当前用户归档的连接
uaArchiveDelete	从当前用户归档中删除数据记录
uaArchiveExport	导出当前用户归档
uaArchiveGetCount	读取数据记录的数量
uaArchiveGetFieldLength	读取当前域的长度
uaArchiveGetFieldName	读取当前域的名称
uaArchiveGetFields	读取域的数量
uaArchiveGetFieldType	读取当前域的类型
uaArchiveGetFieldValueDate	读取当前数据字段的日期和时间
uaArchiveGetFieldValueDouble	读取当前数据字段的双精度值
uaArchiveGetFieldValueFloat	读取当前数据字段的浮点值
uaArchiveGetFieldValueLong	读取当前数据字段的长整型值
uaArchiveGetFieldValueString	读取当前数据字段的字符串值
uaArchiveGetFilter	读取当前数据域的过滤器
uaArchiveGetID	读取当前数据域的 ID
uaArchiveGetName	读取当前数据域的名称
uaArchiveGetSort	读取当前数据域的排序
uaArchiveImport	导入用户归档
uaArchiveInsert	将新数据记录插入用户归档中

（续）

函　　数	描　　述
uaArchiveMoveFirst	跳转到第一条数据记录
uaArchiveMoveLast	跳转到最后一条数据记录
uaArchiveMoveNext	跳转到下一条数据记录
uaArchiveMovePrevious	跳转到前一条数据记录
uaArchiveOpen	建立与当前用户归档的连接
uaArchiveReadTagValues	读取变量值
uaArchiveReadTagValuesByName	根据名称读取变量值
uaArchiveRequery	新查询
uaArchiveSetFieldValueDate	写入当前数据域
uaArchiveSetFieldValueDouble	写入当前数据字段的双精度值
uaArchiveSetFieldValueFloat	写入当前数据字段的浮点值
uaArchiveSetFieldValueLong	写入当前数据字段的长整型值
uaArchiveSetFieldValueString	写入当前数据字段的字符串值
uaArchiveSetFilter	设置过滤器
uaArchiveSetSort	设置排序标准
uaArchiveUpdate	更新打开的用户归档
uaArchiveWriteTagValues	将当前数据记录的值写入变量中

表 10-10 中 uaArchiveSetFieldValue ＊＊＊（＊＊＊和域类型相关）函数用于将数值 dValue 写入 hArchive 指向的数据记录中编号为 lField 域中。语法为：

```
uaArchiveSetFieldValue＊＊＊(UAHARCHIVE hArchive,LONG lField,double dValue)
```

在数值写入域之后，必须调用 uaArchiveUpdate 更新当前用户归档，才能写入数据库。

提示： uaArchiveUpdate 函数只是将数值写入域而不写入 PLC。如果要写入 PLC，应使用 uaArchiveWriteTagValues 函数将当前数据记录的数值写入变量。

使用运行系统函数访问用户归档的数据记录的脚本编写步骤为：

1) 首先建立到用户归档组件（运行）的连接 uaConnect（）

2) 然后连接到某个用户归档 uaQueryArchiveByName（）

3) 打开归档 uaArchiveOpen（）

4) 执行必要的操作

5) 关闭归档 uaArchiveClose（）

6) 释放与指定归档的连接 uaReleaseArchive（）

7) 断开到用户归档组件的连接 uaDisconnect（）

例如，下面的脚本是往用户归档"ua01"中插入一条数据记录。

```
#include "apdefap.h"
    void OnLButtonDown(char* lpszPictureName,char* lpszObjectName,char* lpsz-
PropertyName,UINT nFlags,int x,int y)
```

```
{
UAHCONNECT hConnect;
UAHARCHIVE hArchive2;
int i;
//================建立到用户归档组件(运行)的连接==================
======
if (uaConnect(&hConnect)==FALSE)
{
printf("uaConnect error: % d\n","uaGetLastError()");
}
if (hConnect==NULL)
{
printf("Handle UAhConnect1 equals 0\n");
}
//===================连接到"ua01"归档====================
==
if (uaQueryArchiveByName(hConnect,"ua01",&hArchive2)==FALSE)
{
printf("uaQueryArchiveByName Error: % d\n","uaGetLastError()");
}
//====================打开归档=====================
if (uaArchiveOpen(hArchive2)==FALSE)
{
printf("uaArchiveOpen Error: % d\n","uaGetLastError()");
}
//====================插入数据记录====================
for(i = 1;i<=10;i++)
{
if (uaArchiveSetFieldValueDouble(hArchive2,i,i)==FALSE)
{
printf ( " uaArchiveSetFieldValueLong ( hArchive2, i, 6 ); Err:% d \ n ","
aGetLastError()");
}
}
uaArchiveInsert(hArchive2);
//====================关闭归档====================
if (uaArchiveClose (hArchive2)==FALSE)
{
printf("uaArchiveClose Error: % d\n","uaGetLastError()");
}
//====================释放与指定"ua01"归档的连接=============
=========
if(uaReleaseArchive(hArchive2)==FALSE)
```

```
    {
    printf("error on releasing archive1! \n");
    }
    //===================断开到用户归档组件的连接================
======
    if(uaDisconnect(hConnect)==FALSE)
    {
    printf("error on disconnection\n");
    }
    }
```

脚本执行后成功地插入一条数据记录，如图 10-28 所示。

	ID	Value_001	Value_002	Value_003	Value_004	Value_005	Value_006	Value_007	Value_008	Value_009	Value_010
1	4	1	2	3	4	5	6	7	8	9	10
2											

归档数据 [ua01]

图 10-28　用户归档函数插入数据记录的结果

10.3.5　数据库访问脚本

可以使用 SQL OLE DB 访问用户归档。

用户归档的运行数据库和项目的运行数据库在一起，用户归档的运行数据库表名称为 UA#<ArchiveName>。

SQL OLE DB 来访问用户归档连接字符串：

```
    "Provider=SQLOLEDB.1;Integrated Security=SSPI;Persist Security Info=false;
Initial Catalog=***;Data Source=.\WinCC"。
```

用户归档的查询语句和标准 SQL 查询语句相同。

读取值语句：

```
SELECT * FROM UA#<ArchiveName>[WHERE <Condition>...,optional]
```

写入值语句：

```
    UPDATE UA#<ArchiveName> SET UA#<ArchiveName>.<Column_n> = <Value>[WHERE <Con-
dition>..., optional]
```

插入数据集语句：

```
    INSERT INTO UA#<ArchiveName> (ID,<Column_1>, <Column_2>, <Column_n>) VALUES
(<ID_Value>, Value_1, Value_2, Value_n)
```

删除数据集语句：

```
    DELETE FROM UA#<ArchiveName> WHERE ID = <ID_Number>
```

10.3.6　运行数据导入/导出

可以通过用户归档工具栏上的"导入/导出"工具导入/导出用户归档的数据记录，如图 10-29 所示。

1. 导出数据记录

将用户归档控件中的全部或选定的数据记录导出为 .CSV 文件。导出的文件名可以自定

图 10-29　"导入/导出"工具

义，导出的存储路径为项目文件下的"UA"目录，如图 10-30 所示。导出的文件建议用记事本打开修改。用 Excel 打开保存后格式会发生变化，从而无法导入。

2. 导入数据记录

当执行数据导入时，将要导入的归档记录的 ID 不能和已经存在的 ID 相同，否则会出错。可以在<项目文件夹>\UA\UALogFile.txt 中查看导入的错误信息。

也可以在归档组态编辑器中，右键单机某个归档"归档数据 > 保存到文件/从文件加载"来导出/导入归档数据，如图 10-31 所示。

图 10-30　导出数据

图 10-31　单个归档数据的导出导入

10.4　使用 WinCC 用户归档的注意事项

下面将列出几个在使用 WinCC 用户归档时需要注意的内容。

10.4.1　用户归档中的时间

1. 时间的存储

用户归档数据库中"日期/时间"是以世界协调时间（UTC）（比北京时间晚 8 小时）存储的。在用归档编辑器或用户归档控件中，输入的"日期/时间"会自动转换为 UTC 时间。例如计算机为北京时区，在用户归档控件中输入时间"2018-6-8 10:00:00"，用户归档会将其转换 UTC 时间"2018-6-8 2:00:00"记录下来。

但使用控制变量和直接操作数据库的方法设置的"日期/时间"不会被自动转换为 UTC 时间，需要在写入数据库之前进行时区的转换。

2. 时间的显示

相应的用户归档数据记录中的"日期/时间"，在用户归档控件中显示时也会自动根据控件的时间基准进行转换。

时间基准选择"本地时间"：用户归档中"日期/时间"会转换为本地时间显示。

时间基准选择"世界协调时间"：用户归档中"日期/时间"不做转换。

但对于通过直接查询数据库的方法读取的"日期/时间"则不会自动转换，需要在脚本中进行转换处理。

10.4.2 用户归档中的权限

在用户归档编辑器中，可以分别为归档和域设置读写权限，如图 10-32 所示。

没有读取权限，用户归档控件中不显示相应的归档和域，使用控制变量可以正常读取用户归档的数据；没有写入权限，在用户归档控件中无法修改、插入以及删除归档或列的数据，使用控制变量可以正常操作用户归档。

图 10-32　权限定义

这里设置的读写权限不会影响用户归档控件上的"读取"和"写入"工具，如图 10-33 所示。

读取变量值到数据记录

把归档数据写入到变量

图 10-33　用户归档控件

用户归档控件上的工具栏按钮可以单独分配权限，如图 10-34 所示。

提示：视图及其列没有权限定义，继承使用的归档和域的权限。

图 10-34　工具的权限分配

10.4.3　用户归档的使用限制

WinCC V7.4 SP1 中用户归档的性能如下：

- 归档总数：无限制
- 用户归档域：500
- 用户归档数据记录：10000
- 用户归档视图：无限制

另外，域的数目和数据记录的数目的乘积不得超过 1000000。例如，使用 100 个域时最多可以创建 10000 个数据记录。使用 500 个域时最多可以创建 2000 个数据记录。"编号列"和"ID"列会占用两个域，"列标题"占用一个数据记录数，如图 10-35 所示。

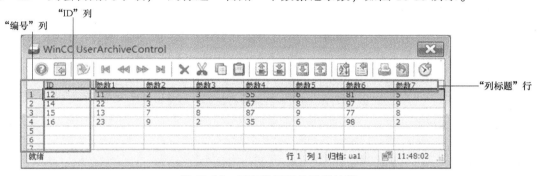

图 10-35　域和数据记录乘积计算

10.5　WinCC 用户归档的应用示例

用户归档常用于配方的管理以及批次生产数据的记录。本节中的配方就是指用户归档。

10.5.1　配方数据记录的手动/自动下载

举例模拟的生产工艺如图 10-36 所示。

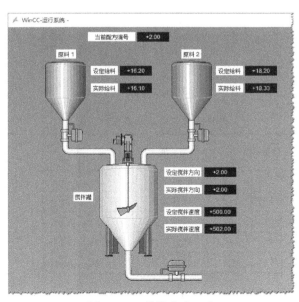

图 10-36　模拟生产工艺

模拟简单生产工艺描述：由 2 个原料罐按照"原料参数配方"设定输出原料到搅拌罐进行搅拌。搅拌罐按照"控制参数配方"设定参数控制搅拌泵的搅拌方向和搅拌速度。

步骤 1：创建配方变量。为便于仿真运行，本示例将全部采用内部变量进行模拟。创建"原料参数配方"变量如图 10-37 所示。创建的变量见表 10-11。

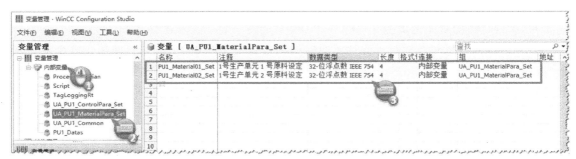

图 10-37　创建"原料参数配方"变量

表 10-11　创建"原料参数配方"变量

属性　　　　变量名称	数据类型	连接	组	注释
PU1_Material01_Set	32-位浮点数	内部变量	UA_PU1_MaterialPara_Set	1 号生产单元 1 号原料设定
PU1_Material02_Set	32-位浮点数	内部变量	UA_PU1_MaterialPara_Set	1 号生产单元 2 号原料设定

步骤 2：创建配方控制变量如图 10-38 所示。创建的变量见表 10-12。

图 10-38　创建配方控制变量

表 10-12　创建配方控制变量

属性　　　　变量名称	数据类型	连接	组	注释
PU1_ID	有符号的 32 位值	内部变量	UA_PU1_Common	1 号生产单元数据记录编号
PU1_Job	有符号的 32 位值	内部变量	UA_PU1_Common	1 号生产单元数据记录作业
PU1_Field	文本变量 8 位字符集	内部变量	UA_PU1_Common	1 号生产单元数据记录字段
PU1_Value	文本变量 8 位字符集	内部变量	UA_PU1_Common	1 号生产单元数据记录字段值
PU1_Recipe_ID	无符号的 32 位值	内部变量	UA_PU1_Common	1 号生产单元配方编号

步骤 3：创建"原料参数配方"归档如图 10-39 所示。

图 10-39　创建"原料参数配方"归档

创建归档名为"PU1_MaterialPara_Set",通信类型选择"数据管理器变量",并关联控制变量。"ID"关联"PU1_ID","作业"关联"PU1_Job","域"关联"PU1_Field","数值"关联"PU1_Value"。

步骤 4:为归档"PU1_MaterialPara_Set"创建域并关联变量,如图 10-40 所示。

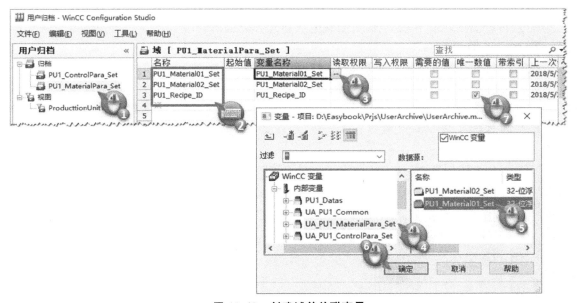

图 10-40　创建域并关联变量

为归档"PU1_MaterialPara_Set"创建 3 个域并分别关联变量。"PU1_Material01_Set"关联变量"PU1_Material01_Set"、"PU1_Material02_Set"关联变量"PU1_Material02_Set"、"PU1_Recipe_ID"关联变量"PU1_Recipe_ID",并设置域"PU1_Recipe_ID"的"唯一数值"属性。

步骤 5:组态编辑仿真画面。在画面中添加 3 个"输入/输出域"分别关联当前配方编号变量"PU1_Recipe_ID"、原料 1 设定变量"PU1_Material01_Set"和原料 2 设定变量"PU1_Material02_Set"。添加"WinCC UserArchiveControl"控件并关联归档"PU1_

MaterialPara_Set"，结果如图 10-41 所示。

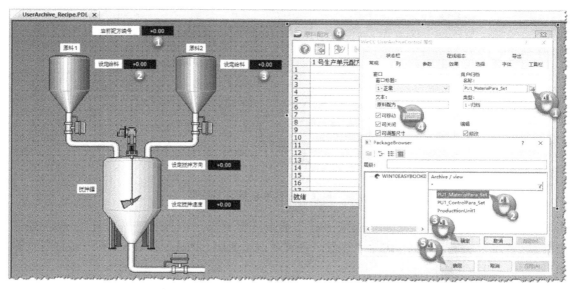

图 10-41　组态编辑仿真画面

（1）运行测试手动下载/上传更新或生成新配方数据记录

在 WinCC 计算机属性中的"启动"选项单中，激活"用户归档"后，激活 WinCC 运行系统，手动下载配方数据记录如图 10-42 所示。

在配方控件中，双击空白行，添加并输入 3 组配方参数。选中配方编号为 2 的配方数据记录，单击配方控件工具栏中的"写入变量"按钮后，配方编号、原料 1 设定值、原料 2 设定值被同时写入 WinCC 变量中。

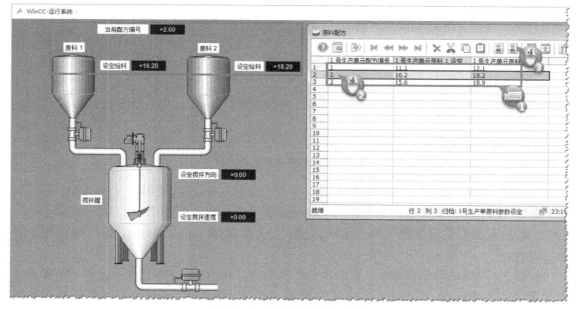

图 10-42　手动下载配方参数

手动上传更新配方数据记录如图 10-43 所示。

图 10-43　手动上传更新配方数据记录

在画面中的当前配方编号"输入/输出域"中输入值"1"，在配方控件中选中配方编号为 1 的配方数据记录，单击配方控件工具栏中的"读取变量"按钮后，配方编号为 1 的数据记录值同时被更新。手动上传生成新配方数据记录如图 10-44 所示。

图 10-44　手动上传生成新配方数据记录

在画面中的当前配方编号"输入/输出域"中输入值"4"（由于设置了配方编号的"唯一数值"属性，因此要想生成新的配方数据记录，则该变量值必须唯一，否则手动生成时会弹出错误提示"添加数据记录时出错"。），在配方控件中，选中最上方的空白行，单击配方控件工具栏中的"读取变量"按钮后，配方编号为 4 的数据记录值生成。

步骤 6：组态编辑仿真画面，添加配方控制变量"输入/输出域"，如图 10-45 所示。

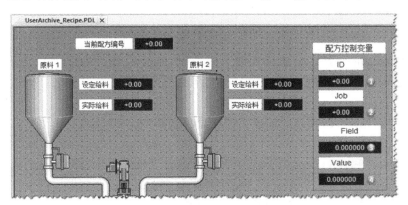

图 10-45　添加控制变量"输入/输出域"

在画面中，添加 4 个"输入/输出域"分别关联配方控制变量"PU1 _ID"、"PU1_Job"、"PU1_Field"和"PU1_Value"，保存画面。

（2）运行测试自动下载/上传更新或生成新配方数据记录

激活新修改完成的画面，自动下载 ID 最低的配方数据记录如图 10-46 所示。

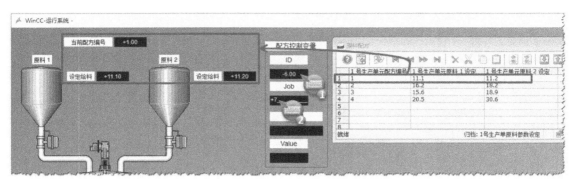

图 10-46　自动下载 ID 最低的配方数据记录

在画面中的 ID"输入/输出域"输入值-6，Job"输入/输出域"输入值 7，回车后 ID 编号最低的配方数据记录值被同时写入了变量当中。

ID"输入/输出域"输入值-9，Job"输入/输出域"输入值 7，回车后 ID 编号最高的配方数据记录值被同时写入了变量当中。

也可以通过配方编号选择配方数据记录进行自动下载，如图 10-47 所示。

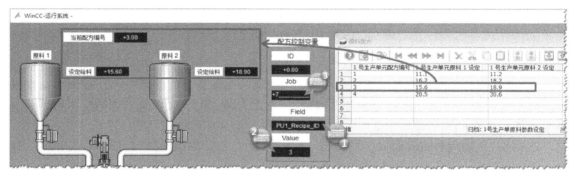

图 10-47　自动下载指定 ID 的配方数据记录

在画面中的 Field"输入/输出域"输入值 PU1_Recipe_ID，Value"输入/输出域"输入值 3，Job"输入/输出域"输入值 7，回车后 ID 编号为 3 的配方数据记录值被同时写入了变量当中。

自动上传更新指定 ID 编号的配方数据记录，如图 10-48 所示。

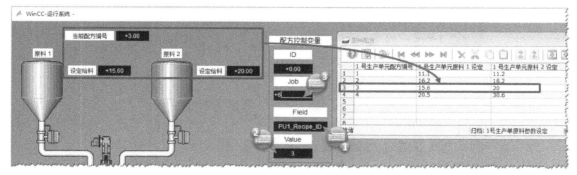

图 10-48　自动上传更新指定 ID 编号的配方数据记录

在画面中的 Field "输入/输出域" 输入值 PU1_Recipe_ID，Value "输入/输出域" 输入值 3，Job "输入/输出域" 输入值 6，回车后 ID 编号为 3 的配方数据记录值被变量值更新。自动上传生成新配方数据记录，如图 10-49 所示。

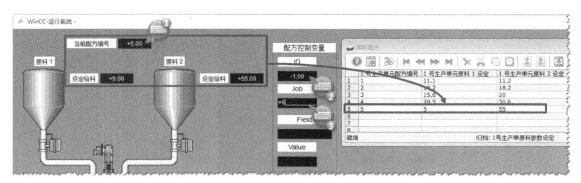

图 10-49 自动上传生成新配方数据记录

在画面中的 Field "输入/输出域" 清空输入值，Value "输入/输出域" 清空输入值，当前配方编号 "输入/输出域" 输入值 5（或配方数据记录中不存在的配方编号值），ID "输入/输出域" 输入值−1，Job "输入/输出域" 输入值 6，回车后配方数据记录新增加了一条配方编号为 5 的新数据记录。

> **提示**：由于本例采用的均为内部变量，因此采取手动为控制变量赋值进行测试。实际本例中所要说明的 "自动" 指的是可以通过 PLC 自动为控制变量赋值，或后台通过脚本自动为控制变量赋值，以实现自动的下载/上传配方数据记录。

10.5.2 配方数据记录运行时的导出/导入

步骤 1：在用户归档控件的工具栏上，单击导出按钮，如图 10-50 所示。

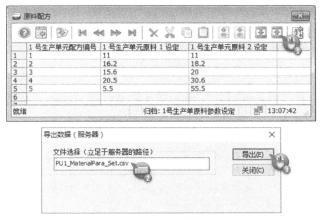

图 10-50 导出

在配方控件工具栏中，单击 "导出归档" 按钮，在弹出的 "导出数据" 对话框中设置导出文件名（默认情况下自动使用该控件所加载的归档名）。

> **提示**：如果不是第一次导出，则单击"导出"按钮后会提示"文件已存在，是否要覆盖现有文件？"，如果已对该文件做过数据的修改，请加以备份以免有用数据被覆盖。

步骤 2：打开存放导出文件的文件夹，如图 10-51 所示。

图 10-51　打开存放导出文件的文件夹

浏览到项目路径下"UA"文件夹中的 .csv 文件。鼠标右键单击"编辑"，将会以系统默认的记事本程序打开导出文件。

步骤 3：编辑修改导出的数据记录文件，如图 10-52 所示。

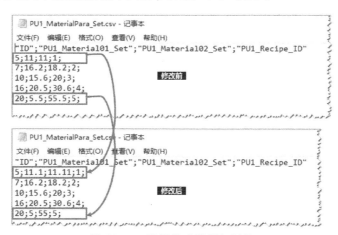

图 10-52　编辑修改数据记录值

对"PU1_Recipe_ID"（配方编号）为 1 和 5 的数据进行修改，保存该文件。

步骤 4：删除原有数据记录条目，如图 10-53 所示。

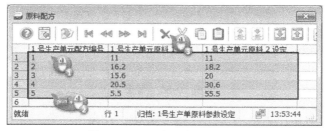

图 10-53　删除原有数据记录

鼠标左键选中第一条数据记录后按住"Shift"键，左键选中最后一条数据记录，单击工具栏中的"删除行"按钮，所有数据记录将被删除。

步骤 5：导入，如图 10-54 所示。

单击工具栏中的"导入归档"按钮，可以看到修改过的数据记录全部成功导入。

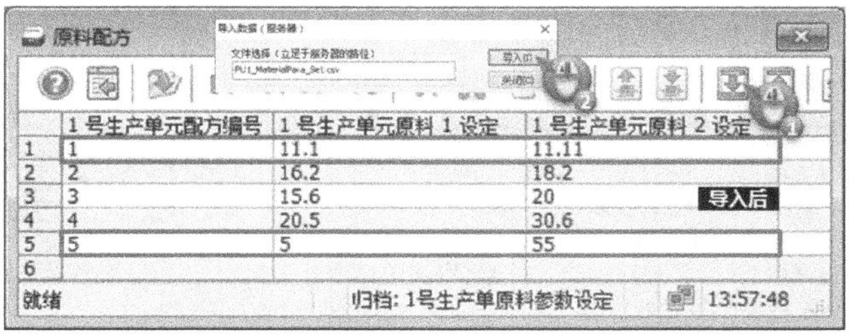

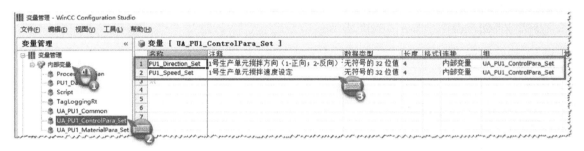

图 10-54　导入

10.5.3　配方视图的使用

通过视图加载多个用户归档中的数据记录，实现多个用户归档数据记录同时下载/上传。

步骤 1：创建配方变量。创建"控制参数配方"变量如图 10-55 所示。创建的变量见表 10-13 。

图 10-55　创建"控制参数配方"变量

表 10-13　创建"控制参数配方"变量

属性 变量名称	数据类型	连接	组	注释
PU1_Direction_Set	无符号的 32-位值	内部变量	UA_PU1_ControlPara_Set	1 号生产单元搅拌方向 （1-正向；2-反向）
PU1_Speed_Set	无符号的 32-位值	内部变量	UA_PU1_ControlPara_Set	1 号生产单元搅拌速度设定

步骤 2：创建"控制参数配方"归档如图 10-56 所示。

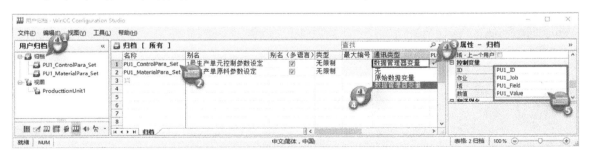

图 10-56　创建"控制参数配方"归档

创建归档名为"PU1_ControlPara_Set"，通信类型选择"数据管理器变量"，并关联控制变量："ID"关联"PU1_ID"、"作业"关联"PU1_Job"、"域"关联"PU1_Field"、"数值"关联"PU1_Value"。

步骤 3：为归档"PU1_ControlPara_Set"创建域并关联变量，如图 10-57 所示。

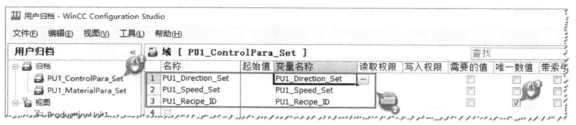

图 10-57　创建域并关联变量

为归档"PU1_ControlPara_Set"创建 3 个域并分别关联变量，"PU1_Direction_Set"关联变量"PU1_Direction_Set"、"PU1_Speed_Set"关联变量"PU1_ Speed _Set"、"PU1_Recipe_ID"关联变量"PU1_Recipe_ID"，并设置域"PU1_Recipe_ID"的"唯一数值"属性。

步骤 4：创建视图，如图 10-58 所示。

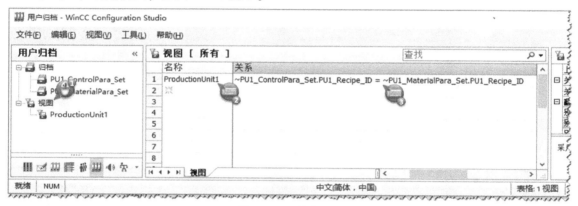

图 10-58　创建视图

创建新视图"ProductionUnit1"，并输入关系表达式：

"~PU1_ControlPara_Set. PU1_Recipe_ID ＝ ~PU1_MaterialPara_Set. PU1_Recipe_ID"。

步骤 5：为新视图创建列，如图 10-59 所示。

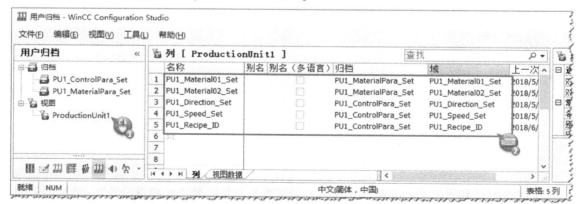

图 10-59　为视图创建列

创建的列关联归档和域，见表 10-14。

表 10-14 创建视图的列

列名称 关联	归档	域
PU1_Material01_Set	PU1_MaterialPara_Set	PU1_Material01_Set
PU1_Material02_Set	PU1_MaterialPara_Set	PU1_Material02_Set
PU1_Direction_Set	PU1_ControlPara_Set	PU1_Direction_Set
PU1_Speed_Set	PU1_ControlPara_Set	PU1_Speed_Set
PU1_Recipe_ID	PU1_ControlPara_Set	PU1_Recipe_ID

步骤 6：组态编辑仿真画面，如图 10-60 所示。

图 10-60　编辑仿真画面

在画面中，再添加 2 个 "WinCC UserArchiveControl" 控件，分别关联归档 "PU1_ControlPara_Set" 和视图 "ProductionUnit1"。

步骤 7：运行测试手动下载/上传更新配方数据记录。

激活新修改完成的画面，如图 10-61 所示。

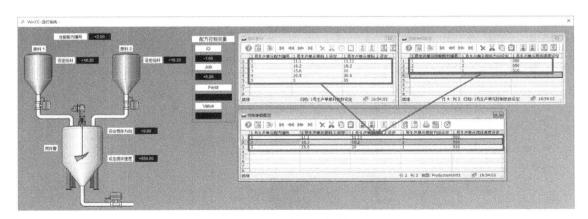

图 10-61　视图运行效果

可看到，视图根据设定的关系表达式将两个归档数据记录中"配方编号"相等的数据记录进行了集中显示。

通过视图下载/上传更新配方数据记录，如图 10-62 所示。

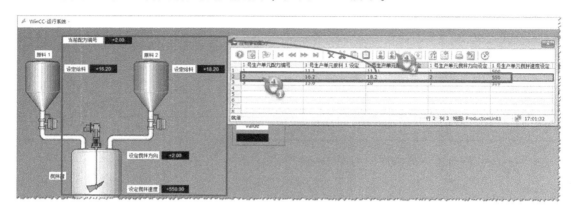

图 10-62　通过视图下载/上传更新配方数据记录

在视图中选中 1 条数据记录，单击工具栏中的"写入变量"按钮，将会同时把归档"PU1_MaterialPara_Set"和"PU1_ControlPara_Set"中的所有参数下载传送到变量中。在视图中可通过"读取变量"按钮上传更新已有数据记录，但无法上传生成新的数据记录。

10.5.4　批次生产数据的自动记录

通过用户归档实现基于批次的数据记录功能。

步骤 1：创建批次相关变量，以及系统信息变量"Min"（地址为"分钟"），如图10-63所示。

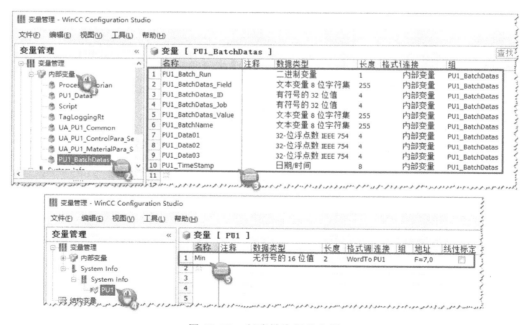

图 10-63　创建批次相关变量

步骤 2：创建批次数据记录用户归档"PU1_BatchDatas"，如图 10-64 所示。

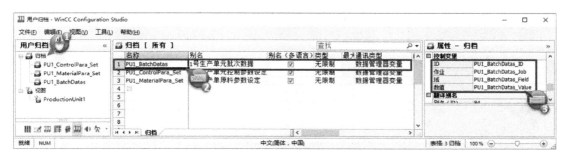

图 10-64　创建批次数据记录用户归档

步骤 3：为批次数据记录用户归档"PU1_BatchDatas"创建域，如图 10-65 所示。

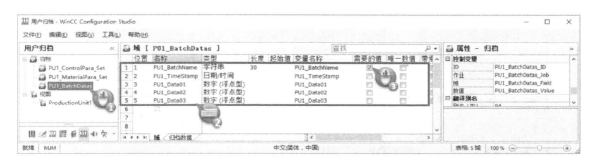

图 10-65　创建域

步骤 4：创建 VBS 全局动作并设置变量触发器为变量"Min"变化时（用于批次生产开始后每分钟触发一次批次数据的自动记录），如图 10-66 所示。

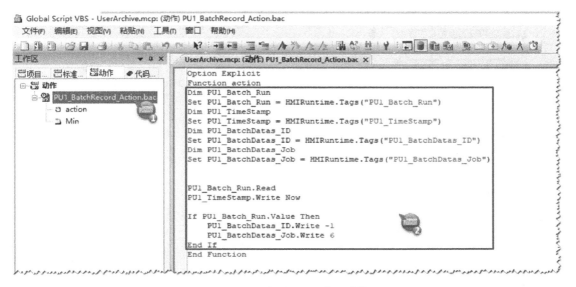

图 10-66　创建 VBS 全局动作

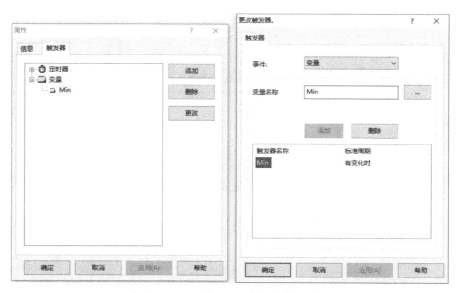

图 10-66　创建 VBS 全局动作（续）

步骤 5：组态编辑仿真画面，如图 10-67 所示。

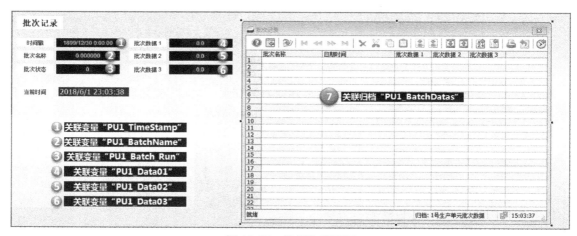

图 10-67　编辑仿真画面

在画面中，再添加 6 个"输入/输出域"并关联相关变量，添加 1 个"WinCC UserArchiveControl"控件，关联归档"PU1_BatchDatas"。

步骤 6：运行测试自动记录批次数据。

激活新修改完成的画面，如图 10-68 所示。

如图 10-69 所示，首先输入批次名称，然后将批次状态值设置为"1"，代表批次生产开始，VBS 全局动作在后台即开始了每分钟记录 1 条批次数据记录。

　　提示：可以通过打开"WinCC TAG Simulator"变量仿真器对批次数据 1-3 进行仿真，本示例中数据全部由变量仿真器提供。

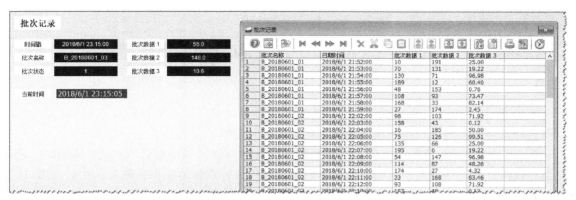

图 10-68　自动记录的批次数据记录

可通过过滤条件单独查询某一批次的所有数据，如图 10-69 所示。

图 10-69　过滤批次数据

通过单击工具栏中的"选择对话框"按钮，在过滤条件设置中选择"批次名称"为条件，运算域选择"等于"，设置值为"*_01"，单击"应用"包含"_01"的相关数据。

第 11 章　用 户 管 理

本章介绍了 WinCC 的基本用户管理功能，主要包括用户、用户组和权限的概念，以及如何在项目中分配和管理运行系统中操作对象的访问权限。

在 WinCC 中，为了实现项目的访问控制，提供用户管理器用来管理项目中的用户、用户组和权限。用户是指系统中创建的用于登录和操作运行系统的操作员账号。在创建用户后会为其分配相应的权限等级，即权限。通常具有相同访问权限的用户会分组在一起，称作用户组。在 WinCC 运行系统中，可操作的对象都支持设置访问"授权"。项目中的用户只有具备和被操作对象相同的权限时，才可以操作该对象。否则，当试图操作不具备权限的对象时，系统会弹出"无操作员权限"的提示信息。

通过本章的学习，可以掌握 WinCC 中基本的用户管理功能。在任务实现环节，能够创建一个具有用户管理功能的 WinCC 项目。在该项目中，可以实现多种方式的用户登录/注销操作。当不同的用户登录项目时，可实现不同的操作效果，并且能够在 WinCC 项目运行的情况下实现对系统用户的管理，项目的运行界面如图 11-1 所示。

图 11-1　用户管理项目界面

11.1　用户管理器

在 WinCC 中，通过"用户管理器"实现项目中用户的管理和用户权限的分配。用户管理器可用来分配和管理运行系统中操作员的访问权限，也可组态系统中组态的访问权限，并且 WinCC C/S 系统中操作员站的用户管理和 B/S 架构中 Web 访问的用户管理也需要通过用户管理器实现。

WinCC 的用户管理支持通过 SIMATIC Logon 实现集中式的用户管理功能，SIMATIC Logon 软件作为整个 SIMATIC 系列产品之一，其主要功能是为整个工厂的 SIMATIC 应用程序提供集中的访问保护。该软件可基于 Windows 系统进行用户管理和系统访问控制。利用该软件可满足 FDA　21 CFR Part 11 中规定的验证要求。有关 SIMATIC Logon 使用方法的详细介绍请参考本书第 15 章审计追踪。

11.1.1　管理权限

在 WinCC 项目中，用户的权限是通过权限进行定义的。默认情况下，用户管理器中提供了预定义的默认权限和系统权限。用户管理器中所显示的权限数量和类型取决于是否安装了 WinCC 的"基本过程控制"（Basic Process Control）选项。打开 WinCC 的用户管理器，选中 WinCC 用户管理器编辑器中的"用户管理器"，切换到"权限等级"选项卡。默认情况下 WinCC 项目中的权限管理界面如图 11-2 所示（没有安装"基本过程控制"选项）。

图 11-2　默认权限界面

> **提示：**关于 WinCC 的"基本过程控制"（Basic Process Control）选项的详细说明请参考 WinCC 在线帮助"选件>过程控制选件"部分的介绍。

在 WinCC 中，各权限之间相互独立，没有任何隶属关系，也就是说编号较大的权限中并不包括编号较小的权限。

默认权限在项目运行时生效，各权限等级的名称仅用于描述权限，但是这些名称并未指出权限的实际用法和作用范围。用户可以删除或编辑除"用户管理"之外的所有默认权限，即权限的功能仅和编号相关，和名称无关。例如：ID 为 2 名称为"数值输入"的权限并不代表"数值输入"，该权限等级的名称是可以修改的。

系统权限由系统自动生成且只能分配给用户，不可删除编号为 1000 ~ 1099 的系统权限，用户无法编辑、删除或创建新的系统权限。系统权限在组态系统和运行系统中生效，表 11-1 中的每个系统权限都具有特定的功能。在本书第 12 章系统架构中会介绍编号为 1000 和 1001 的系统权限功能，在本书第 13 章浏览器服务器架构中会介绍系统权限 1002"Web 访问-仅监视"的作用。

表 11-1　WinCC 中的系统权限

编号	名称	功　　能
1000	远程激活	用户可通过另一台计算机启动和终止运行系统
1001	远程组态	用户可通过另一台计算机组态和编辑项目
1002	Web 访问-仅监视	用户可通过另一台计算机使用 IE 浏览器访问项目,但是无法更改或操作项目

　　项目组态过程中,可以根据需要在用户管理器中添加自定义的权限或者删除不必要的权限。在 WinCC 中,最多可以创建 999 个权限等级。

11.1.2　管理用户

　　用户管理器通过用户组和用户实现对项目中用户的管理,用户管理器仅允许一个组级别,不可创建任何子组。首次在组中创建用户时,新创建的用户会自动继承用户组的权限,但是用户不会继承用户组权限的更改。因此,当创建好用户后,如需调整用户的权限,需要选中相应的用户在其"权限"页进行调整。WinCC 默认用户组的界面如图11-3所示。

图 11-3　默认用户组界面

　　系统中最多可以创建 128 个用户和 128 个用户组。用户必须隶属于某个特定的用户组,用户组的名称和用户的名称都必须唯一,用户名的长度不能超过 24 个 Unicode 字符。如果要在消息中显示用户名,则用户名的长度不能超过 16 个字符。

　　在用户的属性中,除了可以设置用户的名称、隶属的用户组外,还可以设置:密码、登录方式、注销方式等参数。如果涉及网络应用,同时也可以定义用户的网络选项。WinCC 默认的用户属性界面如图 11-4 所示。

　　在项目运行情况下,可以使用 Win CC UserAdmin Control 控件实现对用户的添加、删除和编辑等操作。该控件会根据登录项目用户权限的不同,而显示不同的内容。当项目中具有"用户管理"权限的用户登录后,控件的界面如图 11-5 所示。

图 11-4 默认的用户属性界面

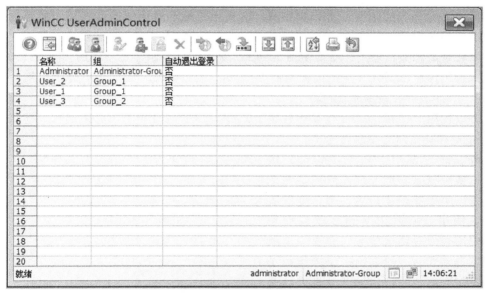

图 11-5 WinCC UserAdminControl 运行界面

11.2 用户的登录和注销

WinCC 提供了多种用户登录和注销方式。当项目运行后，可以实现灵活地登录和注销操作。例如：使用快捷键登录、通过脚本登录和使用变量登录等。接下来分别予以介绍。

11.2.1　使用快捷键实现

在 WinCC 运行系统中，当按下特定的 Windows 组合键时，可以打开用户登录对话框，或者注销当前登录的用户。

具体实现方法：在 WinCC 项目的属性中，定义快捷键。打开项目属性界面，切换到"快捷键"选项卡，选中"动作"中的"登录"，然后将鼠标焦点切换到右侧的输入框，在键盘上按下希望作为快捷键的键组合，最后单击"分配"按钮，就完成了登录快捷键的分配，同样的方法可以分配"注销"动作的快捷键，配置界面如图 11-6 所示。

11.2.2　使用脚本实现

在 WinCC 运行系统的画面中，通过单击按钮，也可以实现登录或者注销的操作。这里需要调用 C 函数。其中 PWRTLogin 函数可以实现登录功能，PWRTLogout 可以实现注销功能。

图 11-6　快捷键界面

PWRTLogin 的参数必须是 CHAR 字符。它指定了显示对话框的监视器。如果只使用一个监视器，那么保留默认参数"c"或者指定"1"。如果使用多个显示器，为了能使登录对话框显示在合适的显示器上，需要使用 WinCC"基本过程控制"选项中的"OS 项目编辑器"功能。如果不使用 WinCC"基本过程控制"选项，那么登录对话框始终显示在第一个显示器上。

也可以使用 PASSLoginDialog 函数代替 PWRTLogin 或者 PWRTLogout 函数。这个函数和 PWRTLogin 具有相同的参数设置。

此外，通过调用 PWRTSilentLogin 函数也可以实现登录功能。该函数包括两个参数：第一个参数是用户名，第二个参数是密码。使用该函数在 WinCC 项目启动后，不使用登录对话框就可以完成一个默认用户的自动登录。或者当一个操作员退出后，希望有默认用户自动登录也可以通过调用此函数实现。详细的信息请参考条目 ID 19141675。图 11-7 说明如何使用 C 函数调用登录对话框，以 PWRTLogin 为例。

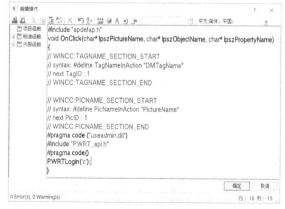

图 11-7　登录脚本

11.2.3　使用变量实现

使用"变量登录"功能，无需通过登录对话框，仅通过特定变量值的改变就可实现用

户的登录或者注销操作。用于控制用户登录/注销的变量称为登录变量。该变量可以是
WinCC 项目中的内部变量，也可以是外部变量。

登录变量允许使用的数据类型有：二进制、无符号的 8 位值、无符号的 16 位值和无符号的 32 位值。在用户管理器中，选中根节点"用户管理器"，在属性界面中先设定"计算机名"，然后组态登录变量。如图 11-8 所示，"变量名称"中即为设定的登录变量。通常还需要指定该登录变量变化范围以限制可以登录项目的用户数量。通过属性界面中的"上限"和"下限"设置登录变量的变化范围。因此，登录变量的数据类型和数值变化范围决定了可以登录项目的用户数量。

图 11-8　变量登录组态界面

为了使用变量实现登录项目，还需要为每个使用变量登录的用户分配一个单独的数值，即"变量登录值"。"变量登录值"在用户的属性界面中设置，如图 11-9 所示。当该数值等于组态值时，已分配用户就会登录到系统。未分配给用户的每个变量值都可用于注销。以图 11-8 和图 11-9 中的设置为例，项目中最多可以登录 3 个用户，当项目中"Ua_LoginTag"的数值等于 3 时，用户"Administrator"就会登录到系统。当"Ua_LoginTag"的数值在限制值以外时，系统就会自动注销当前登录的用户。

图 11-9　用户的变量登录值

> **提示**：如果用户已经使用变量方式登录到系统，那么该项目将不再支持通过登录对话框方式登录到同一台计算机。如果使用 SIMATIC Logon 实现用户登录，也无法使用变量方式登录系统。因此，建议项目中始终以相同的方式实现用户的登录和注销操作。

11.2.4 登录用户的显示

如果要在 WinCC 项目中的过程画面或报表中显示登录的用户，可以使用@ CurrentUser 或者@ CurrentUserName 两个内部变量，如图 11-10 所示。

根据不同的登录情况，它们显示的内容见表11-2。

图 11-10　内部变量

在 Windows 系统中，创建新用户的界面中会有"输入用户名"和"全名"的输入框。例如：如果 WinCC 系统中启用了 SIMATIC Logon，这两个变量则会分别显示 Windows 用户管理中设置的用户名和全名。

表 11-2　系统变量

	WinCC 中的用户名称	Windows 中的用户名称
@ CurrentUser	用户名	用户名
@ CurrentUserName	用户名	完整的名称(全名)

11.3　任务实现

创建一个具有用户管理功能的 WinCC 项目。用户可以通过组合键、脚本和变量实现登录和注销操作，当不同的用户登录项目时，可以实现不同的操作，并且能够在运行情况下完成对系统中用户的管理。

主要的组态内容有创建权限、创建用户组、创建用户、为画面上的对象设置"授权"、组态登录方式等。详细步骤如下：

步骤 1：打开 WinCC 用户管理器。右击"用户管理器"，在弹出的菜单中选择"打开"，如图 11-11 所示。

步骤 2：管理权限。在打开的"用户管理器"界面中，切换到"权限等级"页，分别创建"操作"和"监视"两个权限，如图 11-12 所示。

图 11-11　打开用户管理器

步骤 3：创建用户组。右击"用户管理器"，在弹出菜单中选择打开"添加新组"对话框，分别创建操作员组、监视员组和管理员组，并参照表 11-3 分配相应的权限。组态界面如图 11-13 和图 11-14 所示。

步骤 4：创建用户。参照表 11-4 在相应的用户组下添加新用户并设置密码。组态界面如图 11-15 和图 11-16 所示。

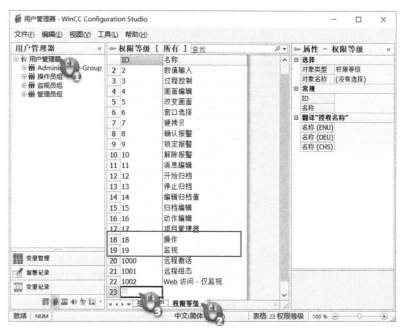

图 11-12 管理权限等级

图 11-13 添加新组　　　　　　　　　　　图 11-14 为用户组权限分配

表 11-3 用户组权限分配

名称	权限分配
操作员组	编号 18：操作
监视员组	编号 19：监视
管理员组	编号 1、18、19：用户管理、操作、监视

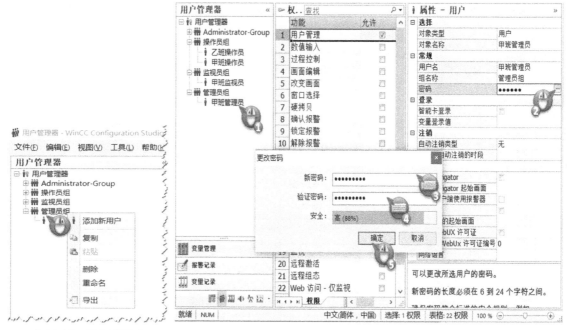

图 11-15　添加新用户　　　　　　　　　　图 11-16　设置用户密码

表 11-4　新建用户列表

用户名称	隶属于的用户组	密　码
甲班操作员	操作员组	MyPassword
甲班监视员	监视员组	MyPassword
甲班管理员	管理员组	MyPassword

步骤 5：设置画面上对象的权限，即"授权"属性。为了演示效果，项目中创建了一个 BOOL 型的内部变量"Uad_阀门开关"，画面中设计两个按钮和一个阀门图标，其中按钮用来控制阀门的开或者关，阀门图标用于反馈运行的结果，如图 11-17 所示。画面中对象详细属性和事件的设置见表 11-5。阀门的属性设置方法如图 11-18 和图11-19所示。

图 11-17　操作对象

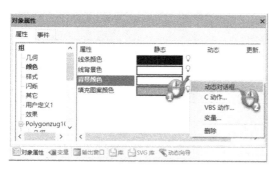

图 11-18　阀门对象属性

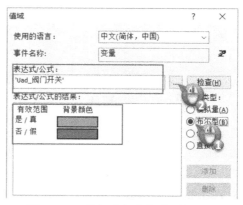

图 11-19　阀门对象动态对话框界面

表 11-5 画面对象属性和事件设置

对象	名称	属性	事件
按钮	打开阀门	其它>授权>"操作"	鼠标>单击鼠标>直接连接(为阀门开关赋值为1)
按钮	关闭阀门	其它>授权>"监视"	鼠标>单击鼠标>直接连接(为阀门开关赋值为0)
阀门		颜色>背景颜色>"动态对话框",组态红色代表关,绿色代表开	

按钮的事件设置如图 11-20 和图 11-21 所示（以"关闭阀门"按钮为例）。

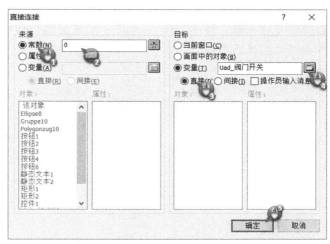

图 11-20 "关闭阀门"鼠标事件　　　　　图 11-21 "关闭阀门"直接连接界面

按钮的属性设置界面如图 11-22 和图 11-23 所示（以"关闭阀门"按钮为例）。对于"打开阀门"按钮，"直接连接"中的"常数"设置为"1"，"授权"选择为"操作"。

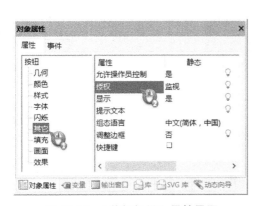

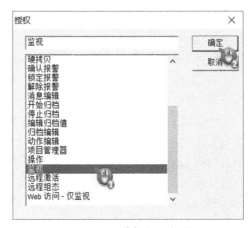

图 11-22 "关闭阀门"属性界面　　　　　图 11-23 选择阀门权限

步骤 6：设置登录和注销方式。本例中将配置三种用户登录和注销的方法，下面分别予以详细说明。

1）使用脚本登录和注销。在画面中，添加 3 个按钮。分别是"登录"、"注销"和"监视员直接登录"。其中，"登录"按钮用于调用用户登录对话框。"注销"按钮用于注销系统的当前用户。"监视员直接登录"按钮，可以实现无对话框情况下，特定用户直接登录项目。参照表 11-6 中的说明，分别在各按钮下添加 C 动作，并调用相应的函数。

表 11-6　对象设置

对象类型	名称	事件	函数
按钮	登录	鼠标>单击鼠标>C 动作	PWRTLogin（'c'）
按钮	注销	鼠标>单击鼠标>C 动作	PWRTLogout（）
按钮	监视员直接登录	鼠标>单击鼠标>C 动作	PWRTSilentLogin（）

　　具体操作步骤：首先在脚本编辑器中输入相应的脚本，然后单击工具栏的"编译"检查脚本是否正确，最后单击"确定"按钮关闭对话框。图 11-24 列出了"登录"按钮的脚本截图和编译后的效果。

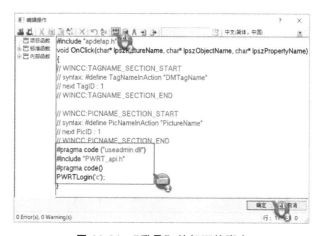

图 11-24　"登录"按钮下的脚本

　　和"登录"按钮的操作方法相同，在"注销"按钮中输入以下脚本，实现"注销"功能。

```
#pragma code("useadmin.dll")
#include "PWRT_api.h"
#pragma code ()
PWRTLogout ( );
```

　　同样的在"监视员值直接登录"按钮中输入以下脚本，实现一键登录功能。

```
#pragma code("useadmin.dll")
#include "PWRT_api.h"
#pragma code ()
PWRTSilentLogin ( "甲班监视员","My Password" );
```

　　2）使用快捷键方式登录和注销的组态步骤。右键单击项目名称，打开项目属性对话框，如图 11-25 所示。

　　在打开的属性界面中，切换到"快捷键"选项卡，如图 11-26 所示将鼠标切换到右侧的输入框后，在键盘上按下相应的组合键，此处就会显示相应的快捷键信息。然后单击"分配"按钮，单击"确定"并退出组态界面，即完成了快捷键的分配。本例中，分别为"登录"和"注销"配置快捷键"Ctrl+L"和"Ctrl+G"。

图 11-25　打开项目属性　　　　　　　　　图 11-26　分配快捷键

3）使用"登录变量"的组态步骤。创建一个用于登录的内部变量"Uad_LoginTag"，此处设置数据类型为"无符号的 16 位值"。在用户管理器属性中分别设置变量登录的"计算机名"、"变量名称"、"上限"和"下限"，如图 11-27 所示。

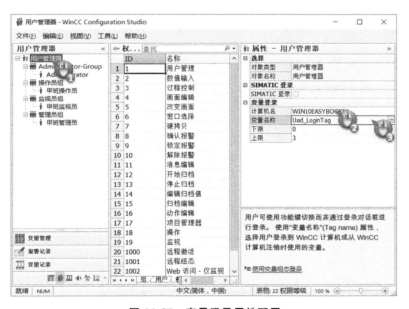

图 11-27　变量登录属性配置

为特定的用户分配变量登录值，此处在用户管理器选择为"甲班监视员"，分配变量登录值为"1"，如图 11-28 所示。在画面上添加输入/输出域并关联登录变量"Uad_LoginTag"，用于控制用户的登录和注销，输入/输出域的属性配置如图 11-29 所示。

步骤 7：在运行状态下显示和编辑登录用户。

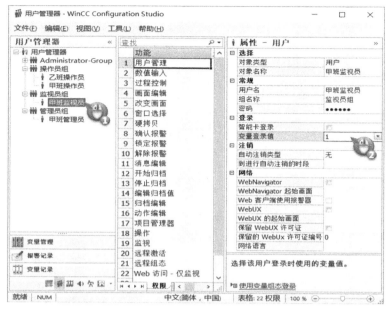

图 11-28　用户设置登录变量的值

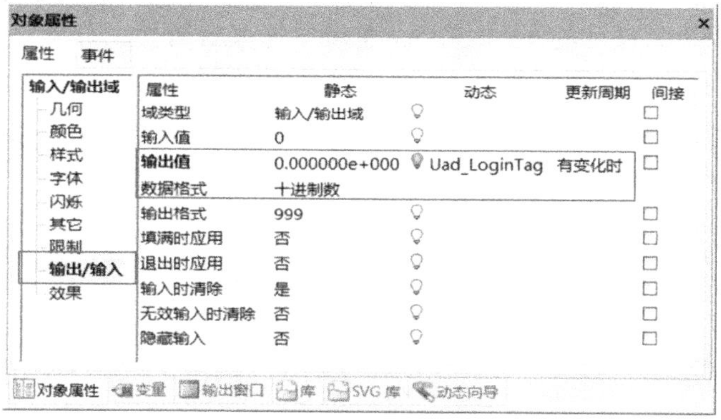

图 11-29　输入/输出域配置界面

在画面中添加输入/输出域并关联内部变量@ CurrentUser，用于显示当前系统登录的用户名称。需要设置输入/输出域的数据格式为"字符串"，如图 11-30 所示。

图 11-30　@CurrentUser 对应的输入/输出域格式

从"控件>ActiveX 控件"中拖拽"WinCC UserAdminControl"控件到画面中，用于在运行状态下管理系统的用户信息，最终的界面如图 11-31 所示。

图 11-31 用户界面

步骤 8：在运行状态下登录系统。根据"步骤 6"组态的登录方法不同，可以选择使用快捷键登录、脚本登录或者变量登录。当使用"登录变量"登录了系统后，只有使用"登录变量"注销当前用户后，才能通过快捷键或者脚本方式调用登录对话框。系统激活后，项目可以实现以下功能。

图 11-32 用户登录对话框

按下登录快捷键"Ctrl+L"或者单击"登录"按钮，调出登录对话框如图 11-32 所示，输入正确的用户名和密码完成登录。

按下"监视员直接登录"按钮，可以以脚本中默认的用户"甲班监视员"直接登录运行系统。单击画面上的"注销"按钮就可以注销当前用户。

在"变量登录值"对话框中，输入数值"1"，和数值对应的"甲班监视员"就会直接登录到系统。

单击"登录"按钮，使用"甲班管理员"登录系统。在"WinCC UserAdminControl"中会列出当前系统中所有的用户。通过该控件可以实现在运行状态下对用户的管理。比如选中控件中相应的用户，单击"编辑"菜单，就可以编辑该用户，如图 11-33 所示。

在打开的"编辑用户"对话框中，可以修改用户的属性。根据登录用户的权限不同，会显示不同的"编辑用户"界面，其中具有"用户管理"权限的用户登录后，可以浏览和编辑所有的用户信息，"编辑用户"界面如图 11-34 所示。

不具有"用户管理"权限的用户登录后，仅可以浏览和编辑自己的信息。"编辑用户"界面如图 11-35 所示。当不同的用户登录后，可以尝试操作"打开阀门"或"关闭阀门"按钮，如果用户具有相应的权限，"阀门"图标会显示相应的状态。如果用户不具备权限，会弹出"无操作员权限"的提示框，如图 11-36 所示。

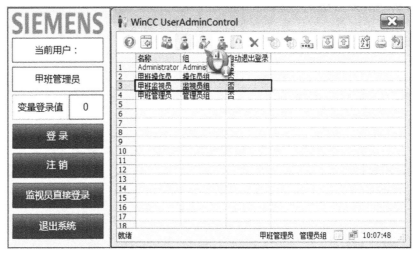

图 11-33　管理员登录后界面

图 11-34　运行状态下编辑用户

图 11-35　运行状态下编辑用户

图 11-36　权限提示信息

第 12 章　系 统 架 构

本章将介绍 WinCC 系统架构，还将详细介绍 WinCC 不同架构的一些实用组态的实现过程。作为 SCADA 系统软件，WinCC 可以通过不同的系统架构以满足实际应用中的不同需求。因此，合理地选择 WinCC 架构能够最经济且合理地实现从小型、中型到大型的监控系统。WinCC 既可以实现最小的单站监控系统，也可以实现复杂的客户机/服务器 （C/S） 架构监控系统。除此之外 WinCC 还可实现浏览器/服务器 （B/S） 系统架构。本章将介绍客户机/服务器 （C/S） 系统架构，浏览器/服务器 （B/S） 系统架构将在第 13 章进行详细介绍。

通过本章的学习，最终能够熟练完成系统架构的设计和实现。主要包括以下几类：

- WinCC 客户机/服务器 （C/S） 多用户系统架构。
- WinCC 客户机/服务器 （C/S） 分布式系统架构。
- WinCC 服务器/服务器通信系统架构。
- WinCC 客户机/冗余服务器系统架构。

12.1　系统架构介绍

WinCC 作为 SCADA 上位监控平台软件，其功能设计中包含了以不同的架构组合方式搭建不同的系统架构。并且从功能扩展以及保证用户利益的方面，WinCC 能够随着需求的升级，从简单的架构逐步扩展升级为复杂的架构，如图 12-1 所示。

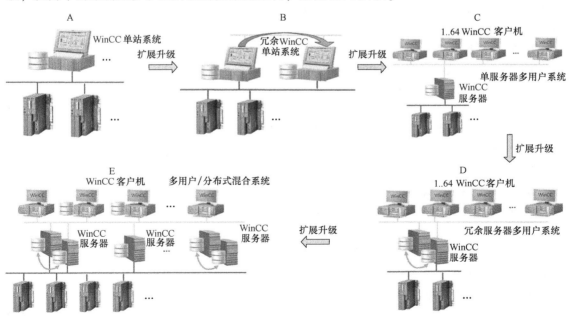

图 12-1　可扩展升级的系统架构

12.1.1　单站系统架构

WinCC 最简单架构即为 WinCC 单站系统，在 SCADA 层可以部署多个相互独立的 WinCC 站连接现场控制层的 PLC，以实现多个工艺监控，如图 12-1 所示中 A 示意。

每个 WinCC 站可以通过不同的通信连接方式与现场 PLC 进行通信连接，如 MPI、PRO-FIBUS 或者以太网等。在 WinCC 基本系统中，提供了四大 PLC 厂商的驱动程序用以建立与 PLC 的通信连接。具体信息可参考本书第 5 章过程通信。在方案设计期间只需要充分考虑 WinCC 单站所需连接 PLC 的数量是否符合 WinCC 性能指标。

在 WinCC 单站中，除了基本的通信功能之外，通常还包括画面监控、报警、变量记录、用户管理等，因此，即使只有 1 台 WinCC 单站的系统也是一个完整的监控系统。在同一系统当中也可以部署多台 WinCC 单站，所有 WinCC 单站相互独立并且各自具备所需功能。方案设计时，可以设计为多个单站负责针对不同工艺进行监控，也可设计为多个单站均监控相同工艺。前者优势在于每个 WinCC 单站的工作负荷以及与 PLC 通信负荷较小，劣势在于当某个 WinCC 单站出现异常时则无法对相应工艺进行监控；后者优势在于即使某个 WinCC 单站出现异常，其它单站仍然可以担负监控功能，劣势在于每个 WinCC 单站的工作负荷以及与 PLC 通信负荷较大。

为了增加系统的高可用性，在一些重要的工艺场合，可以将 1 台 WinCC 单站扩展升级为 2 台 WinCC 冗余单站系统，如图 12-1 所示中 B 示意。

部署 WinCC 单站系统，需要参考 WinCC 与 Windows 操作系统以及相关软件的兼容性要求，并且为每一个单站购买相应点数的 RT 或 RC 授权。单站的项目组态可参考第 3 章入门指南。

12.1.2　C/S 多用户系统架构

WinCC 客户机/服务器架构（Client/Server 架构，以下简称 C/S 架构）可以在同一网络当中，将系统操作和监控的功能分配给多个客户机和服务器。在一个多用户系统架构中只能有 1 台服务器或 1 对冗余服务器。

1. 多用户系统架构的特点

1）服务器负责实现监控系统中的所有功能（数据采集、画面存储和管理等）。

2）服务器负责所有操作员站（客户机）的管理。

3）客户机上无项目。

4）客户机只能访问 1 台服务器或 1 对冗余服务器。

2. 应用场景

根据多用户系统架构的特点，在方案设计时可以考虑的应用场景如下：

场景 1：在不同的操作员站（客户机）上显示所有工艺的不同信息。例如第一台客户机显示所有工艺过程画面，第二台客户机显示和确认报警消息，第三台客户机显示历史数据。

场景 2：在不同的操作员站（客户机）上显示不同工艺的所有信息。例如第一台客户机显示工艺 A 的所有过程画面、报警消息和历史数据，第二台客户机显示工艺 B 的所有过程画面、报警消息和历史数据。

两种方案设计如图 12-2 所示。

3. 所需授权

无论采用何种设计方案实施多用户系统架构，所需 WinCC 软件授权如下：

1）服务器：WinCC RC 或 RT xxx PowerTags × 1；WinCC Server × 1（xxx 为外部变量数，

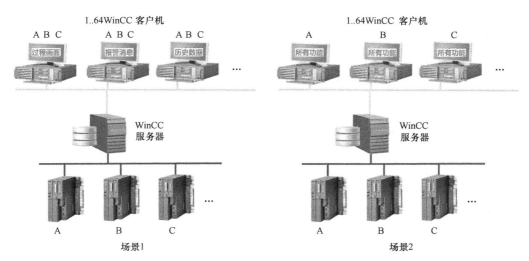

图 12-2　多用户系统架构应用场景

根据实际项目选择相应点数授权即可）。

2）每台客户机：WinCC RT 128 PowerTags ×1（所有客户机均选择最小点数授权即可）。

4. 服务器组态步骤

步骤 1：创建类型为"多用户项目"的新项目。可以在服务器中直接创建并组态，也可以在工程师站中创建并组态。待所有工作完成后，通过 WinCC 项目复制器（Project Duplicator）进行项目备份后再复制到服务器中运行。

步骤 2：在项目中，组态必要的项目数据（变量通信、画面、报警、归档等）。

步骤 3：添加需要访问服务器数据的客户机。在 WinCC 项目管理器中，选择"计算机"，然后右键单击选择"添加新计算机"后在计算机名称中输入客户机的计算机名。

步骤 4：为客户机分配操作权限。为了使客户机可以远程或在运行时打开并编辑服务器项目，必须在服务器项目中组态适当的客户机操作员权限。为此，服务器上提供以下操作员权限：

1）"远程组态"：可从远程工作站打开一个服务器项目，并对其进行完全访问。

2）"远程激活"：客户机可在运行系统中加载并激活服务器项目。

> **提示：**所组态的操作员权限只与用户相关，而与计算机无关。因此，无论在哪个客户机上使用该用户进行登录均可与服务器建立互连。

步骤 5：创建服务器数据包。

1）在 WinCC 项目管理器中，选择"服务器数据"，右键单击选择"创建"。

2）在数据包属性对话框中，指定符号计算机名称和物理计算机名称。默认的符号计算机名称由项目名称和物理计算机名称组合而成，可以根据需要更改（建议使用项目名加物理计算机名称）。物理计算机名称默认为当前组态该项目的计算机名称，如果当前组态该项目的为工程师站，应将物理计算机名称改为将来要运行该项目的服务器计算机名称。数据包创建成功后存储于项目文件夹下的"<计算机名称>\Packages\"路径中，文件扩展名为 .pck。

步骤 6：在服务器项目中，组态客户机属性（起始画面、锁定组合键等）。

以上服务器组态步骤如图 12-3 所示。

图 12-3 多用户系统服务器组态步骤

5. 客户机组态步骤

多用户系统架构中的客户机只能访问 1 台或 1 对冗余的服务器项目。因此，客户机上无需创建 WinCC 项目，客户机只需要远程打开并激活服务器项目，从服务器项目中接收所有运行数据。客户机远程访问服务器项目的方式有 3 种。

1）在客户机上打开 WinCC 项目管理器，单击"打开"命令或按钮，在弹出选择对话框中选择网络路径下的服务器项目，选择 <项目名称>. mcp 文件进行打开。在弹出的用户登录对话框中，输入已在服务器项目中添加的具有"远程组态"以及"远程激活"权限的用户名和密码后，项目将被加载到客户机的 WinCC 项目管理器中。单击项目管理器中的"激活"按钮，即可完成项目的激活。

> **注意**：1. 在客户机项目管理器打开服务器项目之前，项目必须已在服务器端打开。2. 在客户机项目管理器中激活项目时，如果服务器端仍处于未激活状态，则会首先自动在服务器端激活项目。3. 如果在客户机中使用的是 RT 许可证，则在项目打开后会提示缺少 RC 许可证。

2）通过 SIMATIC Shell 打开服务器项目。打开 Windows 资源管理器，选择"计算机"后，在"其它"项中可以看到 SIMATIC Shell（系统文件夹）。双击该文件夹后可看到如图 12-4 所示。选择需要连接的服务器，则可看到服务器中所有已存在的项目，以及当前已处于打开状态的项目。

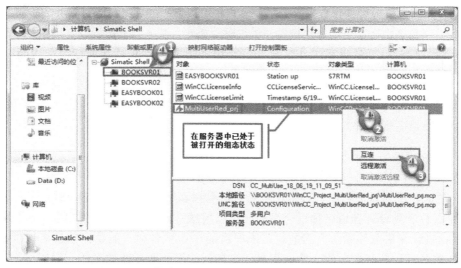

图 12-4 通过 SIMATIC Shell 远程打开服务器项目

选择已处于组态状态需要连接的服务器项目，右键单击选择互连，在弹出的用户登录对话框输入已在服务器项目中添加的具有"远程组态"以及"远程激活"权限的用户名和密码后，项目将被加载到客户机的 WinCC 项目管理器中。单击项目管理器中的"激活"按钮即可完成项目的激活。

3）通过 WinCC Autostart 应用程序自动加载并激活服务器项目。单击 Windows"开始 > 所有程序 > Siemens Automation > SIMATIC > WinCC > Autostart"，打开程序后可通过网络路径加载需要连接的服务器项目，如图 12-5 所示。

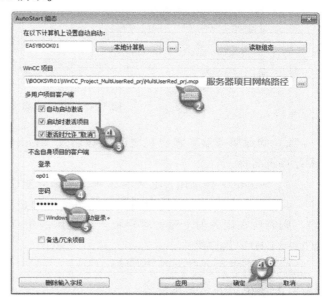

图 12-5　通过 Autostart 自动加载并激活服务器项目

如图 12-5 所示，在程序组态界面中通过网络路径选择需要加载的服务器项目（也可以手动输入）。使能自动激活并根据需要选择是否使能激活时允许"取消"。在登录和密码输入域中输入已在服务器项目中添加的具有"远程组态"以及"远程激活"权限的用户名和密码，单击"确定"按钮。设置完成后，一旦客户机操作系统重新启动登录 Windows 后，Autostart 将会自动加载服务器项目并激活。

当项目激活后，可分别在服务器和客户机端查看连接状态，如图 12-6 所示。

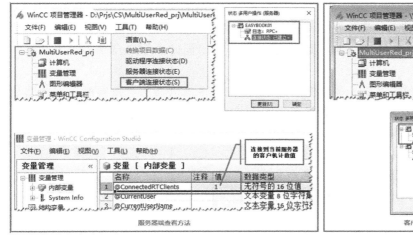

图 12-6　服务器客户机连接状态查看方法

6. 多用户系统组态注意事项

1）确保 WinCC 服务器和客户机中所使用的 WinCC 版本一致，包括已安装的更新包一致。版本查看如图 12-7 所示，K7.4.1.0 为具体版本号，最后一位为更新包编号，图中所示版本为未安装更新包的版本。

图 12-7　WinCC 软件版本检查

2）确保服务器和客户机之间能够通过 Windows 操作系统的"ping"命令相互"ping"通计算机名称。

3）Windows 登录用户必须有密码，否则会造成用户权限的限制。

4）服务器和客户机使用相同的 Windows 用户名和密码（推荐），如果使用不同的用户名，则需要在服务器上添加客户机上所使用的用户名和相同密码，并将该用户添加到"SI-MATIC HMI"用户组中。

5）禁用来宾（Guest）用户。

12.1.3　C/S 分布式系统架构

WinCC C/S 分布式架构可以在同一网络当中，将系统操作和监控的功能分配到多个客户机和服务器上。

1. 分布式架构的特点

1）服务器负责实现监控系统中的所有功能（数据采集、画面存储和管理等）。

2）客户机上需要创建客户机项目。

3）如果客户机无需远程组态服务器项目则无需在服务器的项目中添加该客户机。

4）一个客户机可以访问最多 18 台服务器或 18 对冗余服务器。

2. 应用场景

根据分布式架构的特点，通常在方案设计时可以考虑的应用场景如下：

场景 1：在不同的操作员站（客户机），通过画面窗口同时显示来自于不同服务器的不同工艺画面。

场景 2：在不同的操作员站（客户机），组态各自的客户机画面。在画面当中，通过画面对象加载来自于不同服务器的变量并进行不同工艺的监控。

两种方案设计如图 12-8 所示。

3. 所需授权

实施分布式架构，所需 WinCC 软件授权如下：

1）服务器：WinCC RC 或 RT xxx PowerTags×1；WinCC Server×1（xxx 为变量数，根据实际项目选择相应点数授权即可）。

2）每台客户机：WinCC RT 128 PowerTags×1（所有客户机均选择最小点数授权即可）。

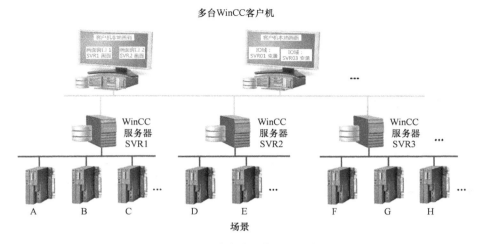

图 12-8　分布式架构应用场景

4. 服务器组态步骤

步骤 1：创建类型为"多用户项目"的新项目。可以在服务器中直接创建并组态，也可以在工程师站中创建并组态，待所有工作完成后，通过 WinCC 项目复制器（Project Duplicator）进行项目备份后再复制到服务器中运行。

步骤 2：在项目中，组态必要的项目数据（变量通信、画面、报警和归档等）。

步骤 3（可选步骤）：添加需要远程组态服务器项目的客户机。在 WinCC 项目管理器中，选择"计算机"。然后右键单击选择"添加新计算机"后，在计算机名称中输入客户机的计算机名称。

步骤 4（可选步骤）：为客户机分配操作权限。为了使客户机可以远程或在运行时打开并编辑服务器项目，必须在服务器项目中组态适当的客户机操作员授权。为此，服务器上提供以下操作员授权：

- "远程组态"：可从远程工作站打开一个服务器项目，并对其进行完全访问。
- "远程激活"：客户机可在运行系统中加载并激活服务器项目。

提示：所组态的操作员授权只与用户相关，而与计算机无关。因此，无论在哪个客户机上使用该用户进行登录均可与服务器建立互连。

步骤 5：创建服务器数据包。

1）在 WinCC 项目管理器中，选择"服务器数据"，右键单击选择"创建"。

2）在数据包属性对话框中，指定符号计算机名称和物理计算机名称。默认的符号计算机名称由项目名称和物理计算机名称组合而成，可以根据需要更改（建议使用项目名称加物理计算机名称）。物理计算机名称默认为当前组态该项目的计算机名称，如果当前组态该项目的为工程师站，应将物理计算机名称改为将来要运行该项目的服务器计算机名称。数据包创建成功后存储于项目文件夹下的"<计算机名称>\Packages\"路径中，文件扩展名为 .pck。

以上服务器组态步骤如图 12-9 所示。

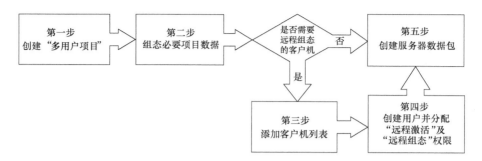

图 12-9　分布式架构服务器组态步骤

5. 客户机组态步骤

分布式架构中的客户机能够访问 18 台或 18 对冗余的服务器项目，因此客户机上需要创建 WinCC 客户机项目。组态步骤如下：

步骤 1：在客户机上打开 WinCC 项目管理器，单击"新建"命令或按钮，在弹出选择对话框中选择新建客户机项目。

步骤 2：加载需要连接的服务器数据包。首次进行的数据包加载都是手工完成的。服务器和客户机中数据包的所有进一步更新都可以自动执行。可以设置更新的执行时间和触发方式。

- 手动加载服务器数据包：在客户机项目中，选择"服务器数据"项，右键单击选择"正在加载…"。在弹出的对话框中，通过网络路径选择需要连接的服务器中的项目文件夹。服务器数据包以名称"<项目名称_计算机名称>*.pck"存储在目录"...\\<服务器项目名称>\<计算机名称>\Packages\"中，选择后单击打开进行加载。如果需要连接多个服务器，重复该步骤加载多个服务器数据包即可。

- 组态隐含数据包更新：在首次手动加载服务器数据包成功后，便可右键单击"服务器数据"项选择"隐含更新…"，根据需要进行选择即可实现服务器数据包更新后在客户机上自动进行更新。

步骤 3：在客户机项目中，组态必要的项目数据。客户机上可以组态的项目数据包括：变量管理、画面、菜单和工具栏等。本书将主要介绍客户机画面的组态。

由于分布式客户机可以加载多个服务器数据包，也就意味着在一个客户机上可以显示来自多个服务器的画面或过程数据。通常有两种方式进行组态，如图 12-10 所示。

- 客户机画面通过画面窗口间接显示服务器数据。

步骤 1：在客户机项目中，创建主画面。

步骤 2：在主画面中，添加画面窗口。

步骤 3：在画面窗口属性中，选择需要显示的服务器数据包中的画面名称。

- 客户机画面中的画面对象直接关联带有服务器前缀的服务器变量。

步骤 1：在客户机项目中创建画面。

步骤 2：在画面中添加所需画面对象，例如输入/输出域。

步骤 3：将输入/输出域关联服务器数据包中的变量，关联的变量名称为："<服务器前缀 1>::<变量名称>"。

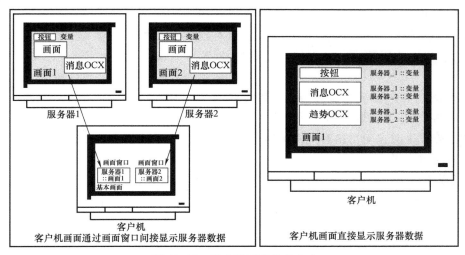

图 12-10 客户机画面组态方式

6. 分布式系统组态注意事项

1）确保 WinCC 服务器和客户机中所使用的 WinCC 版本一致，包括已安装的更新包一致。

2）确保服务器和客户机之间能够通过 Windows 操作系统的"ping"命令相互"ping"通计算机名称。

3）Windows 登录用户必须有密码。

4）服务器和客户机使用相同的 Windows 用户名和密码（推荐），如果使用不同的用户名，则需要在服务器上添加客户机上所使用的用户名和相同密码，并将该用户添加到"SIMATIC HMI"用户组中。

5）禁用来宾（Guest）用户。

12.1.4 WinCC 服务器/服务器通信系统架构

WinCC 服务器/服务器通信架构可以实现服务器之间数据的共享，如变量及画面。应用场景：在两个多用户系统的服务器所连接的客户机上可实现对对方服务器中变量的监控。如图 12-11 所示的服务器/服务器通信系统架构应用场景。

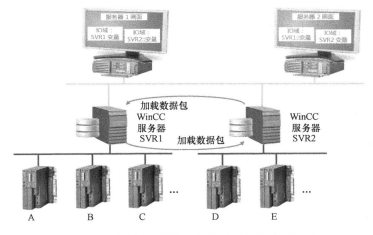

图 12-11 服务器/服务器通信系统架构应用场景

组态步骤如下：

步骤 1：服务器 1 与服务器 2 之间相互加载对方服务器数据包。

步骤 2：组态各服务器上的画面，可选择画面窗口加载对方画面或通过图形对象关联对方变量。

12.1.5　WinCC 客户机/冗余服务器系统架构

WinCC 客户机/冗余服务器系统架构可以在同一网络当中，并行运行两个互连的服务器，并在故障发生时自动切换客户机所连接的服务器，以增强监控系统的容错性。

1. 冗余系统架构的特点

1）当服务器或过程连接出现故障时，客户机自动切换连接的服务器。

2）故障服务器恢复后或过程连接故障消除后，自动同步消息归档、过程值归档和用户归档。

3）在线同步内部消息。

4）在线同步激活变量同步的内部变量。

5）在线同步用户归档。

2. 应用场景

通常应用在监控系统服务器连接的控制器较多，承担多个工艺系统的监控，并且对监控系统的依赖程度较高，对数据存储要求较高的场合。

3. 所需授权

1）两台服务器：WinCC RC 或 RT xxx PowerTags×2（xxx 为变量数，根据实际项目选择相应点数授权即可）；WinCC Server×2；WinCC Redundancy×1（WinCC Redundancy 一套为两个独立冗余授权，分别将授权传送至两台服务器即可）。

2）每台客户机：WinCC RT 128 PowerTags × 1（所有客户机均选择最小点数授权即可）。

4. 服务器组态步骤

步骤 1：参考 C/S 多用户系统架构中服务器组态步骤进行组态。

步骤 2：启用并配置冗余。冗余配置编辑对话框如图 12-12 所示。

1）勾选"激活冗余"选项。

2）单击"浏览"按钮，选择冗余伙伴服务器。

3）勾选"缺省主机"。也可以选择不勾选，如果不勾选则当前服务器为备用服务器，当项目复制到伙伴服务器后会在伙伴服务器上自动勾选。

　　提示：确保只对两个冗余服务器中的一个勾选"默认主机"（Default Master）选项。否则，客户端进行冗余切换期间可能会出现问题。

4）为状态监视指定是否通过网络适配器与冗余伙伴相连。在网络适配器连接和串口连接中，首选网络适配器连接。如果要使用串口连接，请选择相应串口。

　　提示：该连接仅用于两个服务器之间进行状态监视，并不用于故障后的数据同步。如果选择为网络适配器，则该适配器的 IP 地址不能与终端总线存在于相同的子网中。

图 12-12　冗余配置对话框

5）指定故障发生后的同步多长时间的数据。激活所有数据的选项或可指定天数的选项。

6）在可选设置部分，激活系统恢复在线状态或排除故障后要执行的同步操作。

步骤 3：通过时间同步编辑器设置时间同步。

步骤 4：创建服务器数据包。

步骤 5：通过项目复制器将项目从主服务器复制到备用服务器上指定可访问的共享文件夹。进行项目复制时，备用服务器上的项目必须完全关闭。主服务器上项目的不同状态会有不同结果，见表 12-1。

表 12-1　项目复制结果

项目状态	组态数据	运行数据
关闭的项目	复制	复制
打开且并未激活的项目	复制	不复制
正在运行的项目	复制	不复制

项目被成功复制到备用服务器后，可以在备用服务器上直接打开并激活运行，无需更改服务器计算机名称，计算机名在项目复制过程中已自动更改为备用服务器计算机名。

提示：必须通过项目复制器将项目传送到备用服务器，不能使用 Windows 资源管理器进行复制传送。

步骤 6：备用服务器组态。要监视冗余的状态，仍然需要通过冗余配置编辑对话框在备用服务器上设置与主服务器的附加连接。

5. 客户机组态步骤

步骤 1：参考 C/S 多用户系统架构中客户机组态步骤进行组态。

步骤 2：在服务器项目的"服务器数据"项中，组态"客户机特定设置"，如图 12-13 所示。

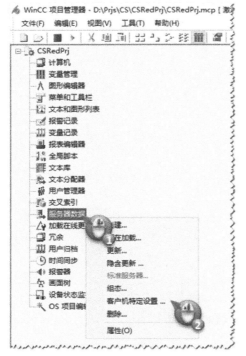

图 12-13　客户机首选服务器设置

可单独为每个客户机选择首选服务器，以便在冗余服务器中分配客户机。如果在连接组态的服务器期间出现网络中断，客户机将切换到冗余伙伴服务器。当首选服务器再次可用时，客户机将切换回到首选服务器，并且通过为多个客户机平均选择不同的首选服务器，可对负载进行均衡分配，并改进整个系统的性能。

6. 冗余系统组态注意事项

1）对于带有多用户操作的冗余 WinCC 服务器，只能使用装有 Windows 服务器操作系统的计算机。

2）两台冗余服务器上的用户名密码必须完全相同。

3）两台服务器上都必须安装 WinCC 冗余（Redundancy）选件。冗余服务器上必须安装 WinCC 冗余（Redundancy）许可证。

4）必须为两台冗余服务器组态完全相同的功能。

5）这两个服务器的时间必须同步。建议整个系统都采用时间同步。可使用 WinCC 中的"时间同步"选项组态时间同步。

6）冗余服务器之间必须存在以下附加连接之一。

- 网络适配器
- 串行连接

7）确保备用服务器中的项目是在主服务器项目完全组态完成后通过项目复制器复制而来，任何修改都应在主服务器上进行后再复制到备用服务器上。

8）在项目未最终完成的调试期间，建议禁用冗余功能。否则项目调试期间的重复启动，每次都会触发归档同步，从而可能导致 WinCC 运行系统的性能明显下降。

7. 冗余如何工作

1）冗余服务器的标识：在两个服务器激活之后，两个服务器中的一个已组态为默认主机。运行系统将该服务器的系统变量"@ RM_MASTER"设置为"1"。如果变量的状态发生变化（例如，由于计算机发生故障），客户机将切换连接至"备用"计算机。备用计算机则变为主服务器计算机。

2）正常运行期间的 WinCC 归档：运行系统中两台服务器通常完全同步。每台服务器均有其自己的过程驱动程序连接，并有其自己的数据归档。自动化系统将过程数据和消息发送到两台冗余服务器，再由这两台服务器进行相应的处理。

3）服务器故障：如果其中一台服务器出现故障，客户机将自动从故障服务器切换到冗余伙伴服务器。这样可确保所有的客户机都始终可用于对过程进行监视和操作。当出现故障时，处于活动状态的服务器将继续对 WinCC 项目的所有消息和过程数据进行归档。在故障服务器恢复在线状态后，所有消息归档、过程值归档和用户归档的内容都将自动同步到已恢复的服务器。这将填补故障服务器的归档数据空白。

提示：由于技术原因，在冗余服务器系统中，两个系统自动同步前的故障时间必须至少为 69 秒。

4）触发客户机切换的因素：与当前所连接的服务器之间出现网络中断，所连接的服务器出现故障，所连接的服务器过程连接出现故障或所连接的服务器项目被取消激活，都会触发客户机切换连接至另外一台冗余的服务器。

8. 冗余系统变量

WinCC 中一组@ 开头的系统变量可用于获取冗余相关的状态信息，见表 12-2。

表 12-2　系统变量

系统变量	说　　明
@ LocalMachineName	包含本地计算机名称
@ RedundantServerState	显示服务器的冗余状态： 0：未定义状态或初始值 1：服务器处于"主机"状态 2：服务器处于"备用机"状态 3：服务器处于"故障"状态 4：服务器独立或无冗余操作
@ RM_MASTER	标识主服务器。如果服务器成为备用服务器，则"@ RM_MASTER"值为"0"
@ RM_MASTER_NAME	主服务器名称
@ RM_SERVER_NAME	与客户端相连的服务器的名称

12.2　系统架构应用示例

为应对实际现场的应用场景，在掌握 SIMATIC WinCC 的系统架构知识之后就可以合理地选择对应的架构方案并实施。

12.2.1　C/S 多用户系统架构的实现

通过组态实现 C/S 单服务器多用户系统架构，应用场景及组态示例如图 12-14 所示。在实现过程中还将介绍内部变量的本地计算机更新和项目范围内更新的差异。在掌握了两种不同内部变量的更新范围后，可以更好地在 C/S 系统架构中利用内部变量。还将介绍脚本全局动作的执行范围，以便于更好地分配脚本的作用范围。

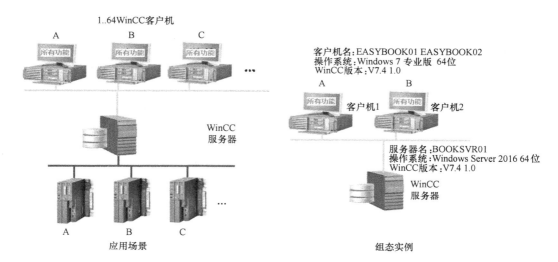

图 12-14　单服务器多用户系统

1. 服务器组态步骤

步骤 1：在服务器上，创建"多用户项目"，如图 12-15 所示。

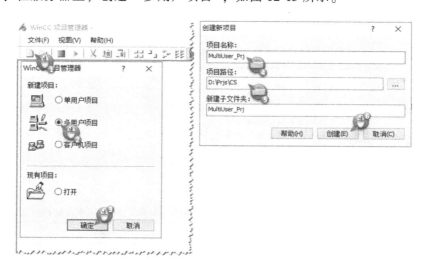

图 12-15　创建服务器项目

步骤 2：组态项目数据（变量通信、画面、报警、归档等），下面只介绍部分组态。

1）内部变量组态：创建两个内部变量组"TagLocalUpdate"和"TagProjectUpdate"，在两个组内分别创建变量"TagLocalUpdate01"和"TagProjectUpdate01"。勾选"TagLocalUpdate01"变量属性"本地计算机"，如图 12-16 所示。

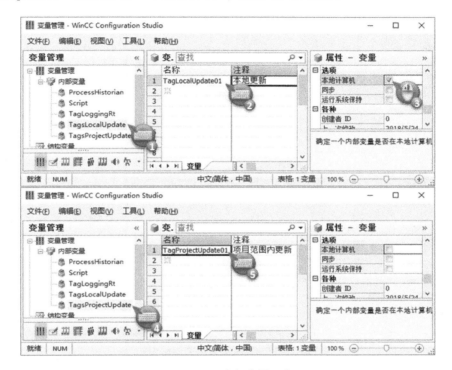

图 12-16　内部变量组态

2）全局 C 动作组态：打开全局脚本 C-Editor，分别创建全局动作"GlobalAction. pas"，服务器动作"ServerAction. pas"，客户机 1 动作"Client01Action. pas"，客户机 2 动作"Client02Action. pas"。为所有动作设置相同的触发器为变量"TagProjectUpdate01"有变化时，并分别编写代码，如图 12-17 所示。

步骤 3：添加需要访问服务器数据的客户机，组态 2 台可用于访问服务器项目的客户机，如图 12-18 所示。

重复该步骤可添加更多需要访问该服务器项目的客户机。

步骤 4：为客户机分配操作权限。打开"用户管理器"，添加用户并分配"远程激活"和"远程组态"权限，如图 12-19 所示。

可为不同客户机添加多个用户，C/S 多用户系统架构中的用户管理完全在服务器项目中进行组态。关于用户管理的详细内容可参考第 11 章用户管理。

步骤 5：创建服务器数据包，如图 12-20 所示。

该项目在服务器上创建和组态，因此生成服务器数据包时的"物理计算机"和"符号计算机名称"自动获取了服务器的计算机名，保持默认即可。但是，如果项目是在工程师站上创建和组态，建议手动更改为实际运行该项目的服务器计算机名称。

步骤 6：在服务器项目中组态客户机属性，如图 12-21 所示。

```
#include "apdefap.h"

int gscAction( void )
{
printf("\r\n该动作在服务器计算机上会执行!!!\r\n");
return 0;
}
```
服务器动作
ServerAction.pas

```
#include "apdefap.h"

int gscAction( void )
{
printf("\r\n该动作在客户机 1 计算机上会执行!!!\r\n");
return 0;
}
```
客户机 1 动作
Client01Action.pas

```
#include "apdefap.h"

int gscAction( void )
{
printf("\r\n该动作在客户机 2 计算机上会执行!!!\r\n");
return 0;
}
```
客户机 2 动作
Client02Action.pas

图 12-17　C 脚本全局动作组态

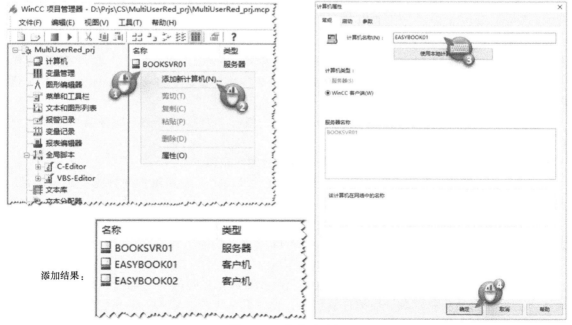

图 12-18　添加客户机

图 12-19　添加用户并分配权限

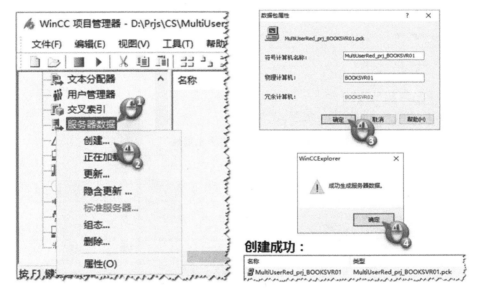

图 12-20　创建服务器数据包

1）在"启动"选项卡中，勾选"全局脚本运行系统"和"图形运行系统"（客户机 1 和客户机 2 做相同设置）。

2）在"图形运行系统"选项卡中，分别为客户机 1，客户机 2 选择起始画面为"Client01_Start. Pdl"和"Client02_Start. Pdl"。窗口属性根据需要进行选择设置即可。

组态完成后在服务器上激活项目。

2. 客户机组态步骤

在调试阶段，选择通过 SIMATIC Shell 与服务器项目进行互连，操作方法如图 12-22 所示。

服务器上项目必须处于已打开的状态。如果服务器上的项目处于已打开且激活状态，则客户机将会自动进入激活状态；如果服务器上项目处于已打开未激活状态，则客户机上将只

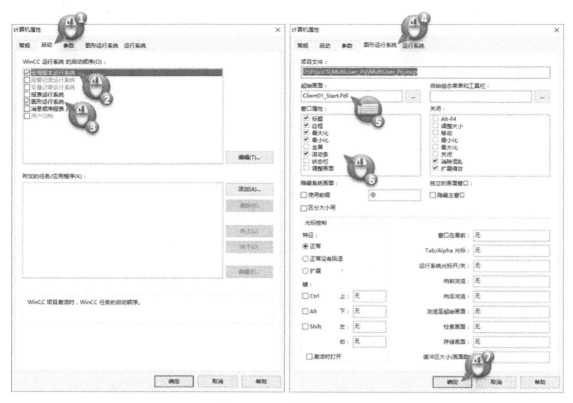

图 12-21　组态客户机属性

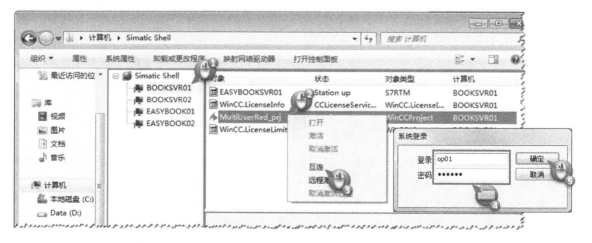

图 12-22　客户机连接服务器项目

会在 WinCC 项目管理器中打开项目，当在客户机上单击"激活"按钮后，服务器上的项目会自动进入激活状态，随后客户机项目进入激活状态。

客户机 2 采用相同方式进行服务器项目互连。3 台计算机的 WinCC 项目都进入激活运行状态后如图 12-23~图 12-25 所示。

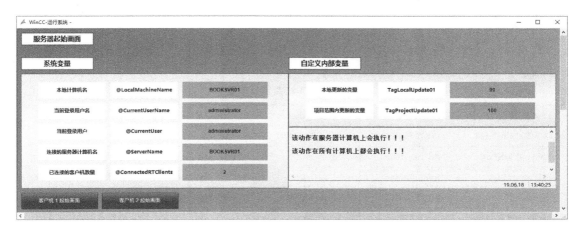

图 12-23　服务器上 WinCC 的起始画面

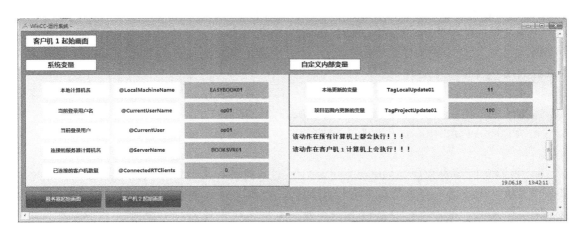

图 12-24　客户机 1 上 WinCC 的起始画面

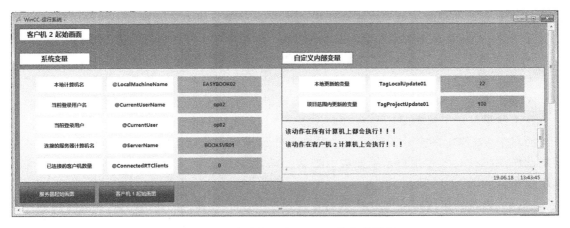

图 12-25　客户机 2 上 WinCC 的起始画面

如图 12-23~图 12-25 所示，在 3 台计算机上激活运行后的 WinCC 分别自动加载了已分配的不同起始画面。

1）系统变量：@ 开头的系统变量在 WinCC 运行系统激活后可提供一些有用信息，如本地计算机名称、当前登录用户名等。在 C/S 多用户系统架构中也可通过系统变量获取相关有用信息，本例中系统变量的当前值见表 12-3。

表 12-3　系统变量当前值

系统变量	服务器	客户机 1	客户机 2	说明
@ LocalMachineName	BOOKSVR01	EASYBOOK01	EASYBOOK02	本地计算机名称
@ CurrentUserName	Administrator	Op01	Op02	当前登录的用户名
@ CurrentUser	Administrator	Op01	Op02	当前登录的用户 ID
@ ServerName	BOOKSVR01	BOOKSVR01	BOOKSVR01	服务器计算机名
@ ConnectedRTClients	2	0	0	已连接的客户机数量

从表 12-3 中可看到：

● @ LocalMachineName 的当前值分别为 3 台计算机的计算机名称。

● @ CurrentUserName 和 @ CurrentUser 的当前值分别为在 3 台 WinCC 上登录的 WinCC 中管理的用户名。如果启用了 SIMATIC Logon，这两个变量则会分别显示 Windows 用户管理中设置的用户名和用户全名。

● @ ServerName 的当前值为所连接的服务器计算机名称，如果启用了冗余，则当客户机所连接的是备用服务器时该变量值为备用服务器计算机名称。

● @ ConnectedRTClients 仅对服务器有效，该值反映了当前已连接到该服务器的客户机数量。

2）自定义内部变量："TagLocalUpdate01" 的当前值在 3 台计算机上相互独立，无论在哪台计算机上修改这个变量值都不会影响其它计算机上的这个变量值；而变量 "TagProjectUpdate01" 的当前值在 3 台计算机上相一致，无论在哪台计算机上修改这个变量值，其它计算机上都会显示相同值。

3）全局脚本 C 动作：从图 12-23、图 12-24 及图 12-25 中可看到当触发变量 "TagProjectUpdate01" 发生变化时，分别在 3 台计算机的 WinCC 全局脚本诊断窗口中的打印输出如下：

● 所有 WinCC 全局脚本诊断窗口均输出："该动作在所有计算机上都会执行"。

● 服务器上 WinCC 全局脚本诊断窗口输出："该动作在服务器计算机上会执行"。

● 客户机 1 上 WinCC 全局脚本诊断窗口输出："该动作在客户机 1 计算机上会执行"。

● 客户机 2 上 WinCC 全局脚本诊断窗口输出："该动作在客户机 2 计算机上会执行"。

这个结果是由于组态时已经为 C 动作指定了执行范围是全局还是在某台计算机本地。

而对于 VB 脚本的全局动作，无法像 C 动作那样指定执行范围，如果不希望 VB 脚本的全局动作在所有 C/S 多用户系统架构中的 WinCC 上执行，可以采用判断计算机名称的方法加以避免，如图 12-26 所示。

"xxx" 为希望执行脚本的计算机名称，如果与当前计算机名不符，则直接结束而不执行具体脚本。

3. 运行系统中的系统特性

在这个 C/S 多用户系统架构实现过程中，共有 1 台服务器，2 台客户机。其中服务器也

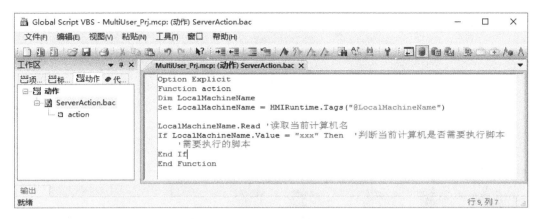

图 12-26　VB 脚本全局动作

激活了"图形运行系统"，使得其也作为了一个操作员站使用，则能连接此服务器的客户机数量会减少到 4 个。如果此服务器不作为操作员站使用，则能连接此服务器的客户机数量为 64 个。

图形：当客户端在运行系统中调用画面时，图形运行系统最初将搜索本地存储的画面。如果本地没有发现具有相应名称的任何画面，则将在服务器的项目文件夹中进行搜索并加载。

> **提示：** 将服务器上的画面文件复制到客户机上后，客户机上的画面加载将更快。具体操作方法可参考第 4 章。但是如果在服务器项目中修改了画面，则必须通过将所修改的画面手动复制到客户机本地目录更新数据。

12.2.2　C/S 分布式系统架构的实现

通过组态实现 C/S 分布式系统架构，应用场景及组态示例如图 12-27 所示。在该实现过程中还将介绍通过画面窗口同时显示来自不同服务器的不同工艺画面，以及在客户机画面当中通过画面对象加载来自不同服务器的变量进行不同工艺的监控。

1. 服务器组态步骤

步骤 1：在服务器上创建"多用户项目"。本示例将使用上一节中已组态的服务器项目，通过项目复制器另存为服务器 1 和服务器 2 项目"MultiClient_Svr01_Prj"，"MultiClient_Svr02_Prj"。

步骤 2：在项目中，组态必要的项目数据（变量通信、画面、报警和归档等）。

步骤 3（可选步骤）：添加需要远程组态服务器项目的客户机，本示例项目中已添加客户机 1 和客户机 2。

步骤 4（可选步骤）：为客户机分配操作权限，本示例项目已添加用户"Op01"和"Op02"具有相应权限。

步骤 5：创建服务器数据包。组态完成后激活服务器 1 和服务器 2 项目。

2. 客户机组态步骤

步骤 1：新建客户机项目，如图 12-28 所示。

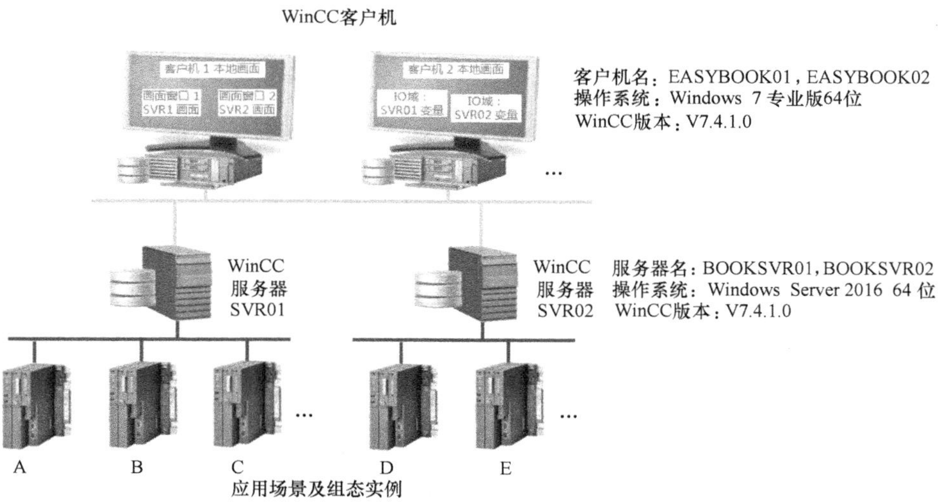

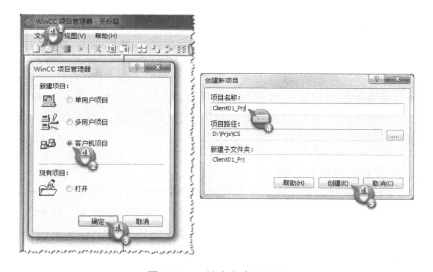

图 12-27 分布式系统架构

图 12-28 创建客户机项目

同样步骤分别在客户机 1 和客户机 2 上创建类型为"客户机项目"的两个项目"Client01_Prj"和"Client02_Prj"。

步骤 2：加载需要连接的服务器数据包，如图 12-29 所示。

分别在客户机 1 和 2 上按图 12-29 的过程加载服务器 1 和 2 的数据包。如果在网络中未能显示出服务器，也可以在地址栏中输入服务器的共享路径进行数据包的加载。

步骤 3：在客户机项目中组态必要的项目数据。客户机 1 上组态本地主画面，如图 12-30所示。

如图 12-30 所示，在新建的客户机 1 主画面中，添加 2 个画面窗口，分别加载服务器 1 和 2 数据包中的"Server_Start. Pdl"画面。客户机 2 上组态本地主画面，通过"输入/输出域"连接客户机 2 本地以及服务器 1 和 2 的变量，如图 12-31 所示。

图 12-29　加载服务器数据包

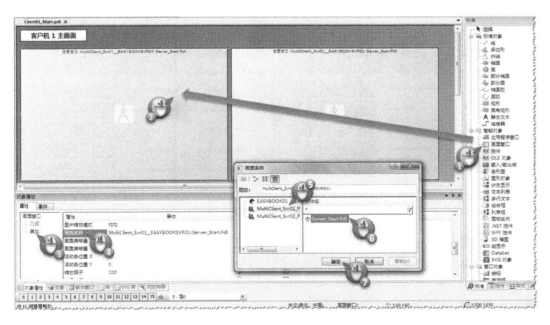

图 12-30　组态客户机 1 本地主画面

如图 12-31 所示，在新建的客户机 2 主画面中，通过"输入/输出域"直接连接客户机 2 的本地内部变量，连接服务器 1 和 2 数据包中的内部变量，可看到连接服务器数据包中的变量名均以"服务器符号计算机名称："为起始。组态完成后，分别激活客户机 1 和 2 的项目。实际运行效果如图 12-32~图 12-35 所示。

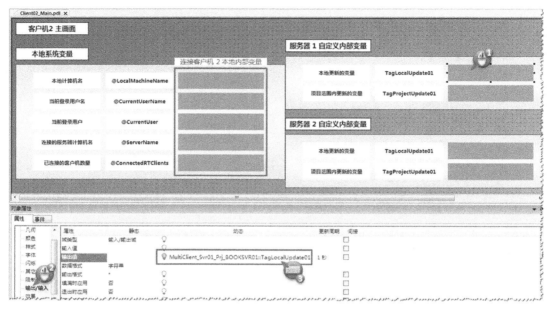

图 12-31　组态客户机 2 本地画面

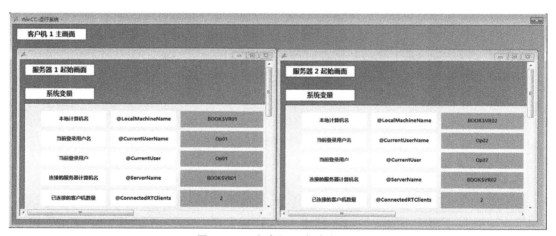

图 12-32　客户机 1 本地主画面

图 12-33　客户机 2 本地主画面

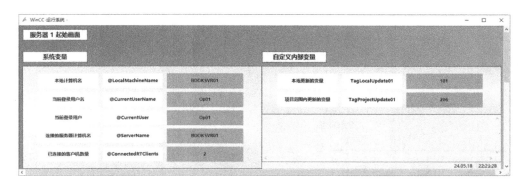

图 12-34　服务器 1 本地主画面

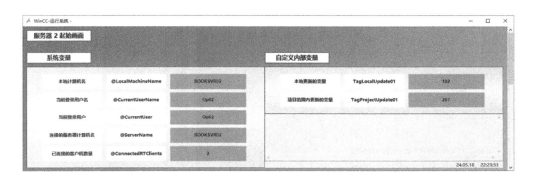

图 12-35　服务器 2 本地主画面

如图 12-32 所示，在客户机 1 的主画面上，可看到 2 个画面窗口同时显示了来自服务器 1 和 2 的起始画面，画面中的所有变量值与服务器 1 和 2 上的一致。如图 12-33 所示，在客户机 2 的主画面上，可看到本地系统变量所显示的均为客户机 2 本地的变量值，本地"输入/输出域"所连接的服务器 1 和 2 数据包中的变量值与服务器上一致。

3. 运行系统中的系统特性

分布式系统架构中的用户管理为计算机本地管理，在服务器上组态用户并分配权限后，还需要在客户机上组态用户并分配权限。为了便于管理以及减少工作量，建议在所有服务器以及客户机上组态相同用户并分配相同权限。

12.2.3　C/S 冗余服务器系统架构的实现

通过组态实现 C/S 冗余服务器系统架构，应用场景及组态示例如图 12-36 所示。在该实现过程中，还将介绍如何通过系统变量以及系统消息查看冗余状态。

1. 服务器组态步骤

步骤 1 至步骤 4 参考第 12.1.5 章节。

步骤 5：为冗余服务器复制项目，如图 12-37 所示。

复制前，必须在冗余伙伴服务器上设置好允许指定用户完全控制的共享文件夹。

WinCC 的冗余功能提供了一系列系统消息可用于对冗余状态的记录和诊断，但必须在报警管理器的系统消息中手动选择才能使用，如图 12-38 所示。

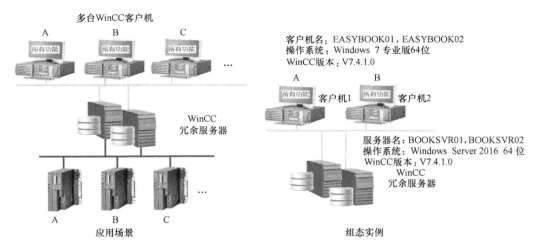

图 12-36　C/S 冗余服务器系统架构

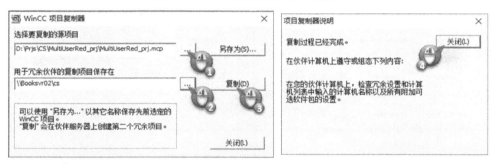

图 12-37　项目复制

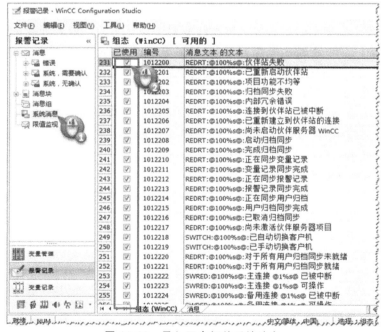

图 12-38　导入冗余相关系统消息

2. 客户机组态步骤

参考第 12.1.5 章节。

组态完成后，首先激活服务器 1，然后激活分配首选服务器为服务器 1 的客户机 1，激活完成后同样顺序激活服务器 2 和客户机 2。激活完成后主/备服务器上与冗余相关的系统变量如图 12-39 所示。

图 12-39 主/备服务器上冗余相关系统变量值

结合客户机 1 和 2 上的变量值，见表 12-4。

表 12-4 系统变量当前值

系统变量	服务器 1	服务器 2	客户机 1	客户机 2	说明
@ RedundantServerState	1	2	0	0	服务器 1 为主服务器 服务器 2 为备用服务器
@ RM_MASTER_NAME	BOOKSVR01	BOOKSVR01	BOOKSVR01	BOOKSVR01	当前主服务器计算机名称
@ RM_MASTER	1	0	0	0	主服务器标识为 1
@ RM_SERVER_NAME	BOOKSVR01	BOOKSVR02	BOOKSVR01	BOOKSVR02	客户机 1 已连接服务器 1 客户机 2 已连接服务器 2
@ ConnectedRTClients	1	1	0	0	主/备服务器各连接了 1 个客户机

其中 "@ RM_MASTER" 为可读写变量，其余均为只读变量。当需要手动切换两台服务器的主备状态时，则在主服务器上将变量 "@ RM_MASTER" 复位或在备用服务器上将变量 "@ RM_MASTER" 置位均可实现。主/备状态更改后的系统变量值见表 12-5。

表 12-5 系统变量当前值

系统变量	服务器 1	服务器 2	客户机 1	客户机 2	说明
@ RedundantServerState	2	1	0	0	服务器 2 为主服务器 服务器 1 为备用服务器
@ RM_MASTER_NAME	BOOKSVR02	BOOKSVR02	BOOKSVR02	BOOKSVR02	当前主服务器计算机名称

（续）

系统变量	服务器 1	服务器 2	客户机 1	客户机 2	说明
@ RM_MASTER	0	1	0	0	主服务器标识为 1
@ RM_SERVER_NAME	BOOKSVR01	BOOKSVR02	BOOKSVR01	BOOKSVR02	客户机 1 已连接服务器 1 客户机 2 已连接服务器 2
@ ConnectedRTClients	1	1	0	0	主/备服务器各连接了 1 个客户机

主/备服务器上的系统消息也可提供冗余状态的记录和诊断，如图 12-40 所示。

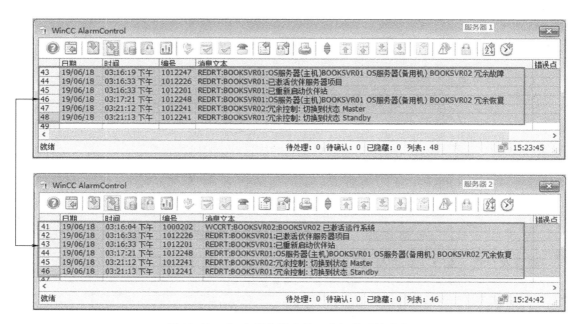

图 12-40　主/备服务器上的冗余相关系统消息

3. 运行系统中的系统特性

对于 C/S 多用户系统架构而言，所有 WinCC 用户管理都在服务器项目中进行，而服务器一旦升级为冗余后，主/备服务器上的 WinCC 用户管理的更改是不会自动同步的。这也包括在 WinCC 画面中使用 "WinCC UserAdminControl" 控件进行了用户管理的更改。因此，无论是在主/备服务器上或是在客户机上通过控件进行了更改，都需要手动进行同步更改。

当系统架构中客户机数量较多，并且同时启动这些客户机与一个服务器进行连接时，可能会导致过载。在这种情况下，客户机将无法正确连接服务器。因此建议依次启动客户机。

12.3　系统架构性能数据

WinCC C/S 多用户系统架构中最多只能有 1 个或 1 对 WinCC 服务器，可实现 64 个客户机的连接，如图 12-41 所示。

WinCC C/S 分布式系统架构中最多能有 18 个/对 WinCC 服务器，可实现 50 个客户机的连接，如图 12-42 所示。

复杂混合系统架构需要遵循以下经验规则，以获得最大的数量结构。所有客户机数值的总和不应超过 160。

在组态混合系统架构时，为客户机类型定义了下列值。

- Web 客户机/瘦客户机 = 1
- 客户机 = 2
- 具有"远程组态"功能的客户机 = 4

混合系统架构最大的数量计算示例如图 12-43 所示，计算方法见表 12-6。

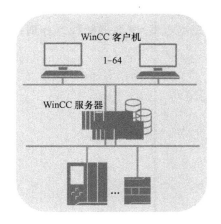

图 12-41　多用户系统架构性能数据

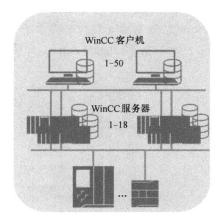

图 12-42　分布式系统架构性能数据

表 12-6　数量结构计算表

组态	含义
3 台具有"远程组态"功能的客户机	3×4 = 12
5 台客户机	5×2 = 10
138Web 客户机	138×1 = 138
总和	160

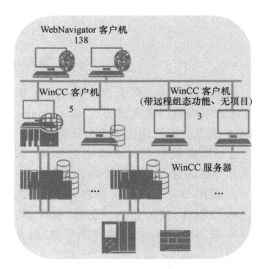

图 12-43　混合系统架构性能数据

第13章 浏览器/服务器架构

浏览器/服务器架构，即通常说的 B/S（Browser/Server）架构，是指客户端使用浏览器通过 Internet/Intranet 访问 WinCC 项目的一种应用场景。

在 WinCC 的基本安装包中提供了 3 个选件用于实现浏览器/服务器架构。分别是 Web-Navigator、WebUX 和 DataMonitor，如图 13-1 所示。

图 13-1　程序安装界面

使用这种架构，对于 WebNavigator 和 DataMonitor 来说，在客户端计算机上只需要安装相应的客户端软件就可以通过 IE（Internet Explorer）浏览器实现对服务器项目的访问。对于 WebUX 来说，客户端无需安装任何程序，只要浏览器支持 HTML5，就能实现访问。

通过本章的学习，读者可以熟悉 WinCC 浏览器/服务器架构的原理，并且能够使用 WinCC 相应的选件搭建以下项目架构。

- 使用 WebNavigator 搭建浏览器/服务器架构。
- 使用 WebUX 搭建浏览器/服务器架构。
- 使用 DataMonitor 搭建浏览器/服务器架构。

13.1　背景信息

WinCC 的浏览器/服务器架构，本质上是将 WinCC 的项目通过 Windows 的 IIS（Internet Information Services，即互联网信息服务）发布成一个可供访问的站点。使用户可以通过 Internet/ Intranet 实现监视或控制工业过程，从而扩展项目的监控功能。

IIS 是由微软公司提供的基于 Windows 运行的互联网基本服务。IIS 内置在大多数的 Windows 操作系统中，随 Windows 一起发行，它包括多种 Web 服务，可以分别用于网页浏览、文件传输、新闻服务和邮件发送等方面。通过它可以非常容易的在网络上（互联网或局域网）发布信息。

　　Windows 操作系统版本不同，IIS 的安装方式略有区别，此处以 Windows 10 为例加以说明。通过 Windows "控制面板>所有控制面板项>程序和功能" 中的 "启用或关闭 Windows 功能"，打开安装界面，如图 13-2 所示。

图 13-2　Windows 的程序和功能

　　IIS 中包含很多的服务和工具，可以根据需要安装相应的组件，如图 13-3 所示。

　　根据 WinCC 选件的不同，所需选装的功能略有区别。在本章中，各个选件的安装章节均有详细的介绍。当 IIS 安装完成后，在 Windows 的 "控制面板>所有控制面板项>管理工具" 中就会有 "IIS Manager" 组件，如图 13-4 所示。

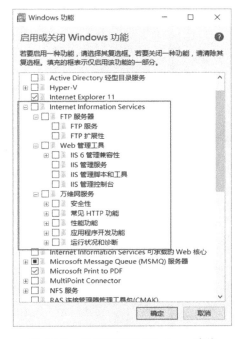

图 13-3　启用或关闭 Windows 功能

图 13-4　IIS Manager

鼠标双击"IIS Manager"图标，就可以打开 IIS 管理器。在管理器中，会列出当前计算机中 IIS 管理的所有站点，选中相应的站点可以进行编辑工作（如启动、停止、设置网站的 IP 地址、端口等），如图 13-5 所示。

图 13-5　IIS 管理器

WinCC 的浏览器/服务器架构组态成功后，会在 IIS 管理器中自动生成相应的站点。用户可以在这里检查和编辑站点的参数。

13.2　WebNavigator

WebNavigator 为用户通过 Intranet/Internet 监控自动化系统提供了解决方案，提供了简单有效的方法实现对 WinCC 项目的远程监控功能，并且远程和本地具有相同的操作体验。

13.2.1　WebNavigator 介绍

WebNavigator 是基于 WinCC 进行发布的。因此，必须和 WinCC 的版本相一致。可在 WinCC 安装光盘上找到如下 WebNavigator 组件。

- WebNavigator 服务器。
- WebNavigator 客户端。
- WinCCViewerRT。
- WebNavigator 诊断客户端。
- Web View Publisher。
- WebNavigator Plug-In Builder。
- 文档。
- 发行说明。

WebNavigator 的默认安装界面如图 13-6 所示。

WebNavigator 包含两种客户端：普通客户端和诊断客户端。两种客户端在功能上并无不同。主要区别如下：

1）普通客户端可以通过网络下载安装，诊断客户端软件需要从 DVD 安装到

图 13-6　WebNavigator 默认安装界面

计算机上。普通客户端的并发用户数受 WebNavigator 服务器许可证数量的限制。如果在登录期间，尝试登录的 WebNavigator 服务器的客户端数超出了许可，将显示相关警告。不能再进行更多的登录。

2）诊断客户端使用单独的许可证，在诊断客户端计算机上需要安装"诊断客户端"许可证。因此，诊断客户端不占用 WebNavigator 服务器的连接数。这种情况下，无论服务器是否达到同时登录的最大用户数量，诊断客户端总能访问到 WebNavigator 服务器上的项目。

3）WebNavigator 服务器支持同时使用多个诊断客户端和普通客户端。普通客户端主要满足常规的操作。诊断客户端主要用于诊断目的。诊断客户端提供了简单的途径实现一个客户端访问多台 WebNavigator 服务器的功能。普通客户端架构的原理如图 13-7 所示，诊断客户端架构的原理如图 13-8 所示。

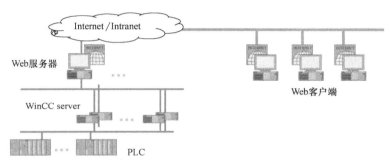

图 13-7　普通客户端架构（Web 标准服务器/客户端）

4）WebNavigator 在服务器上提供许可证。运行 WebNavigator 普通客户端的计算机上不需要安装许可证。WinCC V7.4 SP1 提供了支持 1/3/10/30/100 个并发的普通客户端许可证。这些许可证是可以累加的。但是一台服务器最多支持 150 个普通客户端同时访问。诊断客户端是单独的许可证，需要安装在诊断客户端所在的计算机上。

如果修改了 WebNavigator 服务器上的许可证，那么在每台相连的 WebNavigator 客户端上必须重新启动浏览器，并且客户端必须重新登录。否则，WebNavigator 客户端将切换至演示模式。

如果没有 WebNavigator 许可证，则 WebNavigator 会处于演示模式。演示模式下最多可运行从软件安装之日起开始计时的 30 天。一旦

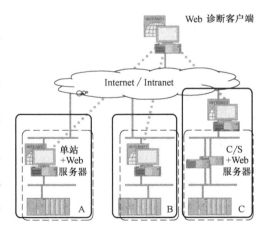

图 13-8　诊断客户端架构（Web 诊断）

到达安装后的 30 天期限，只有在安装许可证后才能正常使用 WebNavigator 功能。

13.2.2　WebNavigator 的安装和组态

1. 安装

WebNavigator 的安装分为两部分，即服务器端和客户端。

要安装 WebNavigator 服务器。计算机上必须已经安装了 WinCC 基本系统，还必须预先安装 IIS。对于 IIS 的安装，需要选择以下设置：

1）Web 管理工具：IIS 管理服务、IIS 管理控制台、IIS 管理脚本和工具、IIS 元数据库和 IIS 6 组态的兼容性和 IIS 6 WMI 的兼容性。

2）万维网服务>常用 HTTP 功能：默认文档和静态内容。

3）万维网服务>应用程序开发功能：.NET 可扩展性、ASP、ASP. NET、ISAPI 扩展项和 ISAPI 过滤器。

4）万维网服务>安全：请求筛选、基本身份验证和 Windows 身份验证。

详细信息如图 13-9 所示。

图 13-9　IIS 安装选项

提示：Windows Server 2008 R2/2012 R2/2016 中，在服务器管理器中使用 "Webserver (IIS)" 角色配置相关角色服务中的设置。

当满足条件时，使用 WinCC 的光盘就可以选择 "数据包安装" 的方式安装 WebNavigator 服务器。参考本章前文中图 13-6 所示，选择 "WebNavigator Server" 单击 "下一步" 按照提示安装即可。安装完成后，在 WinCC 项目管理器中就可以看到 "Web 浏览器" 项，如图 13-10 所示。

WebNavigator 的客户端可以通过网络安装，也可以直接使用 WinCC DVD 安装，还支持在网络中使用基于组策略的软件分发机制。为了方便在本地服务器上测试项目，建议在 WebNavigator 服务器上同时安装 WebNavigator 客户端。关于客户端详细的安装方法将在本章的第 13.2.3 WebNavigator 的访问中进行介绍。

2. 组态

WebNavigator 项目的组态主要包括以下步骤：

- 组态 WebNavigator 服务器。
- 确认 WebNavigator 站点信息。
- 发布 WebNavigator 网页。
- 组态 WebNavigator 用户。
- 配置 IE 客户端访问。
- 配置 WinCCViewerRT 访问。

关于 WebNavigator 详细的组态和操作步骤可参考视频编号 ID V1454。下面是组态 WebNavigator 服务器的基本步骤。

步骤 1：打开需要发布的 WinCC 项目。鼠标右键单击 "WinCC 项目管理器>Web 浏览器"，打开弹出菜单，在弹出菜单中选择"Web 组态器"，如图 13-11 所示。

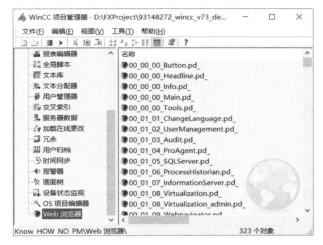

图 13-10   Web 浏览器

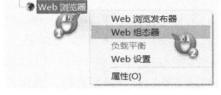

图 13-11   打开 Web 组态器

步骤 2：创建 Web 站点。在弹出的界面中，选择创建新站点，并配置站点参数，详细设置如图 13-12 所示。

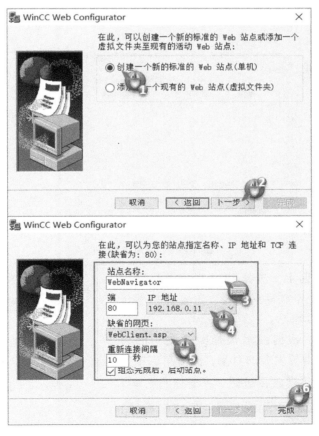

图 13-12   设置站点参数

步骤3：确认站点信息。通过 Windows "控制面板>所有控制面板项>管理工具" 找到 "IIS Manager" 组件，双击打开，就可以在网站下发现新创建的 "WebNavigator" 站点。默认情况下该站点为启动状态，如图 13-13 所示。

选中 "WebNavigator" 站点，单击右侧的 "绑定…" 项，可以查看和编辑站点的信息，如图 13-14 所示。

步骤 4：发布 WebNavigator 页面。WinCC 中使用 "Web 浏览发布器" 发布画面，鼠标右键单击 "WinCC 项目管理器 > Web 浏览器" 打开弹出菜单，选择 "Web 浏览发布器"，如图 13-15 所示。

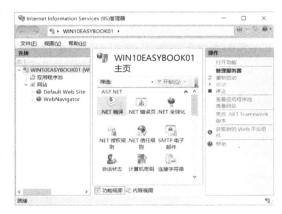

图 13-13　站点信息

图 13-14　站点信息

在弹出的组态界面中，选择 WinCC 的项目路径以及 WinCC Web 的发布文件夹路径，通常保持默认设置即可，如图 13-16 所示。

单击 "下一个"，根据提示选择需要发布的内容。首先在左侧选中需要发布的对象，然后单击中间的 > 按钮，就可以将对象传送到 "所选文件" 里。如果要发布所有的画面，单击 " >> " 按钮即可；

图 13-15　Web 浏览发布器

如果要取消已经发布的对象，执行相反的操作即可，如图 13-17 和图 13-18 所示。

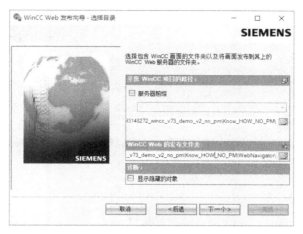

图 13-16　路径设置

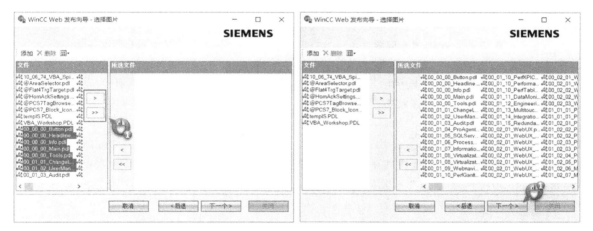

图 13-17　选择图片（一）　　　　　　　　　　　　图 13-18　选择图片（二）

使用同样的方法选择需要发布的功能函数，如图 13-19 所示。

如果画面中用到了一些图片，也需要进行发布，如图 13-20 所示。

图 13-19　选择功能　　　　　　　　　　　　　　　图 13-20　引用的图形

单击"下一个"，直到最后单击"完成"按钮，项目中的对象就会执行发布，如图 13-21 和图 13-22 所示。

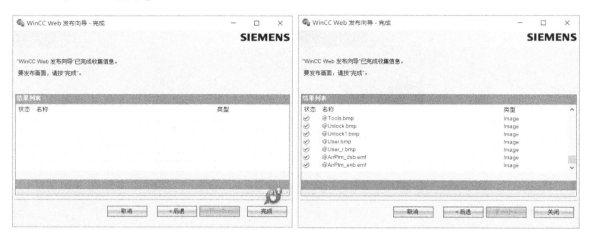

图 13-21　Web 发布向导　　　　　　　　图 13-22　Web 发布完成界面

在"结果列表"中会显示已发布对象的状态，可以单击某个对象查看相关发布的信息。如果对象没有发布成功，在状态栏中会有明确的提示，双击该对象会打开调试工具，至此完成了对象的发布。

步骤 5：组态 WebNavigator 用户。打开 WinCC 的用户管理器，组态具有 Web 访问权限的用户。在界面左侧选中需要配置的用户，在界面右侧的用户属性界面中配置"WebNavigator 起始画面"和"网络语言"，根据需要还可以设置用户的其它功能和注销方式等，如图 13-23 所示。

图 13-23　用户管理界面

13.2.3 WebNavigator 的访问

WinCC 提供两种方式访问 WebNavigator 服务器，使用 IE 浏览器或者使用客户端软件 WinCCViewerRT，下面分别进行介绍。

1. 使用 IE 浏览器的访问方法

要使用 WebNavigator 客户端上的全部功能，必须调整 IE（版本为 11）的安全设置。详细步骤如下：

步骤 1：配置 IE 客户端。

1）在 IE 中，单击"工具 > Internet 选项"，选择"安全"选项卡，然后根据网络的情况选择相应的区域，一般局域网内应用选"本地 Intranet"，单击"自定义级别…"，如图 13-24 所示。

图 13-24 IE 的 Internet 选项

2）启用"对标记为可安全执行脚本的 ActiveX 控件执行脚本"和"下载已签名的 ActiveX 控件"项，在"脚本"下启用"活动脚本"选项，单击"确定"。如图 13-25～图 13-27 所示。

3）也可以将 WebNavigator 服务器加入受信任站点。单击"受信任的站点"图标。单击"站点…"按钮，打开"受信任的站点"对话框。在"将该网站添加到区域"字段中，输入 WebNavigator 服务器的地址，并取消激活"对该区域中所有站点需要服务器验证（https：）"选项，依次单击"添加"和"确定"按钮，如图 13-28 和图 13-29 所示。

4）单击"受信任的站点区域"图标。单击"默认级别"按钮，然后单击"自定义级别"按钮。启用"对未标记为安全的 ActiveX 控件进行初始化和脚本运行"，单击"确定"，如图 13-30 所示。

图 13-25　IE 安全设置（一）

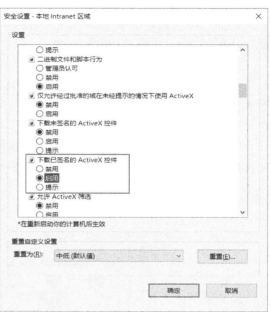

图 13-26　IE 安全设置（二）

图 13-27　IE 安全设置（三）

　　5）单击"常规"选项卡，在 internet 临时文件"区域中单击"设置"按钮，启用"检查存储的页面的较新版本："下的"自动"选项，如图 13-31 所示。

图 13-28　受信任站点设置（一）

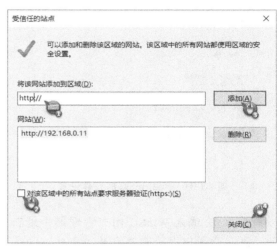

图 13-29　添加站点

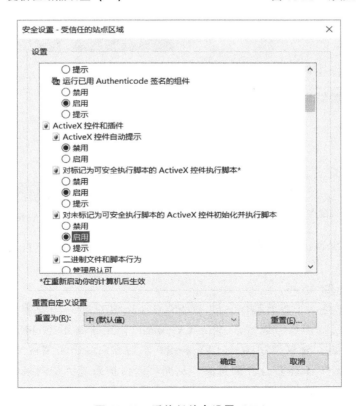

图 13-30　受信任站点设置（二）

步骤 2：激活 WinCC 项目。

步骤 3：打开 IE 浏览器，在地址栏中输入 WebNavigator 服务器的 IP 地址，单击"确定"按钮后，就会弹出用户登录界面，如图 13-32 所示。

图 13-31　Internet 临时文件设置

图 13-32　IE 登录界面

步骤 4：输入 WinCC 用户管理器中组态的用户名和密码，登录成功后，如果是首次访问，那么会弹出提示需要安装 WebNavigator 客户端，根据提示安装客户端组件即可，如图 13-33～图 13-35 所示。

图 13-33　首次访问界面

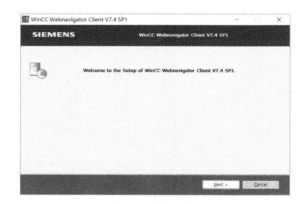

图 13-34　安装客户端

步骤 5：安装完客户端后，再次登录服务器。输入用户名/密码就可以打开画面，浏览效果如图 13-36 所示。

2. WinCCViewerRT 访问

WinCCViewerRT 是一个查看程序，随 WebNavigator 客户端一同安装，此程序可代替 IE 远程访问 WinCC 项目，用户可以组态 WinCCViewerRT，用于显示 WebNavigator 服务器上的程序。相比较 IE 来讲，建议使用 WinCCViewerRT 作为客户端访问 WebNavigator 服务器。因为使用 WinCCViewerRT 不需要打开浏览器，从而可以保护系统免受网络病毒或木马的攻击。

当客户端计算机上安装了 WebNavigator 客户端后，可以在 WebNavigator 的默认安装路径下的"WebNavigator\Client\bin"文件夹中的找到"WinCCViewerRT.exe"程序。也可以通

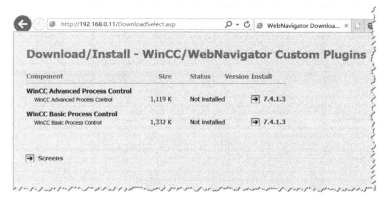

图 13-35　安装必要的插件

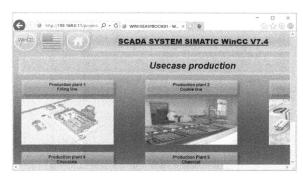

图 13-36　登录画面

过 Windows 开始菜单启动该程序。

首次打开 WinCCViewerRT 的默认界面如图 13-37 所示。

在"常规"选项卡中,输入登录信息,包括内容如下:

1) 服务器地址:http://<服务器名称> 或 http://<IP 地址>。

2) 用户名和密码:此为可选项,用于设置默认登录项目的用户名和密码。如果在此填写了用户名和密码,则每次访问时都将默认通过该处的用户名和密码登录项目。系统不会弹出登录对话框,除非用户信息验证错误。

3) 如果启用"使用项目设置"选项,将激活在用户管理器中组态的用户设置。在"参数"选项卡中指定运行系统语言。

根据需要,可以禁用用于切换到其它程序的所有组合键,也可以修改预置的用于打开WinCCViewerRT 组态对话框的 <ctrl+alt+p>组合键。在项目运行状态下,只能使用此组合键打开 WinCCViewer RT 配置界面,如图 13-38 所示。

在"图形运行系统"选项卡中,指定 WinCC Runtime 属性如下:

- 起始画面。
- 用户定义的菜单和工具栏的组态文件。
- 窗口属性。
- 用户操作限制。

图 13-37 WinCCViewerRT 界面   图 13-38 WinCCViewerRT 参数界面

如图 13-39 所示。

WinCCViewer RT 组态完毕。单击"确定"按钮，设置将被保存到"WinCCView-erRT. xml"组态文件中，组态文件的配置将在下一次启动 WinCCViewerRT 时自动加载。用户也可对文件进行重命名，如重命名为"User1. xml"等。

图 13-39 WinCCViewerRT 图形运行系统

运行状态下可以通过默认热键"Ctrl+Alt+P"再次打开组态界面。如果 WinCCViewerRT 激活时找不到默认的 XML 配置文件，则启动时会自动打开 WinCCView-erRT 组态对话框。重新组态 WinCCViewerRT 或选择其它不同的组态文件即可。在项目中，还可以通过脚本组合命令行与用户特定的组态文件来启动 WinCC-ViewerRT，例如："WinCCViewer-RT. exe User1. xml"。WinCCViewerRT 程序运行后的界面风格和 WinCC 本地的风格完全一致，如图 13-40 所示。

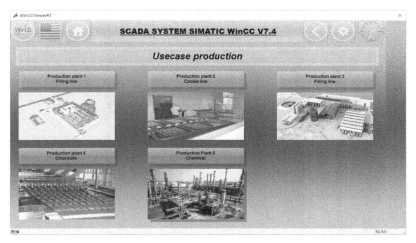

图 13-40　WinCCViewerRT 运行界面

13.2.4　WebNavigator 可组态的系统架构

WebNavigator 有多种组合方式可供选择，主要包括以下几种：

- WinCC 服务器上的 WebNavigator 服务器。
- 分离 WinCC 服务器和 WebNavigator 服务器。
- 专用的 Web 服务器。

1. WinCC 服务器上的 WebNavigator 服务器

WinCC 服务器上的 WebNavigator 服务器是指 WinCC 服务器和 Web Navigator 的服务器组件安装在同一台计算机上，WebNavigator 客户端可以通过 Internet 和 Intranet 操作或监视当前服务器项目，项目中有两道防火墙，以保护其免遭来自 Internet 的攻击。第一道防火墙保护 WebNavigator 服务器免遭来自 Internet 的攻击，第二道防火墙为 Intranet 提供了额外的安全保护，如图 13-41 所示。

2. 分离 WinCC 服务器和 WebNavigator 服务器

通过 OPC 通道进行通信和通过过程总线进行通信。这两种方式分离 WinCC 服务器和 WebNavigator 服务器。其中，通过 OPC 通道进行通信的原理是一组自动化系统被分配给 WinCC 服务器。在包含 WinCC 和 WebNavigator 服务器的计算机上，WinCC 项目按 1∶1 的比例建立镜象，数据通过 OPC 通道进行同步，为此 WebNavigator 服务器需要一个与 OPC 变量数对应的 WinCC 许可证。两道防火墙

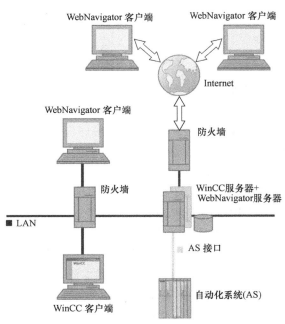

图 13-41　WinCC 服务器上的 WebNavigator 服务器

以保护系统免受未经授权的访问：第一道防火墙保护 WebNavigator 服务器免遭来自 Internet 的攻击，第二道防火墙为 Intranet 提供了额外的安全保护，如图 13-42 所示。

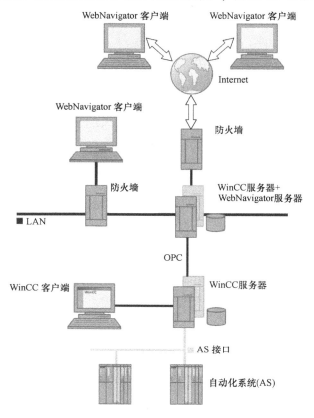

图 13-42 通过 OPC 通道进行通信

通过过程总线进行通信的原理是在包含 WinCC 和 WebNavigator 服务器的计算机上，WinCC 项目按 1：1 的比例建立镜像，数据通过过程总线进行同步，两道防火墙以保护系统免遭未经授权的访问，如图13-43所示。

3. 专用的 Web 服务器

将 WebNavigator 服务器安装在 WinCC 客户端上，可以作为专用的 Web 服务器使用。在大型系统中，向 WebNavigator 客户端集中提供数据时，安装专用的 Web 服务器将发挥明显作用。使用专用 Web 服务器的优势在于：

1）可以将负载分散到多个专用 Web 服务器中，以提高整个系统的性能。

2）将专用 Web 服务器和 WinCC 服务器物理分隔在不同计算机上增加了安全性。

3）在不同站点上操作服务器也便于运营职能的分离，例如工厂支持和 IT 部门。

4）专用 Web 服务器能够实现同时访问多个下位 WinCC 服务器。登录到专用 Web 服务器的用户无需分别登录到每个项目，即可访问多个 WinCC 项目。

5）专用 Web 服务器支持在 WinCC 冗余服务器之间进行冗余切换。专用 Web 服务器的架构如图 13-44 所示。

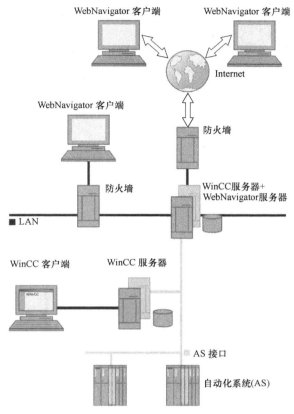

图 13-43　通过过程总线进行通信

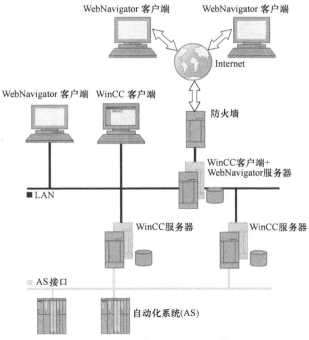

图 13-44　专用 Web 服务器

13.2.5 WebNavigator 的附加信息

鼠标右键单击"Web 浏览器",在弹出的
菜单中选择"Web 设置",就可以打开 Web 设
置界面。在"Web 设置"中,可以定义一些附
加的设置。比如服务器的负载情况,是否启用
WinCC 系统消息等,并且还可以指定是否允许
WebUX 使用 WebNavigator 许可证,如图 13-45
和图 13-46 所示。

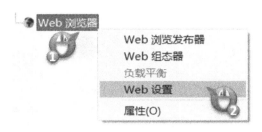

图 13-45 Web 设置

图 13-46 WinCC Web 设置界面

在网络环境中,可能会发生连接故障、延迟和通信波动。如果 WebNavigator 客户端和
服务器之间的通信中断,客户端随后将尝试自动建立连接,以便恢复连接。通过"WinCC
Web Configurator"可以设置两次连接尝试之间的等待时间,即"重新连接间隔"参数,如
图 13-47 所示。

如果在发布期间出现警告或错误,会弹出"部分画面和函数没有成功发布"的提示信
息,受影响的过程画面在结果列表的"状态"中将被标记,尽管如此,该错误的画面仍会
被发布。这种情况下的运行系统中就可能发生错误。因此,发布过程中遇到警告或者错误
时,可在 Web 浏览发布器中启动"PdlPad"工具,用以检查和调试所发布的画面。在 Web
浏览发布器的结果列表中双击相应的对象,就能直接打开"PdlPad"工具,在打开的工具中
将显示该对象的脚本信息,同时此界面也支持调试功能,如图 13-48 所示。

图 13-47　WinCC Web Configurator

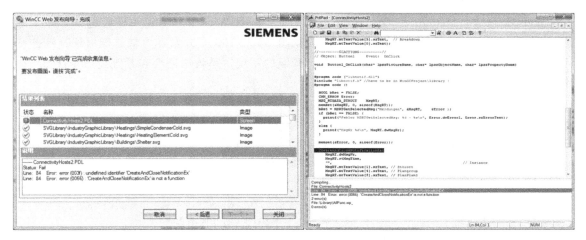

图 13-48　发布向导和 pdlPad 界面

此外要在互联网中发布 WebNavigator 服务器，需要满足以下条件：

1）来自 Internet 服务供应商（ISP）的 Internet 连接与 IP 地址。只有拥有 Internet 的连接（由 ISP 提供）时，才能在 Internet 中发布信息。有了 Internet 上的 IP 地址才能标识 WebNavigator 服务器的位置。

2）适用于连接到 Internet 的网络适配器。

3）用于 IP 地址的 DNS 注册，此为可选项。该步骤允许用户在连接到服务器时可使用"别名"代替 IP 地址。

与在局域网内发布相比，只要将发布的 IP 地址修改为互联网上的 IP 地址（图 13-12），就能实现在 Internet 范围内对 WebNavigator 服务器的访问。当然，也可以使用路由器通过网址映射等技术，实现内网和外网之间的桥接，从而实现通过 Internet 访问内网发布的 WebNavigator 服务器。

13.3　WebUX

WinCC WebUX 提供了一套独立于设备和浏览器的自动化系统监控解决方案，为保证过程安全，仅支持需要 SSL 证书的 HTTPS 连接方式。

13.3.1　WebUX 介绍

WebUX 客户端没有操作系统限制，可在各种各样的设备上运行（如平板计算机、计算机和智能手机等），只需保证设备中可以使用支持 HTML5 的浏览器即可。WebUX 和 WebNavigator 的区别见表 13-1。

表 13-1　WebUX 和 WebNavigator 比较

WebUX	WebNavigator
基于普遍适用的 Web 标准	基于 Microsoft 的 ActiveX 技术
只要支持 HTML5，无论什么浏览器均可使用	仅支持 Internet Explorer
没有操作系统限制，可在各种各样的设备上运行	仅可在 Windows 计算机上运行
不需要安装客户端	需要安装客户端
默认的用户权限即可	需要安装管理权限

WebUX 包含：Monitor 和 Operate 两种许可证，并且 WinCC 基本包中已经包含了一个集成的 Monitor 许可证，WebUX 提供了支持 1/3/10/30 和 100 个并发客户端的许可证，这些许可证是可以累加的。如果是从 WebUX V7.3 升级的系统，系统中还会包括支持 5/25/50/150 个客户端的许可证。

WebUX 许可证安装在 WinCC 服务器上，客户端设备上不需要安装许可证，WebUX 也可以使用 WebNavigator 的许可证。具体设置界面参考图 13-46。WebNavigator 和 WebUX 许可证之间的区别和关系请参考表 13-2 和图 13-49。

表 13-2　Monitor、Operate 和 WebNavigator 许可证的区别

许可证	功　　能	说　　明
WebUX Monitor	用户仅具有只读访问权限	已在 WinCC 用户管理器中为该用户组态了授权级别 1002"Web 访问-仅监视" 如果可用的"Monitor"许可证已分配完，则"Operate"许可证或 WebNavigator 许可证也可分配给 WebUX 客户端以实现读访问
WebUX Operate	用户具有读写访问权限	如果可用"Operate"许可证已分配，那么 WebNavigator 许可证也可分配给 WebUX 客户端以实现读写访问
WebNavigator	用户的授权决定了除了读访问权限外是否可能有写访问权限。该功能取决于项目的组态情况	如果 WebNavigator 许可证已安装到 WinCC 系统中，则 WebNavigator 许可证也可分配给 WebUX 客户端。不过，系统首先会使用所有可用的 WebUX 许可证

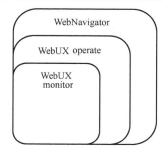

图 13-49　WebNavigator 和 WebUX 许可证之间的关系

13.3.2　WebUX 的安装和组态

1. 安装

WebUX 基本软件包已包含在 WinCC DVD 中。要安装 WebUX 服务器，计算机上必须已经安装了 WinCC 基本系统，还必须预先安装 Internet 信息服务（IIS）。关于 IIS 的安装，需要选择以下设置。

1）万维网服务>常用 HTTP 功能或共享 HTTP 功能：HTTP 错误、HTTP 重定向、默认文档和静态内容。

2）万维网服务>性能特点：动态内容压缩和静态内容压缩。

3）万维网服务>应用程序开发功能（仅适用于 Windows8.1/Windows Server2012）：WebSocket 协议。

当满足条件时，使用 WinCC 的光盘就可以选择"数据包安装"方式安装 WebUX 服务器。如图 13-50 所示，选择"WinCC incl. WebUX"，单击"下一步"，按照提示即可安装。

图 13-50　WebUX 安装界面

安装过程中需要进行系统设置，此处需要选择"我接受对系统设置的更改"，然后单击"下一步"按钮，如图 13-51 所示。

图 13-51　安装系统设置

程序安装完成后，重新启动 windows 系统，会弹出 WebUX 的配置界面。如果需要马上配置 WebUX 服务器，可以单击"应用组态"，也可以单击"退出"按钮，选择稍后配置。若要在稍后执行配置或者更改，可通过 Windows 开始菜单，在"Siemens Automation"程序组中找到"WinCC WebUX Configuration Manager"。WinCC WebUX Configuration Manager 的界面如图 13-52 和图 13-53 所示。

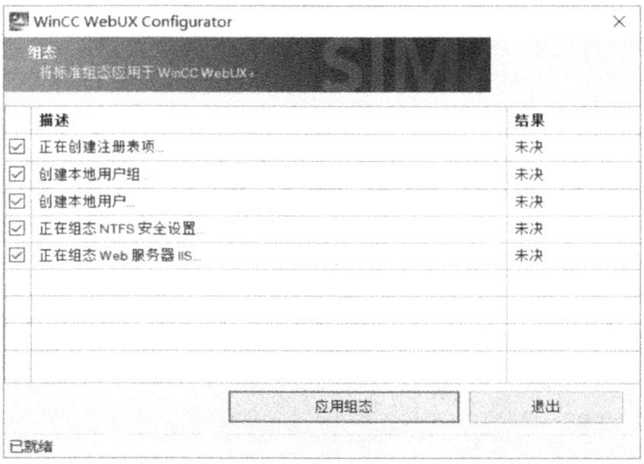

图 13-52　WinCC WebUX Configurator

根据 WinCC 的版本不同，图 13-52 和图 13-53 会略有区别，但是主要设置基本一致。在图 13-53 中，可以设置站点的名称、端口和使用的证书情况。首次组态期间，可指定是创建新默认网站还是创建虚拟目录。如果要将网站作为虚拟目录建立，那么计算机中必须至少有一个已激活 SSL 加密的网站。满足此标准的网站将显示在选择列表"选择更高级别的网站"中。此处的证书是网站安全证书（即 SSL 证书），是数据证书的一种。在服务器上部署了 SSL 证书后，可以确保客户端和服务器之间通信的安全性，同时访问者也可以通过证书验证服务器的真实性。

在 WebUX 中，可以通过以下方式设置证书：

1）选择一个现有证书。

2）创建自签名证书。

3）网站建立后安装证书。

如果选择"新建证书"，需要手动输入证书的名称。完成组态后，将创建一个以计算机名称为标识的自签名证书。该证书的有效期为一年。因此，访问该网站时，浏览器有可

图 13-53　IIS 组态界面

能显示警告消息，具体情况取决于浏览器的设置。为更好地保证服务器身份验证安全，通常建议安装官方认证机构的证书，或者使用企业自身搭建的证书服务器颁发的证书。

2. 组态

关于 WebUX 详细的组态和操作步骤可参考视频编号 ID V1390。下面简单地介绍 WebUX 的组态步骤。

步骤 1：执行完 WebUX 创建向导后，通过 Windows"控制面板>所有控制面板项>管理

工具"打开"IIS Manager"，就可以浏览 WebUX 的站点，如图 13-54 所示。

图 13-54　IIS 管理器

步骤 2：在左侧选择 WebUX 的站点，单击右侧的"绑定…"项，可以打开"网站绑定"界面。选中"站点"单击"编辑…"项就可以打开"编辑网站绑定"界面，在该界面中可以设置站点的 IP 地址、端口和 SSL 证书等信息，至此完成了 WebUX 站点的组态，如图 13-55所示。

图 13-55　编辑网站绑定

步骤 3：在 WinCC 项目中需要组态两部分内容：需要发布的画面和可访问 WebUX 站点的用户。

首先，为客户端组态画面。选中需要发布的画面。设置画面"属性>其它>能连网络"为"是"。保存画面时，在"输出窗口"中会检查对象是否发布成功，如图 13-56 和图 13-57 所示。

具有 WebUX 属性的画面会被保存成扩展名为 pdl 和 rdf（Resource Description Framework）的文件，存储在 GraCS 文件夹中，如图 13-58 所示。

其次，在 WinCC 用户管理器中创建用于访问 WebUX 站点的用户。针对该用户需要激活 WebUX 功能、分配起始画面并设置网络语言等参数，如图 13-59 所示。

图 13-56　画面属性的设置

图 13-57　输出窗口

图 13-58　文件格式

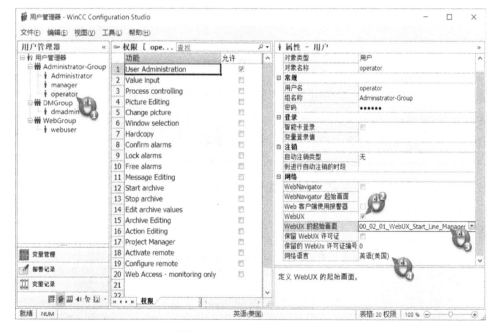

图 13-59　WebUX 用户设置

13.3.3 WebUX 的访问

打开客户端浏览器（需要支持 HTML5）。在地址栏中输入：https：//服务器地址。此处服务器地址可以填写 WebUX 服务器所在的计算机名称，也可以填写 WebUX 服务器的 IP 地址。默认情况下，使用的是自签名证书。通过"https：//计算机名称"访问时不会出现安全提示，但通过"https：//IP 地址方式"访问时就会出现安全提示信息。根据浏览器的不同可能会看到不同的提示信息，此处以 IE11 为例加以说明，如图 13-60 所示。

图 13-60 访问 WebUX 站点

确认站点地址正确的情况下，单击"转到此网页（不推荐）"，会弹出用户登录界面，如图 13-61 所示。软件版本不同，此界面会略有区别。

输入正确的用户名和密码，就能登录系统操作项目，如图 13-62 所示。也可以使用手机中支持 HTML5 的浏览器直接登录，显示界面效果如图 13-63 所示。

图 13-61 登录界面

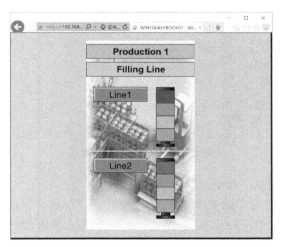

图 13-62 IE 访问 WebUX

13.3.4　WebUX 的附加信息

WebUX 服务器上可以并发连接的客户端数量，除了取决于许可证外，还受 Windows 操作系统的限制，其中 Windows 7、Windows 8.1 和 Windows 10 上的 IIS 支持最多 10 个连接。因为 WebUX 的一个客户端会占用多个连接，所以最多有 3 个 WebUX 客户端可以同时连接到这些系统上的 WebUX 服务器，如果超出该限制，则无法正常操作已经连接的实例。对于涉及多个 WebUX 客户端的应用，建议使用 Server 版本的 Windows 操作系统。

目前，WebUX 还不能支持所有的 WinCC 功能，相对于 WinCC 运行系统存在一些限制，如不支持 ANSI-C 脚本以及有限制的支持 VBS 等。对于不支持的图形对象，WebUX 中将会做隐藏处理。详细的信息建议参考 WebUX 手册，条目 ID 109746337。

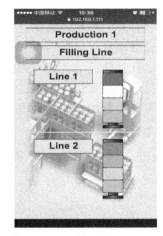

图 13-63　手机访问 WebUX 站点效果

13.4　DataMonitor

DataMonitor 是 WinCC 数字化工厂的一个组件，可使用 DataMonitor 在办公计算机上，通过 Intranet/Internet 实现显示和评估当前的生产过程状态与历史数据，借助于 IE 浏览器或者 Excel 等标准的工具就能够完成对生产数据的访问和分析。

13.4.1　DataMonitor 介绍

DataMonitor 由服务器组件和客户端组件组成，DataMonitor 服务器为客户端提供了用来分析和显示数据的各种功能，并且可实现访问权限的控制。使用 IE 浏览器访问的 DataMonitor 界面如图 13-64 所示。

图 13-64　DataMonitor 界面

DataMonitor 主要包括以下几部分功能：

1）WinCCViewerRT：用于监视 WinCC 的过程画面，仅具有只读权限。

2）Excel Workbook：在 Excel 表格中，显示和处理过程值和归档数据，同时支持通过 Web 方式进行发布和显示，或作为报表的打印模板。

3）报表：基于时间触发和事件控制的报表生成功能。通过 WinCC 打印作业或发布的 Excel 工作簿创建报表，报表以 PDF 或者 Excel 格式创建，如有需要还可以作为电子邮件附件发送。

4）WebCenter：Web 中心是通过 Intranet/Internet 访问 WinCC 数据的中央信息门户。用户通过特定的视图访问 WinCC 数据。用户还可根据自己的权限对这些 Web 中心页面进行读取、写入和创建等操作。

5）趋势与报警：基于 IE 方式显示及分析归档过程值和报警。数据以表格和图表的形式显示在预定义的 Web 中心页面中。

以上功能在 DataMonitor 中分为两个功能组，两个功能组的说明如下：

1）画面监视和 Excel 工作簿功能组包括：过程画面监视和 Excel 工作簿。要访问此部分功能，系统需要验证 WinCC 中的用户。

2）WebCenter 功能包括：WebCenter、趋势和报警、报表。要访问此部分功能，系统需要验证 Windows 中的用户。

DataMonitor 在服务器上提供许可证。运行 DataMonitor 客户端的计算机上不需要安装许可证，WinCC V7.4 SP1 的 DataMonitor 中提供了支持 1/3/10/30 个并发的客户端的许可证，这些许可证是可以累加的，但是最多支持 50 个客户端同时访问一台服务器。根据功能组的不同，DataMonitor 检测许可证的方式有所区别。其中，WebNavigator 功能组与许可证相关的是客户端数，即每连接一台客户端在服务器计算机上就需要一个 DataMonitor 许可证；WebCenter 功能与许可证计数相关的是应用的连接数而不是客户端数。表 13-3 中基于功能组显示了每个许可证支持的最多客户端数和最大连接数。

表 13-3　DataMonitor 许可证和连接数的关系

许可证	WebNavigator 功能组	WebCenter 功能组
1 个客户端	1	2
3 个客户端	3	6
10 个客户端	10	20
30 个客户端	30	60

以上许可证的计算方法，同样适用于累计许可证。如表 13-4 的例子中所示，"1 个客户端"和"3 个客户端"的两个许可证都安装在 DataMonitor 服务器上。根据所选功能组的不同，同时登录的用户数也不同。

表 13-4　许可证计算方法

例如：Excel 工作簿

已安装许可证	功能组	最多同时登录用户
1 个客户端+3 个客户端	Excel 工作簿	4 个用户

例如：WebCenter、趋势和报警、报表

已安装许可证	功能组	最多同时登录用户
1 个客户端+3 个客户端	WebCenter、趋势和报警、报表	8 个用户

如果用户关闭 DataMonitor 开始页面，但未使用"退出"按钮退出，系统仍将维持相应连接一段时间。该许可证将会保持已分配状态，在约 20min 后才会被释放。系统中只有在安

装许可证后，才能正常使用 DataMonitor 的所有功能。

13.4.2　DataMonitor 的安装和组态

1. 安装

DataMonitor 的安装分为：服务器端和客户端两部分。要安装 DataMonitor 服务器，除了满足系统的硬件要求和软件要求外（详细要求请参考 DataMonitor 手册的安装注意事项条目 ID 109746337），计算机上必须已经安装了 WinCC 基本系统，还必须先安装 Internet 信息服务（IIS）。

关于 IIS 的安装，需要选择以下设置：

1）Web 管理工具：IIS 管理服务、IIS 管理控制台、IIS 管理脚本和工具、IIS 元数据库和 IIS 6 组态的兼容性和 IIS 6 WMI 的兼容性。

2）万维网服务>常用 HTTP 功能：默认文档、静态内容和 HTTP 错误。

3）万维网服务>应用程序开发功能：NET 可扩展性、ASP、ASP.NET、ISAPI 扩展项和 ISAPI 过滤器。

4）万维网服务>安全：请求筛选、基本身份验证和 Windows 身份验证。

> 提示：Windows Server 2008 R2/2012 R2/2016 中，在服务器管理器中使用 "Webserver（IIS）" 角色配置相关角色服务中的设置。

当满足安装条件时，使用 WinCC 的安装光盘就可以选择 "数据包安装" 的方式，安装 DataMonitor 服务器，如图 13-65 所示。

选择 "DataMonitor Server"，单击 "下一步"。根据需要可以选择是否安装 "Excel Workbook" 功能，如图 13-66 所示。

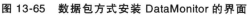

图 13-65　数据包方式安装 DataMonitor 的界面

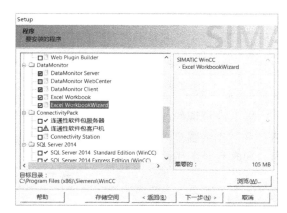

图 13-66　Excel Workbook 安装向导

Excel Workbook 功能需要计算机上已经安装了相应的微软 Excel 软件才可以安装。对于 WinCCV7.4 sp1 以下 Office 版本经过认证。

1）Microsoft Office 2010 32 位版本。

2）Microsoft Office 2013 SP1 32 位版本。

3）Microsoft Office 2016 32 位版本。

安装完成后，在 WinCC 项目管理器中，可以看到 "Web 浏览器" 项，如图 13-67 所示。

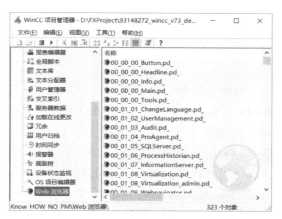

图 13-67　Web 浏览器

如果成功安装了 Excel Workbook，那么打开 Excel 文件时，在 Excel 菜单栏的"加载项"中就会出现"Excel Workbook Wizard"和"Excel Workbook"两个选项菜单。如图 13-68 所示。

图 13-68　Excel 加载项

安装 DataMonitor 服务器时，会自动在 Windows 操作系统中创建用于管理和使用项目的用户组，各用户组具有不同的操作权限，如图 13-69 所示。

图 13-69　DataMonitor 用户组

图 13-69 中说明如下：

（1）SIMATIC Report Administrators

属于"SIMATIC Report Administrators"用户组的 Windows 用户才具有组态的权限。系统中必须至少创建一个用户并分配到"SIMATIC Report Administrators"用户组中，除此之外以"SIMATIC Report Administrators"身份还可以进行以下操作：

1）在"WebCenter"中，组态连接。为 Web 中心页面创建模板，创建和组态公共和私人 Web 中心页面。

2）在"报表"中，基于 WinCC 打印作业或 Excel 工作簿组态报表。

（2）SIMATIC Report Users

要使用"WebCenter"、"趋势和报警"和"报表"等功能，必须是"SIMATIC Report Users"用户组成员。以"SIMATIC Report Users"身份可以进行以下操作：

1）在"WebCenter"中，设置和组态 Web 中心页面，打开公共页面等。

2）在"报表"中，基于 WinCC 打印作业或 Excel 工作簿打印报表。

使用 DataMonitor 时，登录用户需要进行不同的身份验证。所有用户必须是"SIMATIC HMI"用户组的成员。要通过 DataMonitor 访问 WinCC 数据库，DataMonitor 登录用户需要具有密码的 Windows 用户，并且必须是"SIMATIC HMI VIEWER"用户组的成员。

DataMonitor 客户端的安装取决于所使用的 DataMonitor 功能。如果仅需要使用"WebCenter"和"趋势和报警"功能，则无需安装 DataMonitor 客户端。如果使用所有的功能，建议安装客户端程序及所有附加选项。安装 DataMonitor 客户端。方式如下：

1）从产品 DVD 进行安装。

2）通过 Intranet/Internet 安装。

3）在网络中，使用基于组策略的软件分发进行安装。

根据操作系统和安装方式的不同，安装客户端需要的 Windows 用户权限略有区别。为简便起见，建议使用管理员权限采用前两种安装方式。详细信息请参考 DataMonitor 手册条目 ID 109746337。此外，在 DataMonitor 起始页上"报表>软件下载"也可分别下载相关的组件，如图 13-70 所示。

图 13-70　DataMonitor 软件下载

建议先保存安装文件，然后安装。这样在需要重启客户端时，就不必再次下载安装程序了。如果已经通过 DVD 光盘安装了 DataMonitor 客户端，而希望通过网络安装客户端的更新版本，必须将客户端安装程序保存在本地计算机上。如果 DataMonitor 客户端为 64 位操作系统的计算机，则会在基于网络进行安装时显示一个附加链接，用于安装"Visual C++ 2010 Redistributable"。必须先执行此安装，因为 DataMonitor 客户端需要此软件。

Excel Workbook Wizard 需要 Microsoft. Net Framework 支持。为使用 Excel Workbook Wizard 功能，需要确保 DataMonitor 客户端计算机上已安装 . Net Framework。

如果要在 DataMonitor 服务器上安装 DataMonitor 客户端，请按以下步骤进行操作。

步骤 1：使用 Windows 的服务管理器将"CCArchiveConnMon"服务的启动类型设置为手动。

步骤 2：重启计算机。

步骤 3：安装客户端。在安装期间，确保没有 DataMonitor 客户端访问服务器。

步骤 4：将"CCArchiveConnMon"服务的启动类型切换回自动。

2. 组态

DataMonitor 系统需要完成以下组态步骤后方可使用全部功能。

步骤 1：组态 DataMonitor 服务器。主要包括创建站点，发布 WinCC 画面和在 Windows 中设置 Windows 系统的用户和访问权限。在"WinCC 用户管理器"中组态可访问 WinCC-ViewerRT 和"Excel Workbook"的 WinCC 用户及其访问权限。

步骤 2：启动 WinCC 运行系统。

步骤 3：设置 DataMonitor 客户端，主要是组态 IE 的安全设置。

步骤 4：使用 DataMonitor 客户端，主要包括：启动 IE，并输入 DataMonitor 服务器的地址。登录到 DataMonitor 服务器并访问 DataMonitor 功能。

DataMonitor 发布的详细步骤类似于 WebNavigator，此处不再赘述。下面仅列出主要的区别和注意事项：

1）在 WebNavigator 的组态"步骤 2："中将默认的网页设置为"DataMonitor. asp"，即完成了 DataMonitor 的系统组态，如图 13-71 所示。

图 13-71　DataMonitor 发布界面

2）组态 DataMonitor 用户。根据使用的功能不同，DataMonitor 会验证不同的用户。此处分别介绍如何在 WinCC 和 Windows 中，创建用于访问和管理 DataMonitor 的用户。

在 WinCC 中，创建用户的方法如下：打开 WinCC 的用户管理器。在界面左侧选中需要配置的用户，在界面的中间部分除了激活使用到的权限外，还需为该用户激活 ID 为 1002 的权限（默认的功能描述为"Web 访问-仅监视"）。在用户的属性界面中，配置"WebNavigator 起始画面"和"网络语言"等参数，如图 13-72 所示。

在 Windows 系统中，创建用户的方法如下：打开 Windows 的"控制面板>所有控制面板项>管理工具>计算机管理"；右键选择"系统工具>本地用户和组>用户"；在弹出菜单中，选择"新用户"，如图 13-73 所示。

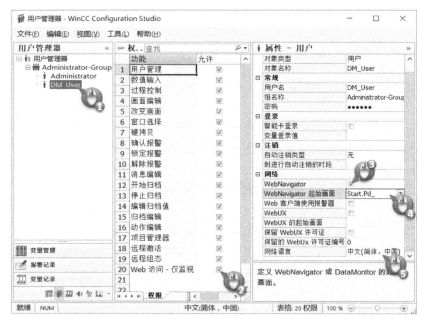

图 13-72　DataMonitor 的用户管理界面

　　在弹出的对话框中，输入用户名和密码等必要的选项，双击新创建的用户。在弹出的属性界面中，设置用户"隶属于"的组别。用户隶属于不同的组，将具有不同的权限，详细说明参见前文 DataMonitor 中用户管理部分的介绍。此处创建的用户需要管理 DataMonitor 服务器，所以必须隶属于图中相应的组别，如图 13-74 所示。

　　至此，建立了一个具有"SIMATIC Report Administrators"、"SIMATIC HMI"和"SIMATIC HMI VIEWER"用户组成员资格的用户"DM_Demo"。该用户现在可在 Web 中心创建目录以及建立与 WinCC 数据库的连接等操作。具有了管理 DataMonitor 服务器的权限。

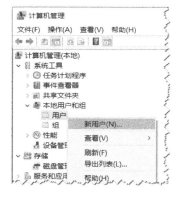

图 13-73　新建 Windows 用户

　　提示：为了使用 DataMonitor 客户端上的特定功能，登录用户需要两次验证：一次验证 DataMonitor 用户（即 Windows 系统的用户），另一次验证 WinCC 中的用户。如果在 DataMonitor 客户端以 DataMonitor 用户和 WinCC 用户身份进行操作，那么用户可能需要登录两次。

　　通过以下方式可以只进行一次登录：DataMonitor 用户和 WinCC 用户具有相同的名称和密码。此用户必须在 Windows 和 WinCC 中组态，并至少添加到"SIMATIC HMI"和"SIMATIC HMI VIEWER"用户组。

13.4.3　访问 DataMonitor

　　DataMonitor 提供了丰富的数据分析和处理功能，本节主要介绍如何使用相应的功能，

图 13-74 用户隶属于的组

关于 DataMonitor 详细的组态和操作步骤可参考视频编号 ID V1389。下面是各部分功能的简要介绍。

1. 使用 WinCCViewerRT

在 DataMonitor 中，WinCCViewerRT 会随着 DataMonitor 客户端一起安装，使用方法和 WebNavigator 中相同，详细信息参考本章 13.2.3 WebNavigator 的访问部分。唯一的区别在于 DataMonitor 中必须为登录 WinCCViewerRT 的 WinCC 用户分配授权号 1002-"Web 访问 - 仅监视!"，仅监视代表不能执行过程相关的操作（如不能给过程变量赋值等）。如有需要，也可以使用用户自定义的光标图标作为"仅查看光标"，如图 13-75 所示。

2. 使用 Excel 工作簿

DataMonitor 的 Excel 工作簿，可以访问本地 WinCC 运行系统的数据，也支持通过加载 WinCC 项目的 .xml 文件，显示来自专用 Web 服务器的项目数据。

图 13-75 仅监视

DataMonitor 的 Excel 工作簿包含 Excel Workbook Wizard 和 Excel Workbook 两部分内容。其中，Excel Workbook Wizard 用于配置 Excel 中 将要显示的内容，并确定是否发布此工作簿到网络上供客户端使用；Excel Workbook 用于读取数据。Excel workbook wizard 的组态向导起始界面如图 13-76 所示。详细的组态步骤请参考条目 ID 77485347。

此外，使用 Excel 功能之前，应确保 Windows 系统的"更改文本、应用项目的大小"设置为 100%。在 Windows 10 中设置如图 13-77 所示。

13.4.4 在 IE 中使用 DataMonitor

1. IE 浏览器设置

要在 DataMonitor 客户端上使用全部功能，必须调整 IE 的安全设置。首先，需要将 DataMonitor 服务器添加到受信任站点。其次，需要针对受信任站点激活"对未标记为安全的

图 13-76　Excel 工作簿向导

图 13-77　Windows 显示设置

ActiveX 控件进行初始化和脚本运行"下的"启用"选项。建议禁用"自动使用当前用户名和密码登录"设置，相应的配置界面可以参考 WebNavigator 章节中的介绍。激活 WinCC 运行系统，在客户端计算机上启动 IE，在地址栏中输入 DataMonitor 服务器的地址。按下"回车"键盘，这时会弹出登录对话框，如图 13-78 所示。

在 Windows 中，输入为 DataMonitor 创建的用户名和密码，单击"确定"。会显示 Data-Monitor 的起始页面，如图 13-64 所示。登录 DataMonitor 客户端后，建议首先设置界面语言。如有必要，可以单击 隐藏左侧的导航栏和页面上的标题。如需要再次显示标题行，请单击

图 13-78　登录窗口

符号 ![符号]。要从 DataMonitor 服务器注销，单击"退出"，如图 13-79 和图 13-80 所示。

图 13-79 默认界面

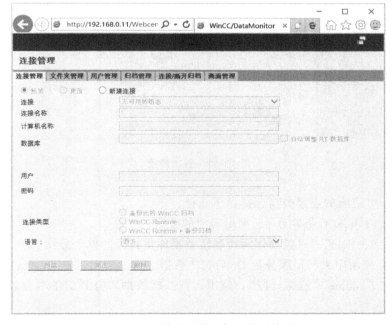

图 13-80 隐藏导航栏和标题栏后的界面

2. 创建连接和设置语言

为了 DataMonitor 客户端能够访问和分析运行系统信息和归档数据，需要在页面中"管理>连接管理"中创建与所要访问 WinCC 项目数据库的连接，每个需要访问的数据源都需要建立一个连接。

此处，输入的用户必须是 Windows 用户组"SIMATIC Report Administrators"的成员。要通过 DataMonitor 访问 WinCC 数据库，还必须是隶属于"SIMATIC HMI VIEWER"用户组具有密码的 Windows 用户。因此，使用前文创建的 DM_ Demo 用户。

首先，需要输入用户自定义的"连接名称"。然后，单击"计算机名称"对应的"查找"按钮，可以查询出当前可访问的计算机。选择需要访问的计算机，接下来输入"用户"和"密码"，设置"连接类型"和"语言"项。最后，单击数据库后面的"查找"按钮，就能查找出可供访问的数据库。单击"创建"按钮，就完成了 DataMonitor 和被访问对象之间的连接。详细步骤如图 13-81 所示。

图 13-81　新建连接

DataMonitor 可访问的连接类型包括以下几种：

1)"备份出的 WinCC 归档"。已换出归档的数据。

2)"WinCC Runtime"。只能使用运行系统数据库里打开的单个分段。

3)"CAS"。使用中央归档服务器的 WinCC 数据。

4)"WinCC Runtime + 所有分段"。使用运行系统数据库打开的单个分段和所有其它连接的分段。

3. 使用"趋势与报警"分析历史数据

当建立好连接后，就可以使用"趋势与报警"显示归档过程值和消息。通过 IE 登录后，在左侧导航栏中单击"趋势与报警>过程值表"，单击 📝 打开组态对话框。在打开的

界面中，设置"标题"、选择"连接"、"变量"、"时间范围"和"表大小"等参数。然后，
单击"确定"按钮，就可以生成过程值表画面，如图 13-82 和图 13-83 所示。

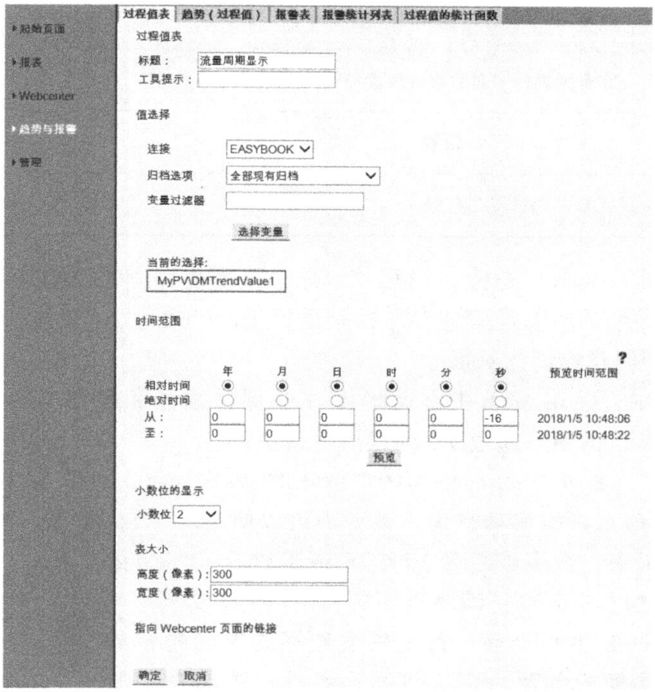

图 13-82　参数设置界面

图 13-83　过程值表

在过程值表界面中，可以进行的操作见表 13-5。

表 13-5 操作选项说明

⏰⏰	在选定时间范围内以所需的绝对时间向前或向后滚动
箭头按钮	在多页表格中向前或向后滚动
📝	更改 Web 部件的设置
⮩	以 CSV 格式导出报警

类似的方法，可以组态"趋势（过程值）"、"报警表"、"报警统计列表"和"过程值的统计函数"等，详细的组态步骤请参考视频条目 ID V1389。

4. Webcenter 中创建定制化页面

在 DataMonitor 中，使用 Web 中心页面和 Web 部件编译和保存 WinCC 项目的视图。实现定制化的页面发布，供用户通过 IE 浏览器进行访问。

在 Webcenter 中，通过 Web 部件编译定制化的 Web 页面。所谓 Web 部件，就是系统中用于在 Web 页面中显示数据的功能块。系统中可以使用的 Web 部件，如图 13-84 所示。

在一个画面视图中，最多可组合 15 个 Web 部件。在定制化的页面中，主要是通过 Web 部件编辑页面的显示内容和效果。

创建定制化的 Web 中心页面。首先需要选择或者创建布局模板，其次使用布局模板创建自定义页面，然后在页面中添加 Web 部件并设置参数。最后实现定制化的页面输出。基本的操作步骤包括如下内容：

图 13-84 Web 部件

1）为 Web 中心页面创建文件夹。

2）分配访问权限。

3）为 Web 中心页面创建布局模板。

4）创建 Web 中心页面。

5）在 Web 中心页面中插入 Web 部件。

6）组态 Web 页面内的 Web 部件。

步骤 1：在"管理>文件夹管理"中，创建文件夹，如图 13-85 所示。

图 13-85 创建文件夹

步骤 2：分配文件夹权限。在用户管理中，会列出当前 Windows 系统中的所有用户组，根据需要设置相应的权限，如图 13-86 和图 13-87 所示。

图 13-86　分配文件夹权限

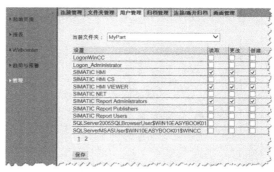

图 13-87　第二页权限设置

步骤 3：创建用户自定义的布局模板，如图 13-88 所示。系统安装期间已安装了预定义的布局模板，用户可以选择系统预定义的模板，也可以选择自定义创建的。

根据需要可以选择是否组合表格，单击图形中的箭头即可，如图 13-89 所示。单击"继续"，在接下来的界面中安排 Web 部件的排列顺序，如图 13-90 所示。所有功能组态结束后，单击"保存"按钮。

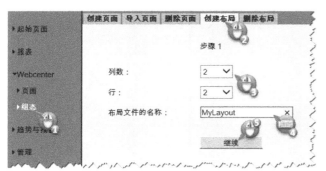

图 13-88　创建布局

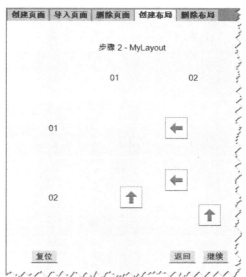

图 13-89　表格合并界面

步骤 4：基于模板创建页面。切换到"创建页面"选项卡下，此处选择使用"MyLayout"作为模板，创建名称为"MyWeb"的页面，如图 13-91 所示。

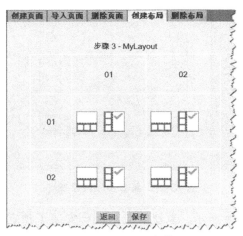

图 13-90　Web 部件

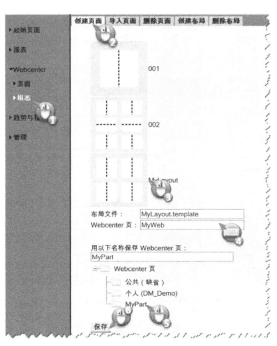

图 13-91　创建页面

切换到 "Webcenter>页面>MyPart" 下，就可以看到创建的页面 "MyWeb"，如图 13-92 所示。

步骤 5：添加需要显示的 Web 部件。单击 "MyWeb"，可以根据需求为 "MyWeb" 添加页面中要显示的对象，如图 13-93 所示。

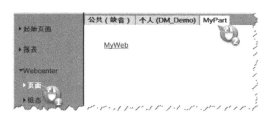

图 13-92　MyWeb 页面

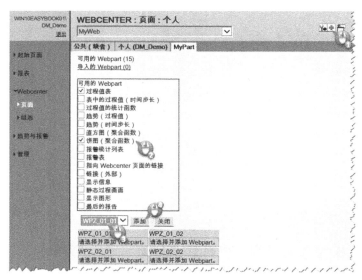

图 13-93　添加 Web 部件对象

步骤 6：根据项目需要，设置每个 Web 部件对象的属性。检测运行效果，如图 13-94 所示。

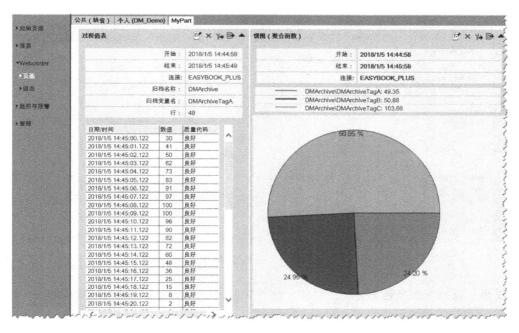

图 13-94　运行效果参考图

5. 使用报表输出数据

报表功能用于创建独立于 WinCC 运行系统的基于时间控制或事件控制的报表。使用 WinCC 的打印作业和发布的 Excel 工作簿可输出分析结果和过程数据，报表以 PDF 或 Excel 文件形式输出，必要时也可作为电子邮件的附件自动发送。报表界面如图 13-95 所示。

图 13-95 中各部分的功能介绍如下：

1）发布的报表：已经发布的报表（PDF 或 Excel 格式）。

2）报告工具：已发布的工作簿模板。

3）软件下载：DataMonitor 客户机可用的下载软件。

4）上传模板：将报表模板（Excel）上传到 DataMonitor 服务器。

5）打印作业：创建基于时间或事件触发的报表（PDF 格式）。

6）Excel 工作簿：创建基于时间或事件触发型的报表（Excel 格式）。

7）设置：公共设置、打印机、邮件服务器等。

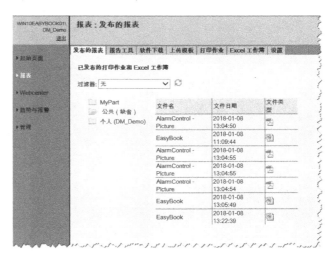

图 13-95　DataMonitor 报表界面

可以根据不同的需求做不同的设置，该部分的详细组态可参考条目 ID V1389。基于事件控制的打印作业，只有变量更改的时间间隔超过一分钟才能创建成功。图 13-96 为"Excel 工作簿"的界面。

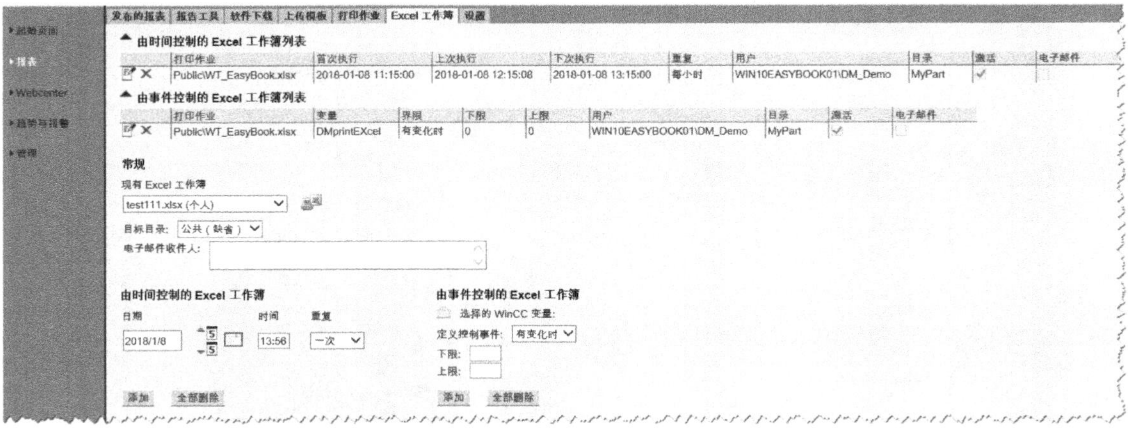

图 13-96　Excel 工作簿

提示： 长时间频繁地创建一个或多个事件控制的打印作业会占用大量的内存。

第 14 章　脚　本　系　统

在组态系统中，对于画面对象的动态化设计，一般可以通过组态对象属性中的"变量"或"动态对话框"，以及对象事件中的"直接连接"实现。但很多复杂功能无法使用组态功能实现，例如读写 WinCC 组态系统或运行系统中对象的属性、专业的数学计算以及执行特定的操作等，这就需要使用脚本编程实现。

> **提示：** 在图形运行系统中，对于画面对象的动态化设计而言，"变量"、"动态对话框"和"直接连接"的执行效率高于 C 动作和 VBS 动作。如果都能够实现要求的功能，原则上建议尽量采用组态的方式实现动态化设计。

14.1　脚本系统概述

WinCC 脚本系统由 VB 脚本、C 脚本和 VBA 三部分组成。相对于画面对象的动态化设计的"变量"、"动态对话框"和"直接连接"组态方式，WinCC 的脚本具备以下优势：

1) WinCC 通过完整和丰富的编程系统实现了开放性，通过脚本可以访问 WinCC 的变量、画面对象和归档等。

2) VB 脚本（相对于 C 脚本而言）从易用性和开发的快速性上具有优势。

3) WinCC 借助 C 脚本，可以通过 API（应用程序接口），访问 Windows 操作系统及各种应用程序。

4) VBA 可以使组态自动化。这极大地简化了用户的组态工作，节省了时间成本。

WinCC 脚本系统的应用范围包括 WinCC 组态环境和运行环境。VB 脚本和 C 脚本应用于 WinCC 的运行环境。对于大部分功能而言，VB 脚本和 C 脚本都可以实现，个别功能仅能使用 C 脚本或 VB 脚本实现。例如，在线表格控件的自定义工具栏按钮仅支持 VB 脚本，而在 WinCC 运行系统中调用外部 DLL 函数只能使用 C 脚本。采用何种方式编程，开发者需根据自身能力和项目需求进行选择。与 VB 脚本和 C 脚本不同，VBA 应用于 WinCC 的组态环境。

在画面中组态基于对象的 VB 脚本和 C 脚本，分别在图形运行系统进程（pdlrt. exe）中进行处理；在全局脚本中组态的基于全局动作的 VB 脚本和 C 脚本，分别在全局脚本运行系统进程（gscrt. exe）中进行处理。

下面，将着重从原理和结构上阐述 C 脚本、VB 脚本和 VBA 的功能和作用。关于代码编程的语法说明和在脚本编辑器中的具体操作将不做过多描述，具体信息可以参考 WinCC 在线帮助中的说明。

14.2　VB 脚本

在 WinCC 运行环境中，VB 脚本可以访问图形运行系统中的变量和对象，也可以执行独立于画面的功能。

1) 可对变量值进行读取和写入操作，例如可以通过单击鼠标指定 PLC 的变量值。

2）可在对象属性的动态化中使用动作，并可通过特定的事件触发动作，例如对象颜色的周期型更改，或切换对象在运行系统中的显示语言。

3）可周期性地触发或根据变量值触发独立于画面的动作。

可在 WinCC 的以下编辑器中使用 VB 脚本：

1）在全局脚本编辑器中，组态独立于画面的动作和过程。这些过程可在依赖于画面的动作和独立于画面的动作中使用。

2）在图形编辑器中，组态基于画面的动作，使用基于画面的动作可将图形对象的属性动态化，或通过事件的触发，执行特定的功能。

3）在用户定义的菜单和工具栏中，调用之前组态的过程。

除了执行特定的 WinCC 内部功能外，VB 脚本也可执行基于 Windows 环境的自定义功能。例如，将 WinCC 数据传送到 Excel，启动外部 Windows 应用程序，或创建文件和文件夹等。

14.2.1　基本概念

VB 的对象模型是 VB 脚本编程的基础。充分理解对象模型的概念后，掌握 VB 脚本的编程就非常容易。VB 脚本的执行则是通过过程、模块和动作三者之间的调用而实现的。

1. VBS 对象模型

WinCC VBS 运行系统的对象模型如图 14-1 所示，VB 脚本通过对象模型访问 WinCC 运行系统的图形对象、变量、报警和归档等。

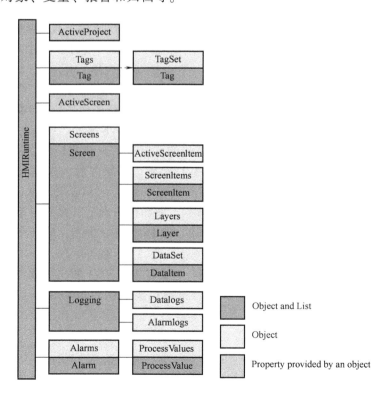

图 14-1　WinCC VBS 的对象模型

1）通过"对象和列表"（Object and List）以及"对象"（Object）可以访问图形运行系统中的所有对象，例如画面、图形对象、图层和变量等。以下代码示例为定义对象为编号1000 的报警消息：

```
Dim MyAlarm
Set MyAlarm=HMIRuntime.Alarms(1000)
```

2）通过独立对象的"属性"（Property provided by an object），可以设置图形运行系统中的所有对象和变量的状态，例如通过每次鼠标动作，改变对象的位置或修改变量值以触发对象颜色的变化等。以下代码示例为设置报警消息的属性，包括状态、注释、用户和过程值。

```
MyAlarm.State=5
MyAlarm.Comment="MyComment"
MyAlarm.UserName="Operator1"
MyAlarm.ProcessValues(1)="Process Value 1"
MyAlarm.ProcessValues(4)="Process Value 4"
```

3）还可以通过独立对象的"方法"，执行图形运行系统中的所有对象的应用，例如读出变量值用于进一步计算或在运行系统中显示诊断信息等。以下代码示例为生成一个报警。

```
MyAlarm.Create"MyApplication"
```

通过上述"对象"、"属性"和"方法"的结合，就可以在运行系统中生成一条用户自定义的报警消息，如图 14-2 所示。

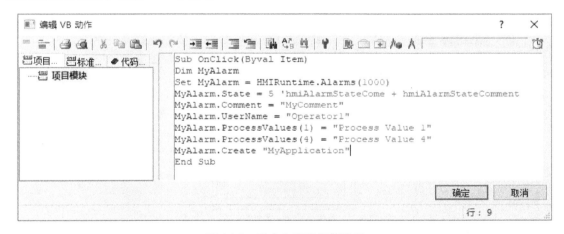

图 14-2　用户自定义报警消息

2. 过程、模块和动作

WinCC 中的 VBS 可以使用过程、模块和动作实现运行环境的动态化。过程（Procedure）、模块（Module）和动作（Action）的关系如图 14-3 所示。

动作由触发器（Trigger）启动。例如，在运行系统中，当通过鼠标单击某个对象，到达某一时间或某个变量被修改后，都可以触发动作。

图 14-3 中，动作由 Instruction-1、Instruction-2 和 Procedure C 等组成，Procedure C 并不是单一指令，而是一个过程。过程是一段实现某个功能的代码，包括若干指令（Instruction），Procedure C 就是由指令 Instruction-a 和 Instruction-b 组成的。模块是一个文件，

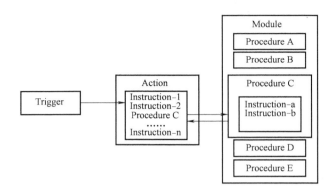

图 14-3　过程、模块和动作的关系

可以理解为一个容器，存放着一个或多个过程，以供动作调用。图 14-3 中模块包含了 Procedure A/B/C/D/E 等过程，其中 Procedure C 供动作调用，其它过程也可以被其它动作调用。相互关联的过程应该存储在同一模块中。

当系统需要多次实现某个功能时，无需多次输入代码，只需调入相应过程即可。过程的合理使用会有效地降低代码数量，这样的程序结构比较清晰且易于维护。下面以一个动作代码的优化过程为例，介绍如何部署合理的程序结构，如图 14-4 所示。

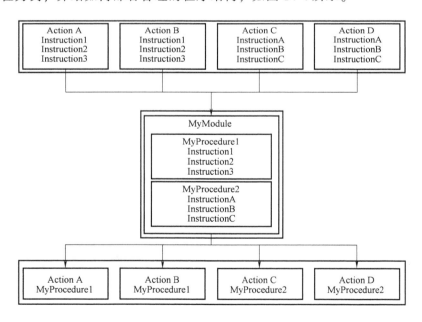

图 14-4　合理的程序结构

在图 14-4 中，顶部区域的动作 Action A/B 中都调用了指令 Instruction1/2/3，动作 Action C/D 中都调用了指令 InstructionA/B/C，相同的动作多次重复相同的指令序列、代码冗长、可读性较差。这就需要对重复的代码进行整合，如图中部区域，在模块 MyModule 中，创建过程 MyProcedure1，包含指令 Instruction1/2/3；创建过程 MyProcedure2，包含指令 InstructionA/B/C。最终，则可以将原先的动作 Action A/B/C/D 优化为图底部区域的调用关系。整个动作代码的优化过程，体现了过程和模块的重要性。

在运行系统中，如果通过动作调用某个过程时，包含此过程的模块也会被加载。此时需要注意以下两点。

1）当执行某个动作时，需要加载的模块越多，运行系统的性能越差。

2）模块越大，包含的过程越多，模块加载的时间就越长。

基于上述情况，在规划 VB 脚本时，合理地组织模块就显得尤为重要，如可以将用于特定画面的过程存储在一个模块中。也可以按照功能构建模块，如可以将具有相关计算功能的过程存储在一个模块中。

14.2.2　VB 脚本的过程和模块

过程是 VB 脚本的基本组成单元，模块是过程的集合。

1. 过程和模块的特征

1）过程包含以下特征：

- 由用户创建和修改。
- 可设置密码保护。
- 不需要触发器。
- 存储在模块中。

根据过程的适用范围不同，分为标准过程和项目过程；

- 标准过程适用于在计算机上创建的所有项目。
- 项目过程仅适用于创建此过程的项目。

2）模块包含以下特征：

- 可设置密码保护。
- 具有文件扩展名 *.bmo。

模块分为标准模块和项目模块：

- 标准模块的过程可应用于该计算机的所有项目，存储在 WinCC 系统目录中。
- 项目模块的过程仅应用于该项目，存储在项目目录中。

2. 创建和编辑过程

接下来将介绍如何创建和编辑过程。在本例中，将创建实现求和与求积功能的项目过程，并为项目模块加密。

步骤 1：打开全局脚本 VBS 编辑器，如图 14-5 所示。

步骤 2：选择导航窗口中的"项目模块"选项卡，在下面的"项目模块"上右键单击，在快捷菜单中选择"新建>项目模块"，如图 14-6 所示。

步骤 3：保存该模块后，右键单击该模块，在快捷菜单上选择"添加新过程"，如图 14-7 所示。

步骤 4：由于本例中新建的是函数，所以在"新过程"对话框的"过程声明"中输入函数名称，并选择"带有返回值的参数"，如图 14-8 所示。

步骤 5：在右侧的编程窗口中，删除默认的程序框架；在新添加的函数体内，输入相应的参数和函数代码。在本例的模块中，共添加了 2 个函数，如图 14-9 所示。

图 14-5　全局脚本 VBS 编辑器

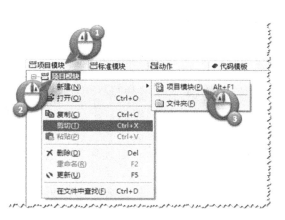

图 14-6　新建项目模块

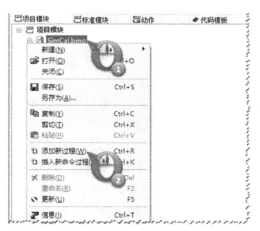

图 14-7　添加新过程

提示：新建模块时，默认提供的是程序框架 Sub（过程），如果需要定义函数则在添加时选择"带有返回值的参数"，这样程序框架就会变成 Function（函数）。

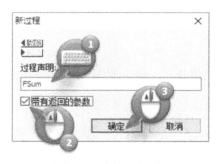

图 14-8 添加新函数

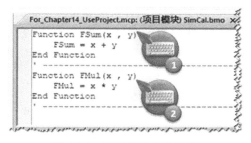

图 14-9 编写模块中的函数

步骤 6：如果需要对代码进行保护，可以在工具栏中单击 🕒 按钮，打开"属性"对话框，选择"密码"并输入，如图 14-10 所示。设置密码后，再次打开该过程时需要输入密码，否则不能打开进行编辑。

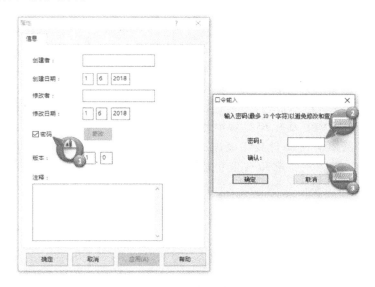

图 14-10 设置密码

步骤 7：在工具栏上，单击 🔲 按钮，编译后保存项目函数。如果编译窗口中出现错误信息，则需要修改函数代码，如图 14-11 所示。

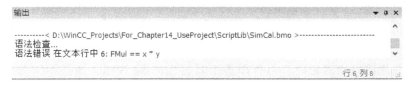

图 14-11 编译窗口的错误信息

14.2.3 VB 脚本的动作

VBS 动作应用于运行系统中的图形对象的动态化和独立于画面的全局动作，它包含以下特征：

- 动作由用户创建和修改。
- 可设置密码保护。
- 动作至少具有一个触发器。
- 全局脚本中的动作的文件扩展名 ∗.bac，存储在 < WinCC 项目路径 > \ ScriptAct \ 目录中。

1. 画面对象的 VBS 动作

VBS 动作可以应用于画面对象的"属性"和"事件"的动态化。在图形运行系统进程（pdlrt.exe）中，VB 脚本的处理分为两部分，一部分处理"属性"中周期触发和变量触发的 VBS 动作，另一部分处理"事件"中事件触发的 VBS 动作。

接下来介绍如何创建画面对象的 VBS 动作。在本例中，将为画面对象按钮的鼠标事件组态 VBS 动作，并在动作中调用之前定义的函数。

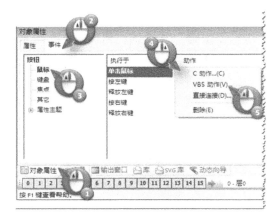

图 14-12　为按钮添加"VBS 动作"

步骤 1：打开图形编辑器，选择画面中的按钮，在画面下部的对象窗口中选择"对象属性 > 事件 > 鼠标"，右键单击"单击鼠标"右侧的"动作"栏，在快捷菜单上选择"VBS 动作"，如图 14-12 所示。

步骤 2：在打开的 VBS 动作编辑器中输入下面的代码。本例中的代码含义为读取 2 个输入/输出域的变量，分别求和与求积后写入到另 2 个输入/输出域。

```
Sub OnClick(ByVal Item)
Dim obj1,obj2,obj3,obj4
Dim x,y
Set obj1 = ScreenItems("I/O Field1")
Set obj2 = ScreenItems("I/O Field2")
Set obj3 = ScreenItems("I/O Field3")
Set obj4 = ScreenItems("I/O Field4")
x = obj1.OutputValue
y = obj2.OutputValue
obj3.OutputValue = FSum(x,y)
obj4.OutputValue = FMul(x,y)
End Sub
```

步骤 3：在调用画面对象时，可以单击工具栏上的 按钮，通过"对象浏览器"窗口浏览，如图 14-13 所示。

步骤 4：在画面对象的"."后的智能感知列表框中，选择相应的属性，如图 14-14 所示。

步骤 5：调用函数时，可以将导航窗口的项目模块下的函数拖拽到代码中，如图 14-15 所示。

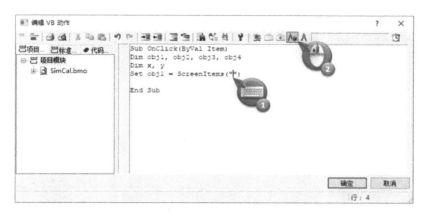

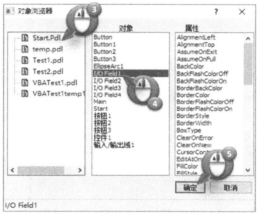

图 14-13　调用画面对象

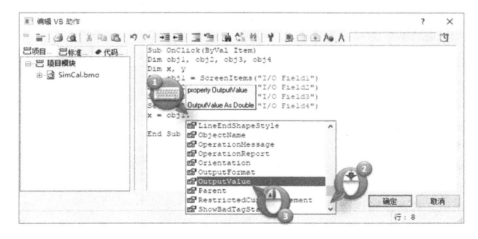

图 14-14　调用对象属性

　　在代码编写中，可以充分利用代码模板、语法提示、对象导航和智能感知等工具，提高编程效率。代码模板的调用如图 14-16 所示。

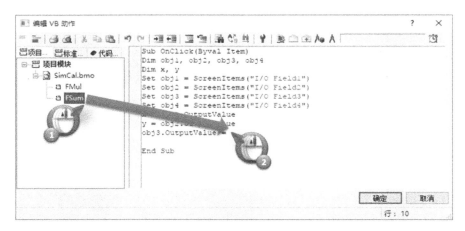

图 14-15　调用函数

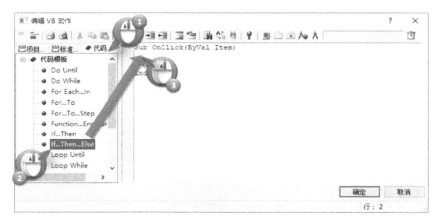

图 14-16　调用代码模板

添加 VBS 动作后，事件"单击鼠标"右侧"动作"栏中会出现蓝色 ⚡UB 标志，表示已组态 VBS 动作。如果不需要该 VBS 动作或更换为其它组态方式，可以右键单击 ⚡UB 标志，在快捷菜单上选择"删除"，如图 14-17 所示。

2. 全局 VBS 动作

在 WinCC 中，使用独立于图形运行系统的 VBS 动作时，在本地（对整个项目有效）和全局（对所有计算机有效）动作之间没有区别，即在"全局脚本"的"VBS 编辑器"中组态的动作始终全局有效。

在全局脚本运行系统进程（gscrt. exe）中，VB 脚本的处理分为两部分，一个处理周期触发和变量触发的 VBS 动作，另一个处理非周期触发的 VBS 动作。两部分的处理过程相互独立，不会相互影响或产生堵塞。

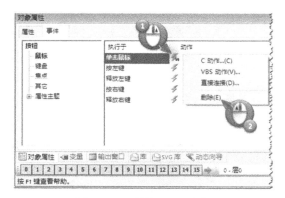

图 14-17　删除 VBS 动作

接下来介绍如何创建全局 VBS 动作。在本例中，以变量变化作为条件，触发求和功能的动作。

步骤 1：打开全局脚本 VBS 编辑器，选择导航窗口中的"动作"选项卡，在下面的"动作"上右键单击，在快捷菜单中选择"新建>动作"，如图 14-18 所示。

步骤 2：保存该动作后，输入下面的代码。本例中的代码含义为先读取 Tag_1 和 Tag_2，求和后写入变量 Tag_3。

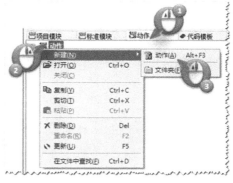

```
Option Explicit
Function action
Dim x,y,z
x=HMIRuntime.Tags("Tag_1").Read
y=HMIRuntime.Tags("Tag_2").Read
z=FSum(x,y)
HMIRuntime.Tags("Tag_3").Write z
End Function
```

图 14-18 新建全局 VBS 动作

步骤 3：在画面对象的"."后的智能感知列表框中，选择相应的方法，如图 14-19 所示。

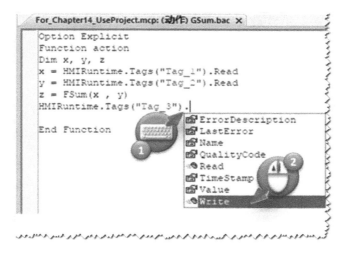

图 14-19 调用对象方法

步骤 4：在工具栏中，单击 [图] 按钮，打开"属性"对话框，选择"触发器"选项卡，添加变量 Tag_1 和 Tag_2 作为触发变量，在"标准周期"栏相应位置上双击，在更新列表中选择"有变化时"，如图 14-20 所示。

这样，在运行系统中，当变量 Tag_1 或 Tag_2 发生变化时，VBS 全局动作将计算求和并将值写入 Tag_3。

除了变量和周期性触发器外，还可以选择非周期触发器，但仅可定义为固定时间发生的单次事件，如图 14-21 所示。

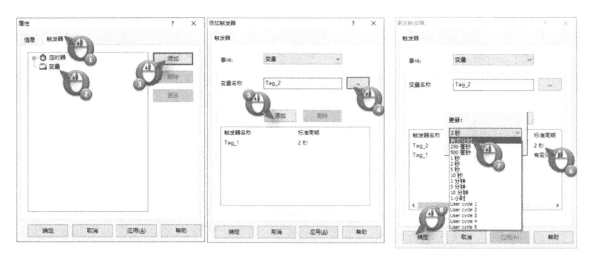

图 14-20　设置触发器

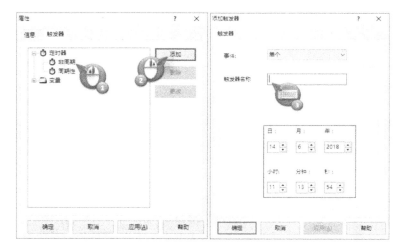

图 14-21　非周期触发器

14.3　C 脚本

相对于 VB 脚本的简单易学，C 脚本需要更高的编程基础，可以通过 API（应用程序接口）访问 Windows 操作系统及其各种应用程序。例如，在 WinCC 运行系统中，需要调用外部 DLL 函数来扩展功能时，只能使用 C 脚本。

14.3.1　基本概念

WinCC 提供的 C 脚本是基于 ANSI-C 的编程语言。与 VB 脚本不同的是，C 脚本是使用函数访问整个运行系统的，如消息系统、报表系统和记录系统等。

C 脚本的核心是 C 函数和 C 动作，C 动作由触发器激活，也就是触发事件，在 C 动作中可以调用一个或多个 C 函数，如图 14-22 所示，而 C 函数没有触发器。触发器包括"定时器"触发和"变量"触发两种类型，如图 14-23 所示。

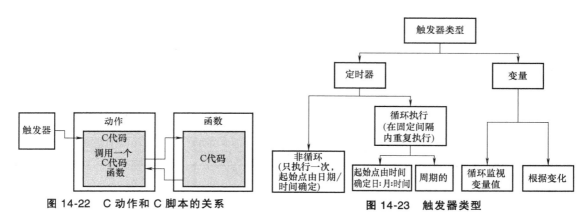

图 14-22 C 动作和 C 脚本的关系   图 14-23 触发器类型

定时器触发可以定时触发一次，也可以周期触发；变量触发器是指触发变量的数值发生变化时，执行触发器相关联的动作，变量触发可以通过预定义的标准周期循环监视变量值，也可以根据变化进行触发。在 WinCC 的全局脚本动作中，只要定时触发和变量触发两者之一条件满足，触发动作都将执行。

提示：定时器的周期时间对项目性能具有较大的影响，画面的所有动作都必须在其周期时间内完成。以从 PLC 读取数据为例，除了动作的运行时间以外，请求变量值所需要的时间以及 PLC 的反应时间也必须考虑。如果为了查询快速变化的变量，而将触发器事件的周期时间设置在 1 秒以内，则将加重运行系统的负荷。

C 函数和 C 动作的使用范围如图 14-24 所示。

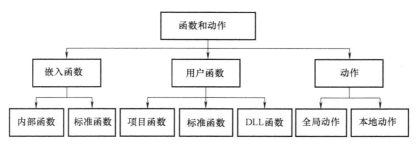

图 14-24 C 函数和 C 动作的使用范围

函数是一段代码，可在多处使用，但只能在一个地方定义。WinCC 包括许多函数，包括嵌入函数和用户函数。嵌入函数又包括内部函数和标准函数。用户函数包括项目函数、标准函数和 DLL 函数。嵌入函数和用户函数的主要区别在于，嵌入函数是 WinCC 系统默认提供的，可以直接调用；而用户函数可以由用户进行创建或编辑。嵌入函数中的内部函数仅供直接调用，不能编辑；嵌入函数中的标准函数既可以直接调用，也可以编辑，如果经过编辑就不再属于嵌入函数，而属于用户函数；DLL 函数必须在引用后才可以直接调用。

提示：内部函数和标准函数存储在 WinCC 的安装路径的 aplib 目录下，如果标准函数经过编辑，则会影响本地计算机上所有使用了该标准函数的 WinCC 项目中的 C 脚本。

函数一般由特定的动作调用，动作通常用于独立于画面的后台任务，如打印日常报表、监控变量或执行计算等。动作包含全局动作和本地动作，将在后续详细介绍。动作由触发器启动。项目函数、标准函数、内部函数的区别见表 14-1。

表 14-1　项目函数、标准函数及内部函数的区别

特征	项目函数	标准函数	内部函数
由用户自己创建	可以	不可以	不可以
由用户自己进行编辑	可以	可以	不可以
重命名	可以	可以	不可以
密码保护	可以	可以	—
使用范围	仅在项目内识别	可在项目之间识别	项目范围内可用
文件扩展名	"＊.fct"	"＊.fct"	"＊.icf"

14.3.2　C 函数

C 函数类似 VB 脚本中的过程，只需创建一次，就可以在项目中多次调用。

1. 内部函数和标准函数的使用

内部函数可用于项目函数、标准函数、动作和图形编辑器的 C 动作以及动态对话框。

内部函数代码示例如下：

```
SetTagDouble("MyTag",6);       //为变量 MyTag 赋值 6
RT_Language=GetLanguage();   //获取 WinCC 运行系统的当前语言
```

标准函数可用于项目函数、其它标准函数、全局脚本动作和图形编辑器的 C 动作以及动态对话框、报警记录中的报警回路功能、变量记录中的启动/停止归档和换出循环归档事件。

标准函数代码示例如下：

```
ProgramExecute("C:\Windows\system32\notepad.exe");     //调用记事本工具
OpenPicture("MyPicture");                             //打开画面"MyPicture"
```

内部函数和标准函数在组态动态对话框、变量记录的起始事件时的调用位置，如图 14-25 和图 14-26 所示。

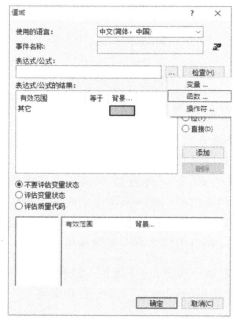

图 14-25　在动态对话框中选择 C 函数

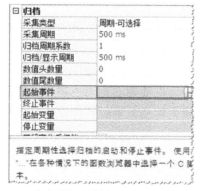

图 14-26　在变量记录的起始事件中选择 C 函数

2. 创建和编辑项目函数

用户创建自定义的项目函数可应用于图形编辑器的 C 动作以及动态对话框、报警记录中的报警回路功能、变量记录中的启动/释放归档和换出循环归档事件。

接下来介绍如何创建和编辑项目函数。在本例中，将创建一个在画面窗口中显示指定画面的项目函数。

步骤 1：打开全局脚本 C 编辑器，如图 14-27 所示。

图 14-27 全局脚本 C 编辑器

步骤 2：右键单击导航窗口中的"项目函数"，在快捷菜单中，选择"新建"菜单项。

步骤 3：在右侧的编程窗口中，修改项目函数名称并添加参数，如图 14-28 所示。

步骤 4：如图 14-29 所示，在导航窗口的内部函数中，右键单击函数 SetPictureName。在快捷菜单中，选择"提供参数"，为相应的参数选择画面和画面窗口对象，生成相应代码，如图 14-30 所示。

步骤 5：在工具栏中，单击 按钮，打开"属性"对话框，选择"密码"并输入，如图 14-31 所示。设置密码后，再次打开该函数

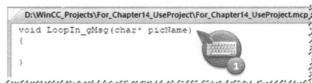

图 14-28 编写项目函数

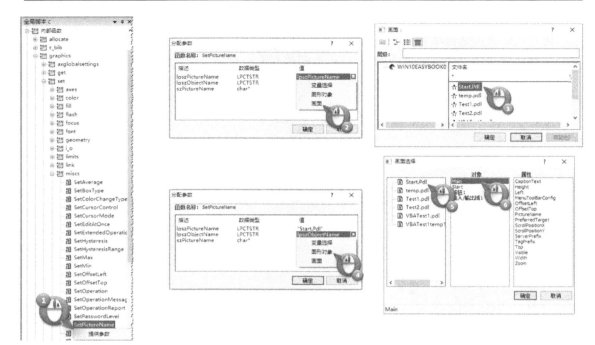

图 14-29　在项目函数中调用内部函数并分配参数

```
D:\WinCC_Projects\For_Chapter14_UseProject\For_Chapter14_UseProject.mcp : loopin_gmsg.fct ×
void LoopIn_gMsg(char* picName)
{
SetPictureName("Start.pdl","Main", picName);    //在画面Start的画面窗口Main中显示所需画面picName
```

图 14-30　编写项目函数

时需要输入密码，否则不能打开并进行编辑。

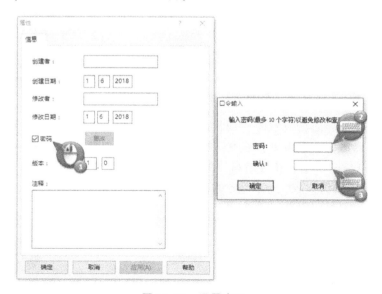

图 14-31　设置密码

步骤 6：在工具栏上，单击 按钮，编译后保存项目函数。如果编译窗口中出现错误信息，则需要修改函数代码，如图 14-32 所示。

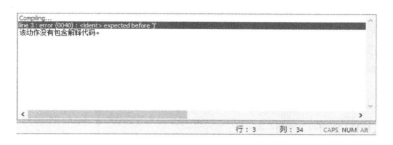

图 14-32　编译窗口的错误信息

> **提示**：项目函数默认保存在项目路径下的 Library 目录中。如果需要使用其它项目的项目函数，需要使用脚本编辑器打开该项目函数并另存到本项目路径下的 Library 目录中。

3. 修改标准函数

在某些情况下，需要修改标准函数扩展功能。例如，根据已到达的报警消息编号切换画面窗口中的画面。在本书第 7 章消息系统中，介绍过当每一条报警消息的状态发生变化后，都可以触发标准函数 GMsgFunction，这样就需要修改该函数。

步骤 1：在报警记录编辑器中，为单个报警消息的"属性>参数"选择"触发动作"，如图 14-33 所示。

步骤 2：双击打开标准函数中的 GMsgFunction 函数，添加如下相应的代码，如图 14-34 所示。

图 14-33　为报警消息选择触发动作

```
if(mRT.dwMsgNr == 1 && mRT.dwMsgState == MSG_STATE_GO)    //判断报警编号为 1 且
                                                            当前状态为到达
{
  LoopIn_gMsg("Alarm1.pdl");                               //切换到 Alarm1 画面
}
```

14.3.3　C 动作

C 动作和 C 函数之间的区别，除了触发器之外，还有如下不同之处。

1）C 动作可以在不同的项目中直接通过导出/导入重复使用。

2）可为 C 动作分配授权，不具备相应授权的用户登录后 C 动作将不再执行。

3）C 动作可以调用有参数的 C 函数，但自身没有参数。

1. 画面对象的 C 动作

和 VBS 动作类似，C 动作可以应用于画面对象的"事件"和"属性"的动态化。在图形运行系统进程（pdlrt.exe）中，C 脚本的处理分为两部分，一个处理"属性"中周期触发和变量触发的 C 动作，另一个处理"事件"中事件触发的 C 动作。

1）在画面对象的"事件"中，添加"C 动作"。

图 14-34　修改 GMsgFunction 函数

例如用图形编辑器中的按钮事件触发一个 C 动作，这是组态项目的常规操作。

步骤 1：打开图形编辑器，选择画面中的按钮。在画面下部的对象窗口中的"对象属性"的"事件"选项卡下，选择"鼠标"，右键单击"单击鼠标"右侧的"动作"栏，在快捷菜单上选择"C 动作"，如图 14-35 所示。

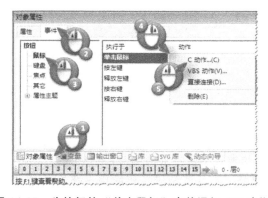

图 14-35　为按钮的"单击鼠标"事件添加"C 动作"

步骤 2：在打开的 C 动作编辑器中，输入下面相应的代码，单击"确定"后，编译保存 C 动作，如图 14-36 所示。

```
AcknowledgeMessage(GetTagWord("MsgNr"));     //确认编号值为变量 MsgNr 的报警
```

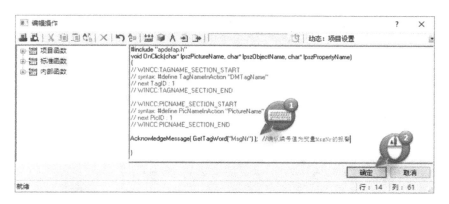

图 14-36　编写 C 脚本

> **提示**：仅限在 ｛｝ 之间编写代码，｛｝ 之外的代码由系统自动生成，不能修改和删除。

添加 C 动作后，事件"单击鼠标"右侧"动作"栏中会出现绿色 标志，表示已组态 C 动作。如果不需要该 C 动作或更换为其它组态方式，可以右键单击 标志，在快捷菜单上选择删除，如图 14-37 所示。

2）在画面对象的"属性"中，添加"C 动作"。

例如用图形编辑器中的输入/输出域触发一个 C 动作，触发方式为变量触发。

步骤 1：打开图形编辑器，选择画面中的输入/输出域，在画面下部的对象窗口中的"对象属性"的"属性"选项卡下，选择"输入/输出"，右键单击"输出值"右侧的"动作"栏，在快捷菜单上，选择"C 动作"，如图 14-38 所示。

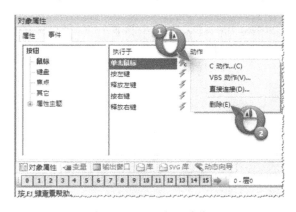

图 14-37　删除 C 动作

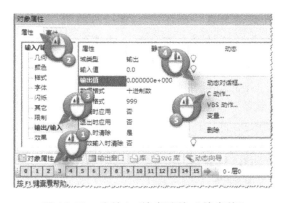

图 14-38　为输入/输出域的"输出值"属性添加"C 动作"

步骤 2：在打开的 C 动作编辑器中，输入以下相应的代码：

```
#define TAG_1"var_1"
static int a=0;
```

```
a++;//C 动作执行次数 a 累加
if (a>=255)a=0;          //设置 C 动作执行次数 a 累加的上限
printf ("          script (var_1)run no.:% d\r\n",a);       //输出 C 动作执行的次数 a
return ((unsigned long)GetTagDouble(TAG_1)* 2);            //将 var_1 的 2 倍返回
```

　　设置触发器的触发事件为变量触发，触发变量选择 var_1（默认的更新周期为 2 秒），
单击"确定"后，编译保存 C 动作，如图 14-39 所示。

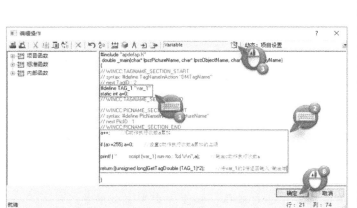
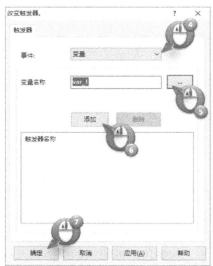

图 14-39　编写 C 脚本并设置触发器

　　在创建画面 C 动作和全局动作时，系统自动生成的代码框架的前 9 行注释用于交叉引
用的定义。如果需要使用 WinCC 的交叉索引，在画面脚本或全局脚本中搜索内部/外部变量
和画面名称，则需要在空行前的第一部分中，使用#define 定义脚本中所使用的全部变量；
在空行后的第二部分中，使用#define 定义脚本中所
使用的全部画面名称。

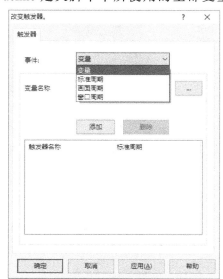

　　提示：如果在编辑画面 C 动作和全局动作时，
删除了系统自动生成的代码框架的前 9 行注释，
可 以 使 用 WinCC 智 能 工 具 Cross Reference
Assistant 统一完成该项工作，具体步骤请参考
WinCC 在线帮助。

　　在选择触发器的触发事件时，有以下 4 个选项，
如图 14-40 所示。

　　触发事件可以选择以下条件。

　　1）变量：当所选变量值发生变化时，触发 C
动作，需选择一定的周期（250ms ~ 1h 之间）检查
变量的变化。

　　2）标准周期：需选择一定的周期（250ms ~ 1h

图 14-40　触发器的触发事件

之间）用作触发器。

3）画面周期：画面周期由组态 C 动作的画面对象所在的画面的对象属性"更新周期"定义。

4）窗口周期：窗口周期由组态 C 动作的画面对象所在的画面窗口的对象属性"更新周期"定义。

提示：可以添加一个或多个变量作为触发器，只要有一个变量发生变化时，触发器就会生效。

添加变量后，在"标准周期"栏相应的位置上双击。在更新列表中，选择相应的周期，如图 14-41 所示。

如果选择的是一个标准周期，系统根据所定义的间隔（如每 2s）查询变量值，如果检测到变量值发生变化，则触发动作。根据周期的长短，可能会出现变量值发生更改，但系统却没有检测到的情况。如果选择"有变化时"，变量值的每次更改都会被系统检测到，然后触发动作。

2. 全局动作和局部动作

全局动作和局部动作应用于基于触发器的独立于画面的后台任务，例如打印日常报表、监控变量或执行计算等。在全局脚本运行系统进程（gscrt. exe）中，C 脚本的处理分为两部分，一部分为处理周期触发和变量触发的 C 动作，另一部分为处理非周期触发的 C 动作。全局动作和局部动作的区别见表 14-2。

图 14-41　变量触发器选择触发周期

表 14-2　全局动作和局部动作的区别

特　　征	全局动作	局部动作
由用户自己创建	可以	可以
由用户自己进行编辑	可以	可以
触发器	需要	需要
密码保护	可以	可以
使用范围	项目范围内可用	仅在分配的计算机上执行
存储路径	项目目录的"\Pas"子目录	项目目录的"\计算机名\Pas"子目录

从表 14-2 中可以看出，全局动作和局部动作的不同之处在于：全局动作在客户机/服务器项目的所有计算机上执行，局部动作仅在分配的计算机上执行，这和 VBS 的全局动作和局部动作是不一样的。而在单用户项目中，全局动作和局部动作之间不存在任何区别。在浏

览窗口的动作目录下，可以组态全局动作，也可以为不同的客户机和服务器组态各自的局部动作，如图14-42 所示。

为了使全局动作和局部动作得以执行，需要在WinCC 项目中的每一台计算机上的启动列表中都选择全局脚本运行系统。

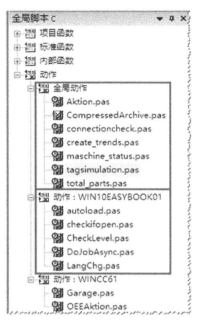

> **提示：** 在冗余服务器的架构中，全局动作会同时在冗余的主服务器及备用服务器上执行，因此会造成系统的混乱。在这种情况下，可以借助系统变量@ RM_Master，即在全局动作中，使用 if 语句判断@ RM_Master 是否为 1，以此确定全局动作只在主服务器上执行。也可以把全局动作改为只在客户机上执行的局部动作，而如果是分布式客户机，需要把服务器上分配给该客户机的局部动作（.pas 文件）复制到客户机项目的相应目录下。

全局动作的示例将结合调用 DLL（动态链接库）的函数在 14.6.2 节中介绍。

图 14-42　全局动作和局部动作

14.4　VBA

与在 MS Office 办公软件中使用 VBA 类似，VBA 也可以应用于 WinCC 的组态环境，在图形编辑器和 Configuration Studio 中，提供 VBA 编辑器以扩展自动化的组态功能，这可以简化用户的组态工作，节省时间成本，但要求 WinCC 项目开发者具有丰富的 VBA 编程经验。

而 WinCC 的选件 ODK（将在第 17 章其它选件和 Addon 简介中介绍）包括一些功能函数，利用这些功能函数可访问组态系统以及运行系统中的所有 WinCC 功能。与 ODK 相比，VBA 仅对组态环境中的图形编辑器和 Configuration Studio 的对象提供面向对象的简单访问。

14.4.1　在图形编辑中应用 VBA

1. 图形编辑器中的 VBA 功能和对象模型

可在图形编辑器中使用 VBA 实现如下功能：

- 创建用户定义的菜单和工具栏。
- 创建及编辑标准对象、智能对象和 Windows 对象。
- 为画面属性和对象属性添加动态化。
- 组态画面和对象中的动作。
- 访问支持 VBA 的产品（例如 MS Office 系列产品）。

> **提示：** 图形编辑器中的动态向导同样可以简化组态工作，动态向导可以通过 WinCC智能工具 Dynamic Wizard Editor（动态向导编辑器）使用 C 语言生成，具体的组态过程可以参考在线帮助。

图形编辑器中的 VBA 对象模型如图 14-43 所示。

使用图形编辑器的 VBA 访问画面中的对象时，需要使用 HMIObject，HMIObject 对象模

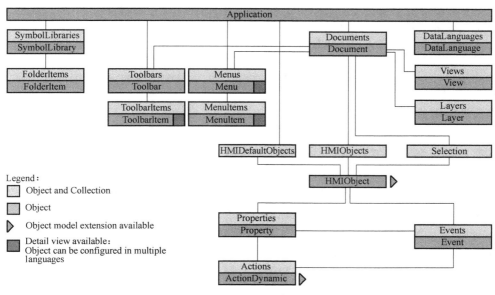

图 14-43　VBA 对象模型

型如图 14-44 所示。

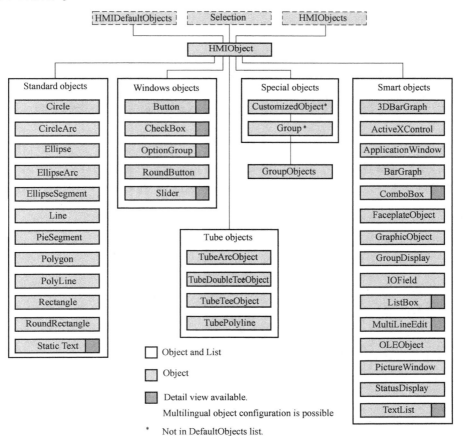

图 14-44　HMIObject 对象模型

除了图形编辑器，通过 VBA 还可以通过带有 HMIGO 类的函数访问以下的编辑器：

- 变量管理。
- 变量记录。
- 文本库。
- 报警记录。

2. 图形编辑器中的 VBA 示例

VBA 在图形编辑器中的应用，本例中，使用 VBA 在项目中批量定义变量（HMIGO 类），然后在画面上批量添加输入/输出域（HMIObject 对象），并设置这些输入/输出域对应显示之前批量定义的变量。

步骤 1：打开变量管理器，添加 SIMATIC S7 Protocol Suite 通道，在 TCP/IP 下新建 Connection1 连接，并新建 Group 组，如图 14-45 所示。

步骤 2：打开画面编辑器，新建一个画面，通过菜单"工具>宏>Visual Basic 编辑器"，打开 VBA 编辑器，如图 14-46 所示。

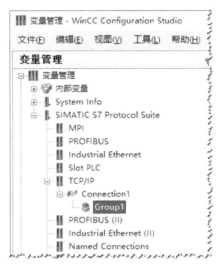

图 14-45　新建连接和变量组

图 14-46　打开 Visual Basic 编辑器

步骤 3：图形编辑器提供的 Visual Basic 编辑器和其它软件提供的界面和功能类似，在左侧工程资源管理器中，双击 ThisDocument（所属新建画面），在右侧代码窗口输入如下代码。

```
Private Sub Create_Click()                          '创建变量
    Dim objHMIGO As HMIGO
    Dim strVariableName As String,strAddr As String
    Dim i As Long
    Set objHMIGO=New HMIGO
    For i=0 To 799
        strVariableName="MyTag"& i                  '变量的名称
        strAddr="MW"& (i * 2)                        '变量的地址
        objHMIGO.CreateTag strVariableName,TAG_SIGNED_16BIT_VALUE,"Con-
        nection1",strAddr,"Group1"                   '变量的数据类型、所属连接及组
    Next
    Set objHMIGO=Nothing
End Sub
```

步骤 4：单击工具栏上的 ▶ 按钮运行，在右侧代码窗口输入过程 Private Sub Link_Click
（），输入以下代码。

```
Private Sub Link_Click()                                '创建输入/输出域并连接变量
Dim objA As HMIIOField
Dim objEvent As HMIEvent
Dim objDConnection As HMIDirectConnection
Dim objVariableTrigger As HMIVariableTrigger
Dim strHMIIOFieldName As String,strVariableName As String
Dim i As Long,j As Long,k As Long
k=0
For j=0 To 19
    For i=0 To 39
    strHMIIOFieldName="a"+ Str(j)+ Str(i)               '输入/输出域的名称
      Set objA = ActiveDocument.HMIObjects.AddHMIObject(strHMIIOFieldName,
      "HMIIOField")
      With objA                                        '输入/输出域的尺寸
          .Top=i *  20
          .Left=50 *  j
          .Height=20
      End With
      strVariableName="MyTag"& k
      '连接输入/输出域的输出值到变量
      Set objVariableTrigger=
  objA.OutputValue.CreateDynamic(hmiDynamicCreationTypeVariableDirect,str-
  VariableName)
      objVariableTrigger.CycleType=hmiVariableCycleType_1输入/输出域的刷新周期
      k=k + 1
      Next
Next
Set objA=Nothing
Set objVariableTrigger=Nothing
End Sub
```

步骤 5：单击工具栏上的 ▶ 按钮运行，如图 14-47 所示。

检查执行结果如下：

1）在变量管理器的 Connection1 连接的 Group 变量组中，有 800 个变量，变量名称为
MyTag0~MyTag799，类型为有符号 16 位值，地址为 MW0~MW1598。

2）在新建画面中，有 40 行、20 列的输入/输出域矩阵，分别对应变量 MW0~MW1598，
更新周期为 1s。

3. VBA 代码架构

上述示例中的 VBA 代码是基于某个画面的。在 VBA 的浏览窗口中，根据 VBA 代码的
位置确定其功能的应用范围，即 VBA 代码是仅在一个画面中可用，在当前项目中可用还是

图 14-47　编写执行 VBA 代码

在所有项目中都可用，如图 14-48 所示。

1) 全局 VBA 代码：写入到 GlobalTemplate-Document 的 VBA 代码，应用于当前计算机上的所有 WinCC 项目。该 VBA 代码保存在<WinCC 安装目录下>\ Templates \ @ GLOBAL. PDT 文件中。如果需要移植此 VBA 代码到其它计算机上，可使用 VBA 编辑器中的导出和导入功能。

2) 当前项目的 VBA 代码：写入到 Project-TemplateDocument 的 VBA 代码，应用于当前 WinCC 项目。该 VBA 代码保存在每个 WinCC 项目根目录下的 @ PROJECT. PDT 文件中。@ PRO-JECT. PDT 文件包含@ GLOBAL. PDT 文件的引用，即在 ProjectTemplateDocument 中可以直接调用 @ GLOBAL. PDT 文件中的函数和过程。

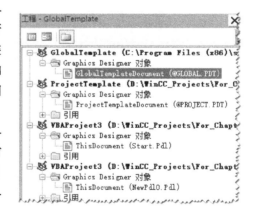

图 14-48　全局/项目/画面的 VBA

3) 特定画面的 VBA 代码：写入到 This Document 的 VBA 代码，仅应用于当前特定画面。该 VBA 代码连同该画面一起另存为 PDL 文件。该 PDL 文件包含@ PROJECT. PDT 文件的引用，即在 This Document 文件中可以直接调用@ PROJECT. PDT 文件中的函数和过程，但不能调用 "@ GLOBAL. PDT" 文件中的函数或过程。

提示: 当执行 VBA 代码时,先执行特定画面的 VBA 代码,然后执行当前项目的 VBA 代码。如果您调用了同时包含在 This Document(特定画面)和 ProjectTemplateDocument(当前项目)的 VBA 代码,则只会执行 This Document(特定画面)的 VBA 代码。这样可防止 VBA 函数执行两次,导致系统出错。

14.4.2　在 Configuration Studio 中应用 VBA

自 WinCC V7.4 起 WinCC Configuration Studio 支持 VBA,在 WinCC Configuration Studio 中可以使用 VBA 创建、更改和删除所有编辑器和组件的数据。

在 WinCC Configuration Studio 中,通过"工具>Visual Basic 编辑器",打开 VBA 编辑器,如图 14-49 所示。

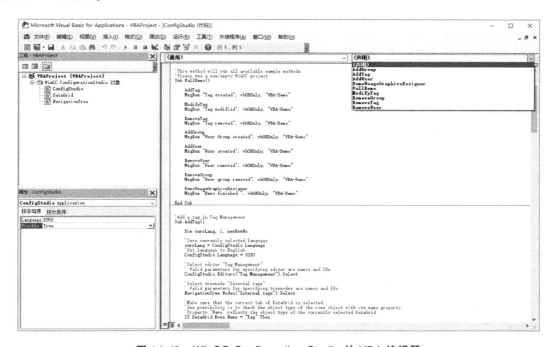

图 14-49　WinCC Configuration Studio 的 VBA 编辑器

在 WinCC Configuration Studio 的对象 ConfigStudio 的代码中,系统提供了示例代码,在实际的项目组态中可以参考。可通过名称或索引选择 WinCC Configuration Studio 中的 WinCC 编辑器、对象和数据记录。

- ConfigStudio. Editors 用于选择编辑器(变量管理、变量记录和报警记录等)。
- NavigationTree. Nodes 用于选择编辑器左侧的子节点。
- DataGrid. Tabs 用于枚举编辑器底部的选项卡。
- DataGrid. UsedRange 用于检测使用中的数据记录或行的数目。
- DataGrid. Rows. Name 用于检测 DataGrid 中的对象类型。

提示: 如果通过 VBA 脚本在 Configuration Studio 中删除单个对象,则与其相关的对象也会被删除。例如删除某个变量组时,其包含的所有变量都会被删除。

14.5　脚本调试和诊断

作为自动化工程的组态软件，WinCC 并非专用于高级语言开发的编程工具，因此在设计脚本时，必须考虑脚本执行效率和系统性能之间的关系。WinCC 脚本系统提供的脚本线程有限，数量过多、功能过于复杂的脚本势必造成线程队列的堵塞，大量脚本在队列里排队等待，逐渐影响 WinCC 运行系统的性能，最终导致宕机。对于过于复杂的功能，建议在 WinCC 中调用动态链接库或使用外部的自定义程序实现。

在检查脚本的执行时，要善于运用脚本的诊断工具和调试方法。因为脚本通常在后台运行，一旦脚本发生错误，不容易被发现，诊断工具能够及时地发现错误，调试方法能够快速地发现问题所在。

14.5.1　使用 GSC 调试和诊断

在项目运行时，常常会发现脚本编译时没有错误，但却没有执行，或没有按照预期的逻辑执行。如果在运行系统中执行和测试脚本，则可以使用 GSC Diagnostics 和 GSC Run Time 快速地显示分析结果。

1. GSC Diagnostics

GSC Diagnostics 用于跟踪显示来自 C 脚本和 VB 脚本的输出结果。

1）使用变量监控。执行在 C 脚本中使用 printf 函数输出变量值和提示信息。项目运行后，可以在 GSC Diagnostics 窗口检查运行结果，在 VBS 中使用 HMIRuntime. Trace 函数也可以实现相同功能。

步骤 1：在变量管理器中，创建变量 DebugTag1，在画面上添加两个按钮。

步骤 2：在第 1 个按钮的单击鼠标事件中，添加 C 动作，输入如下代码：

```
#include"apdefap.h"
void OnClick(char* lpszPictureName,char* lpszObjectName,char* lpszPropertyName)
{
#define DebugTag1"DebugTag1"
DWORD temp;
temp=GetTagDWord(DebugTag1)+1;      //Return-Type:DWORD
SetTagDWord("DebugTag1",temp);      //Return-Type:BOOL
printf("C-Script:DebugTag1 is % d\r\n",temp);
}
```

该按钮的 C 动作如图 14-50 所示。

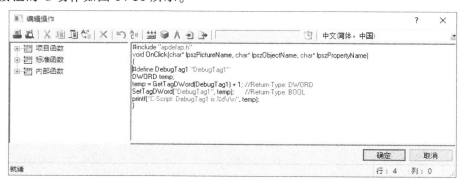

图 14-50　printf 代码

步骤 3：在第 2 个按钮的单击鼠标事件中，添加 VBS 动作，输入如下代码：

```
Sub OnClick(ByVal Item)
    Dim DebugTag1
    DebugTag1=HMIRuntime.Tags("DebugTag1").Read
    DebugTag1=DebugTag1+1
    HMIRuntime.Tags("DebugTag1").Write DebugTag1
    HMIRuntime.Trace"VB-Script:DebugTag1 is"& DebugTag1 & vbNewLine
End Sub
```

该按钮的 VB 动作如图 14-51 所示。

图 14-51　HMIRuntime.Trace 代码

步骤 4：在图形编辑器中右侧的"对象选项板"的"标准"选项卡中，将"智能对象"中的"应用程序窗口"拖拽到画面上。在"窗口内容"对话框中选择"全局脚本"，在"模板"对话框中选择 GSC Diagnotics，如图 14-52 所示。

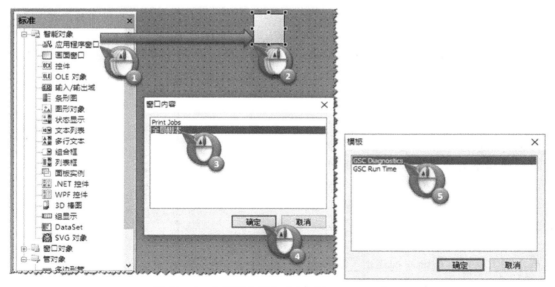

图 14-52　在画面上添加 GSC Diagnostics 窗口

步骤 5：项目运行后，分别单击之前组态的按钮，在 GSC Diagnostics 窗口会显示变量 DebugTag1 的当前值，如图 14-53 所示。

2) 输出诊断错误。

当执行 C 动作发生错误时，运行系统将自动调用 "OnErrorExecute（）" 函数，并将错误信息输出到 GSC Diagnostics 窗口中。

例如，在上述 1) 中的步骤 2 中，输入第四行引号中的 WinCC 变量时出现错误，即误将 "DebugTag1" 输入为不存在的变量 "DebugTag!"，项目运行后，在 GSC Diagnostics 窗口会显示相关的错误描述，如图 14-54 所示。

当执行 VBS 动作发生错误时，运行系统也将 MS VBScript 运行时错误信息输出到 GSC Diagnostics 窗口中。

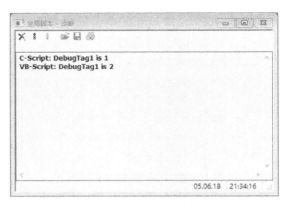

图 14-53　GSC Diagnostics 窗口监控变量

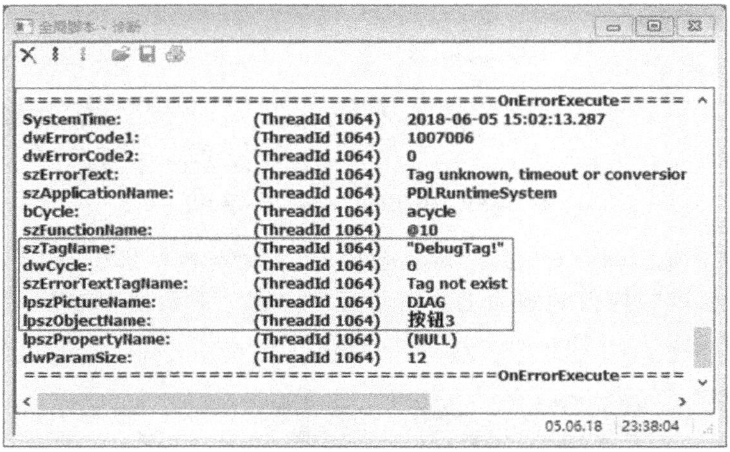

图 14-54　GSC Diagnostics 窗口显示 OnErrorExecute 错误信息

例如，在上述 1) 中的步骤 3 中，未输入第三行中变量 DebugTag1 的方法，即 ".read"，项目运行后，在 GSC Diagnostics 窗口会显示相关的错误描述，如图 14-55 所示。

2. GSC Run Time

GSC Run Time 用于在运行系统中显示所有全局脚本动作的动态行为。此外，还可以在运行期间使用 GSC Run Time 控制每个单独动作的执行并提供对全局脚本编辑器的访问。在项目执行中，可能会发现某些全局动作滞后于更新周期执行，或根本不再执行。通过下面的示例模拟上述现象。

步骤 1：创建 C 脚本全局动作 SleepDelay，输入如下代码，实现变量 DebugTag1 的自加 1 功能，使用函数 Sleep 模拟延时 10s，更新周期为 1s，如图 14-56 所示。

图 14-55　GSC Diagnostics 窗口显示 MS VBScript 运行时错误信息

```
#include"apdefap.h"
int gscAction(void)
{
#pragma code("Kernel32.dll")
void Sleep(int Milliseconds);
#pragma code()
#define DebugTag1"DebugTag1"
DWORD temp;
temp=GetTagDWord(DebugTag1)+1;        //Return-Type:DWORD
SetTagDWord("DebugTag1",temp);        //Return-Type:BOOL
printf("C-Script:DebugTag1 is % d\r\n",temp);
Sleep(10000); //time in milliseconds
return 0;
}
```

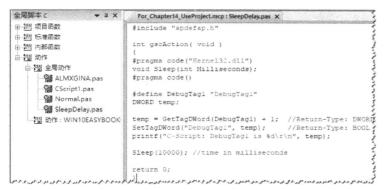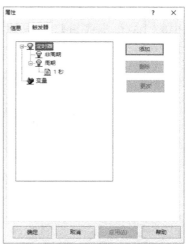

图 14-56 组态延时功能的全局脚本

步骤 2：创建 C 脚本全局动作 Div0，输入如下代码，实现变量 DebugTag2 的自加 1 功能，模拟除数为 0 的错误，更新周期为 1s，如图 14-57 所示。

```
#include "apdefap.h"
int gscAction(void)
{
#define DebugTag2 "DebugTag2"
DWORD temp;
temp=GetTagDWord(DebugTag2)+1;      //Return-Type: DWORD
SetTagDWord("DebugTag2", temp);      //Return-Type: BOOL
printf("C-Script: DebugTag2 is % d\r\n", temp/0);
return 0;
}
```

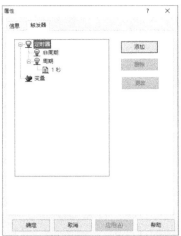

图 14-57　组态除数为 0 的全局脚本

步骤 3：在图形编辑器中右侧的"对象选项板"的"标准"选项卡中，将"智能对象"中的"应用程序窗口"拖拽到画面上，在"窗口内容"对话框中选择"全局脚本"，在"模板"对话框中选择 GSC Run Time，如图 14-58 所示。

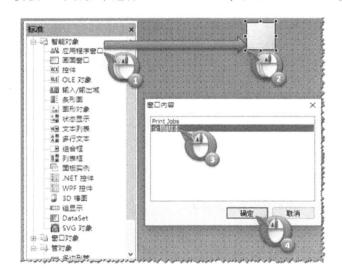

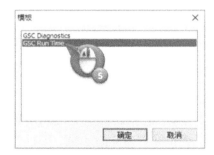

图 14-58　在画面上添加 GSC Run Time 窗口

步骤 4：项目运行后，在 GSC Run Time 窗口会显示全局脚本 SleepDelay 和 Div0 的"激活时间间隔"，即更新周期不再是 2s，而是都大于等于 10s。在 GSC Diagnostics 窗口中，出现除数为 0 错误的 szFunctionName 为 @ 44，@ 44 为全局脚本的 ID，在 GSC Run Time 窗口中，ID 为 @ 44d 的全局动作对应的是 Div0. pas。右键单击"动作"栏中的全局动作，可以选择编辑该全局动作，也可以手动开始或结束该全局动作，如图 14-59 所示。

　　提示：全局动作的 ID 号并不固定，每次运行的结果不尽相同。C 脚本的全局动作的前缀是@，VB 脚本的全局动作的前缀是#。

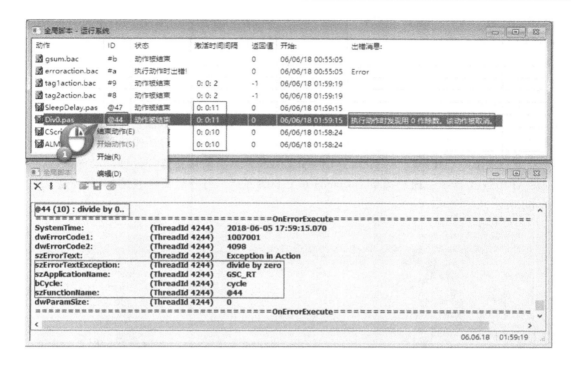

图 14-59　GSC Run Time 窗口显示全局脚本执行状态

　　验证结果和脚本系统原理都充分说明：全局脚本的各个动作同时运行在同一个缓冲区队列中，如果其中一个动作发生堵塞，会影响另外一个动作。如果在全局动作中定义标准触发器作为触发条件，则无论动作是否正在执行，动作都会每秒触发。如果在定义的标准时间触发器的时间内的全局动作不能执行完毕，或者缓冲区队列中还有其它动作未执行，都会导致该动作和其它的到期动作不能及时运行，这些动作都会被写入缓冲区队列，等待该动作完成后再依次执行。所以，在组态全局动作时，一定要避免死循环等程序错误。

　　为了优化全局动作的执行效率，可以使用变量事件触发动作。即定义一个触发器确定变量受监视的时间频率，在这种情况下动作仅在触发变量实际发生改变时才会执行该动作。这不仅能加快画面对象的更新速度，同时也能提高画面的切换速度。

　　提示：如果类似上述的全局动作循环重复，那么所有不能立刻执行的动作都会进入缓冲区队列，直至到达上限 10000 条时，缓冲区队列溢出，相关的错误信息就会在诊断文件中产生（... \ Siemens \ WinCC \ Diagnostics \ WinCC_ Sys_ xx. log）。

14.5.2　APDiag

　　诊断工具 ApDiag 支持对 C 脚本的运行故障和性能问题的分析。ApDiag. exe 主要提供以下功能：

- 监控动作的运行和等待队列的积累情况。
- 提供与系统有关的诊断信息，并设置不同类型诊断信息的输出。
- 设置跟踪条目的等级，并输出诊断过程生成的跟踪条目。

Apdiag. exe 位于 WinCC 的安装目录下 "...\Siemens\WinCC\Utools" 文件夹中，WinCC 项目运行后，即可运行 Apdiag 工具进行诊断。使用 APDiag 工具可以帮助快速分析和定位复杂项目中引起堵塞的脚本函数，下面将介绍三种常用的方法。

1. 监视和检测缓冲区队列中动作的运行和等待的积累

通过内部变量组 Script 中的变量，可以监视全局动作的当前执行情况。

● @SCRIPT_COUNT_TAGS 表示当前通过脚本请求的变量的数量。

● @SCRIPT_COUNT_REQUEST_IN_QUEUES 表示当前请求的动作数量。

● @SCRIPT_COUNT_ACTIONS_IN_QUEUES 表示当前正在等待处理的动作数目。

在 APDiag 工具中，通过菜单 "Diagnostics>FillTags"，打开对话框，选择 OnTags on，如图 14-60 所示。

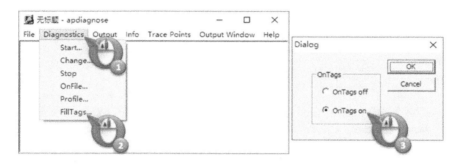

图 14-60　打开监视变量

在 Configuration Studio 中的变量管理器中，可以监控上述 3 个变量，如图 14-61 所示。

变量管理 «		变量 [Script]	
⊟ 变量管理		名称	值
⊟ 内部变量	1	@SCRIPT_COUNT_ACTIONS_IN_QUEUES	1314
AutoAddGroup	2	@SCRIPT_COUNT_REQUESTS_IN_QUEUES	0
Horn	3	@SCRIPT_COUNT_TAGS	5
ProcessHistorian	4		
Script	5		

图 14-61　监视变量

如果发现变量 @SCRIPT_COUNT_ACTIONS_IN_QUEUES 的值逐渐增大，则说明缓冲区队列中等待执行的动作数量就越来越多，这时就需要进一步检测缓冲区队列的执行效率。

在 APDiag 工具中，通过菜单 "Diagnostics>Profile"，打开 Profile 对话框，选择 Profile On，在 Check the Request/Action Queues 中输入 Scan Rate 和 Gradient 的相关值。例如，Scan Rate 为 10，Gradient 为 7，即每隔 10 次新增动作请求，将检查等待队列是否以 7 个以上的数目增加；也就是只处理了不到 3 个请求，诊断信息将输出到 Output Window，如图 14-62 所示。

在 Output Window 中，打开输出窗口，一旦全局脚本的执行效率低于上述设置，则相关的报警信息将输出，在本例中扫描了 10 个全局动作，全部没有执行，说明等待队列已经完全堵塞，如图 14-63 所示。

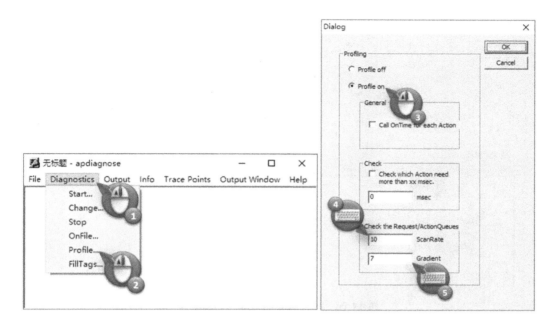

图 14-62　设置 ScanRate 和 Gradient

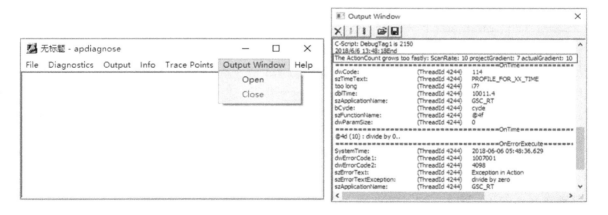

图 14-63　输出窗口

提示： 除了全局动作之外，画面中周期执行的脚本也在检查的范围内。

2. 定位超时动作

通过上述步骤可以判断缓冲区队列中确实存在堵塞的趋势，这就需要寻找引起堵塞的原因，即定位超时的 C 动作。

在 APDiag 工具中，通过菜单 "Diagnostics>Profile"，打开 Profile 对话框，选择 Profile On 和 Check which Action need more than xx msec，并输入检测的执行时间（以 ms 为单位）为 5000，如图 14-64 所示。

在 Output Window 中，打开输出窗口，运行时间大于设置时间的所有动作的运行时间均

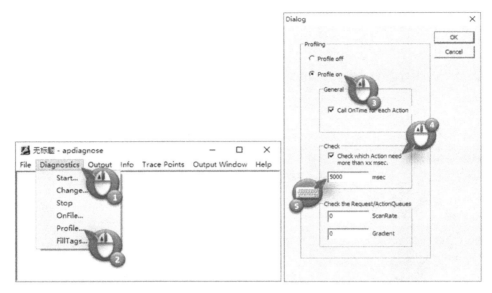

图 14-64　设置检查超过 5s 的 C 动作

将输出，如图 14-65 所示。

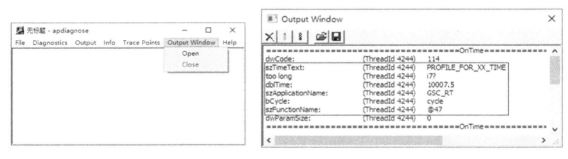

图 14-65　在输出窗口中检查超过 5s 的 C 动作

其中，dblTime 为 10007.5ms，szFunctionName 为 @ 47，对应于图 14-53，得出结论：全局动作 SleepDelay 超时。

> **提示**：如果因缓冲区队列完全堵塞而导致脚本系统宕机，dblTime 很可能没有实际执行时间的输出。

3. 分析超时脚本中引起堵塞的函数

可以将当前正在处理的动作的调用堆栈信息输出到文本文件中，如果脚本发生堵塞时，当前正在处理的动作即为正在发生堵塞的动作，该动作堵塞了其它需要处理的动作。

在 APDiag 工具中，通过菜单 "Info>First Action"，打开 "另存为" 对话框，选择相应的存储路径和文件名称，保存堆栈文件（记录该动作的执行信息），如图 14-66 所示。

如果正在执行的 C 动作很多，参考堆栈文件能快速定位到发生堵塞的动作脚本，打开堆栈文件，可以从中分析该动作中发生堵塞的函数，如图 14-67 所示。

从堆栈文件的诊断信息可以看出，当前发生堵塞的动作 ID 是 "@ 1d5"，在 GSC Run

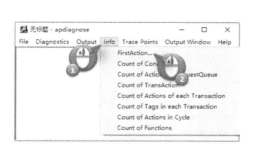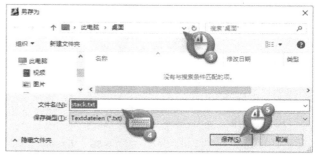

图 14-66 输出堵塞动作的堆栈文件

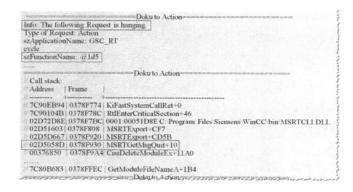

图 14-67 堆栈文件

Time 可以查询对应的全局动作的名称,可以找到发生堵塞的具体函数名称为:MSRTGetMs-gQuit。

> **提示**:各个诊断功能均可关闭或打开,要及时关闭不用的诊断功能,以避免在运行系统运行期间降低系统性能。

上述介绍的所有用于诊断的代码、对象和相关选项,应该在项目调试结束后移除或禁用,以避免在运行系统运行期间降低系统性能。

14.5.3 VB 脚本的调试和诊断

1. 调试和诊断工具

在 WinCC V7.2 及以前版本中,用于 VB 脚本的调试和诊断工具如下:

- Microsoft Script Debugger (可以从微软网站上下载)。
- InterDev (微软早期的网站应用开发工具)。
- Microsoft Script Editor (MSE) Debugger (包含于 Microsoft Office 软件中)。

从 WinCC V7.4 开始,使用 Microsoft Visual Studio 作为 VB 脚本的调试和诊断工具。默认情况下,Microsoft Visual Studio 并没有随 WinCC 一起安装,但系统已将安装文件复制到磁盘分区 C 或 D 的 VS 2008 Shell Redist 目录下。运行安装文件 VS 2008 Shell Redist \ Integrated Mode \ Vside. enu. exe,如图 14-68 所示。

参照说明进行操作,接受默认设置,安装完毕后,在"开始"菜单中将出现 Microsoft

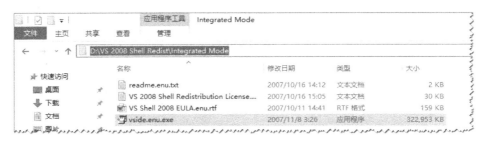

图 14-68　Visual Studio 2008 的安装

Visual Studio 2008，如图 14-69 所示。

提示：如果系统已经安装了另一个 Visual Studio 版本，例如 Microsoft Visual Studio 2010，则可以使用该版本，而不必安装 WinCC 自带的 Visual Studio 2008 版本。

图 14-69　Visual Studio 2008 已安装

调试和诊断工具的功能如下：

- 查看脚本源代码。
- 逐步调试脚本。
- 显示及修改变量和属性值。
- 检查和监视脚本进程。

2. 使用 Visual Studio 调试 VB 脚本

以 14.2.3 节 VB 脚本的动作中的 2. 全局 VBS 动作中的示例为例，介绍使用 Visual Studio 的调试方法。

步骤 1：在 WinCC 项目管理器的浏览窗口中，右键单击"计算机"；在快捷菜单中，选择"属性"；在"计算机属性"对话框中，选择"运行系统"选项卡；在"VBS 调试选项>全局脚本"中，选择"启动调试程序"，如图 14-70 所示。

图 14-70　启动 VBS 全局脚本的调试选项

步骤 2：WinCC 项目运行后，如果是首次启动调试程序，"Visual Studio Just-In-Time Debugger"对话框将打开，选择条目"New instance of Visual Studio 2008"，并指定"Visual Studio 2008"为默认调试程序，如图 14-71 所示。

步骤 3：选择 Yes 后，Visual Studio 编辑器会自动打开并置于前台，在右侧 Solution Explorer 窗口中双击之前组态的求和的全局动作，其 VB 脚本代码将出现在左侧的 VBScript 窗口，在需要调试的代码的左侧单击，设置断点，如图 14-72 所示。

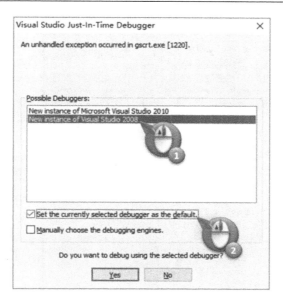

图 14-71　设置 Visual Studio 2008 为默认调试程序

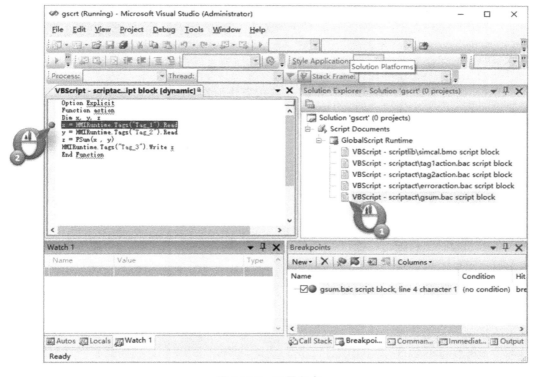

图 14-72　设置断点

步骤 4：修改项目中 Tag_1 或 Tag_2 的数值，用于触发 VBS 全局动作的执行，设置断点的代码出现黄色背景，即全局动作已处于调试状态。在左下角的调试窗口中选择 Locals 选项卡，选中需要监视数值的变量 x，y，z，右键单击并选择快捷菜单中的 Add Watch，如图 14-73所示。

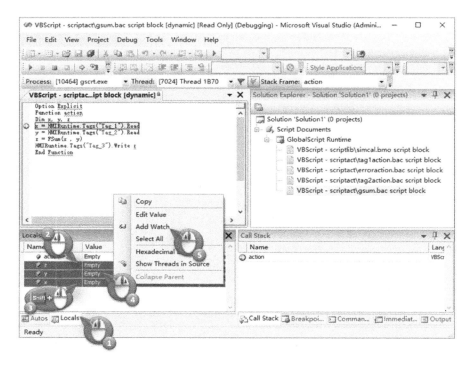

图 14-73　添加监视变量

步骤 5：选择菜单"Debug>Step Into"，或按下快捷键 F11，进行逐步调试，可以在调试窗口的 Watch1 选项卡中监视变量值，如图 14-74 所示。

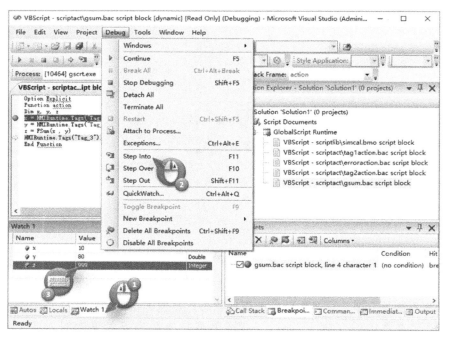

图 14-74　逐步调试

提示：显示在 VBScript 窗口中的代码是只读的，不能在调试过程中直接更改代码，但可以在必要时修改监视变量。在本例中原本 z＝x+y＝90，手动将 z 修改为 999 后，在运行系统中 Tag_3 的值为 999，而不是 90。

3. 使用 Visual Studio 诊断 VB 脚本

以 14.5.1 节使用 GSC 调试和诊断中的 1. GSC Diagnostics 中错误的 VBS 动作为例，下面将介绍使用 Visual Studio 的诊断方法。

步骤 1：在 WinCC 项目管理器的导航栏中，右键单击"计算机"；在快捷菜单中，选择"属性"；在"计算机属性"对话框中，选择"运行系统"选项卡；在"VBS 调试选项>图形"中，选择"启动调试程序"，如图 14-75 所示。

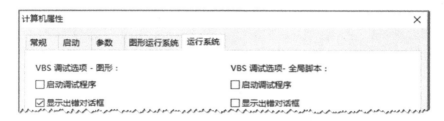

图 14-75   启动 VBS 图形脚本的诊断选项

步骤 2：在相应画面上，单击组态的按钮触发该 VBS 动作，系统会弹出运行时错误对话框，如图 14-76 所示。

图 14-76   运行时错误对话框

步骤 3：选择"是"后，如果是首次启动调试程序，"Visual Studio Just-In-Time Debugger"对话框将打开，选择条目"New instance of Visual Studio 2008"，并指定"Visual Studio 2008"为默认调试程序。Visual Studio 编辑器将打开，并置于前台后，系统会弹出错误信息，如图 14-77 所示。

步骤 4：选择 Break，开始诊断代码中的错误。

提示：选择 Continue，退出诊断模式，Visual Studio 编辑器将置于后台，项目继续运行；选择 Ignore，忽略当前错误代码，向后继续执行代码。

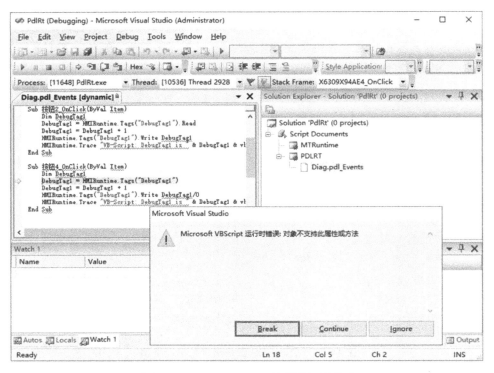

图 14-77　Visual Studio 编辑器诊断选项

14.6　脚本应用示例

下面将通过 3 个示例进一步介绍 VB 脚本、C 脚本和 VBA 的应用。

- 在脚本中，变量同步/异步读写的功能和区别。
- 根据登录用户确定是否禁用 Windows 热键。
- 批量修改已经组态的画面对象的属性。

14.6.1　变量异步/同步读写的分析和示例

使用 C 脚本和 VB 脚本均可实现对外部变量进行同步/异步读写。

1. 异步读写

以使用 C 脚本中异步读取函数 GetTagXX 向 S7 PLC 读取数据为例，第一次读取变量时，需要向 PLC 发送请求，并且将该过程变量注册到 WinCC 内部的数据映像区，因此异步读取比同步读取的第一次读取耗时更长。此后，映像区中的变量周期地从 PLC 请求数据，再次读取变量时，直接将映像区中的数据返回，这样异步读取比同步读取的后续读取耗时更短。关闭画面时，映像区中的变量注销；如果变量是在全局脚本动作中请求的，在 WinCC 运行期间，变量始终保留在映像区中注册的状态。异步读取 PLC 数据的原理如图 14-78 所示。

从图 14-78 可知：

1）在画面、全局脚本中循环读取外部变量，使用变量作为触发器，则映像区数据和 PLC 之间的数据更新周期为触发变量采集周期（标准周期）的 1/2。

2）在全局脚本中循环读取外部变量，使用标准周期作为触发器，则映像区数据和 PLC

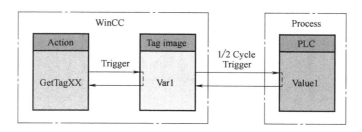

图 14-78　异步读取 PLC 数据的原理图

之间的数据更新周期为全局脚本触发周期的 1/2。

　　3）映像区中的变量周期性从 PLC 请求数据，增加了 WinCC 系统的基本负荷。

　　C 脚本和 VB 脚本中异步读取函数或方法见表 14-3。

表 14-3　C 脚本和 VB 脚本中异步读取函数或方法

编程语言	异步读取	异步写入
C 脚本	GetTagXX	SetTagXX
VB 脚本	. Read/. Read(0)/. Read 0	. Write/. Write(0)/. Write 0

　　提示： 由于异步写入，仅将数据写入到缓冲区，且并不通过返回值确认操作是否成功执行，然后继续执行后续脚本，所以有可能出现异步写入操作执行完毕，但 PLC 的数据却没有变化。

　　2. 同步读写

　　以使用 C 脚本中同步读取函数 GetTagWaitXX 向 S7 PLC 读取数据为例，该方式直接从 AS 系统读取变量值。使用同步方式读取变量时，比异步方式读取将花费更长的时间；所需的时间取决于 PLC 的系统性能和网络通信负荷。同步读取 PLC 数据的原理如图 14-79 所示。

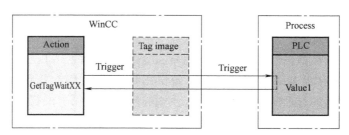

图 14-79　同步读取 PLC 数据的原理图

　　从图 14-79 中可知，同步读取和数据缓冲区无关，数据读取为直接的“一问一答”方式。

　　C 脚本和 VB 脚本中同步读取函数或方法见表 14-4。

表 14-4　C 脚本和 VB 脚本中同步读取函数或方法

编程语言	同步读取	同步写入
C 脚本	GetTagWaitXX	SetTagWaitXX
VB 脚本	Read(1)/. Read 1	. Write(1)/. Write 1

提示：由于同步读写操作执行完毕之后，即同步读写函数或方法的返回值有效之后，脚本才会继续执行，否则就会挂起等待。如果同步读写操作的变量过多，则造成脚本延时以至于堵塞。因此为了避免上述问题，在周期触发的画面动作和全局动作中不要使用同步读写操作。同步读写操作仅用于需要快速读写以实现某些特定功能。

3. 多个变量的异步读写

为优化编程结构，减少代码数量，VB 脚本和 C 脚本支持一次性读写多个变量。

在 VB 脚本中，实现多个变量的异步读写，需要使用集成了多个变量的对象 TagSet，可以参考以下代码。

```
Dim group
Set group=HMIRuntime.Tags.CreateTagSet
group.Add "Motor1"
group.Add "Motor2"
group.Read
HMIRuntime.Trace "Motor1: " & group("Motor1").Value & vbNewLine
HMIRuntime.Trace "Motor2: " & group("Motor2").Value & vbNewLine
group.Read 1
```

在 C 脚本中，通过函数 GetTagMultiXX 和 SetTagMultiXX 实现多个变量的异步读写。具体示例可以参考条目 ID 26710242/26712371。

提示：在 C 脚本中，使用函数 GetTagMultiXX 和 SetTagMultiXX 实现多个变量的异步读写时，建议先调用 SysMalloc 分配内存，而后再调用 SysFree 释放内存。如果未调用 SysFree 函数，会导致程序内存不断上涨，最终可能会引起内存泄漏而导致系统性能的下降。

使用 VB 脚本和 C 脚本也均可实现对内部变量进行同步/异步读写，但内部变量的同步和异步读写在性能上没有明显差别。

14.6.2　调用 DLL 的函数

可以在 WinCC 的 C 函数和 C 动作中调用第三方或自定义的 DLL（动态链接库）中的函数，以扩展和增强现有脚本系统的功能，例如使用自定义的 DLL 实现与第三方设备通信，但使用 VB 创建的 DLL 不能被 WinCC 调用。下面将根据登录用户的权限判断是否禁用 Windows 快捷键为例，介绍 C 动作调用 DLL 的方法。

步骤 1：在 WinCC 项目管理器的"计算机属性"的"参数"选项卡中，选择"禁用用于进行操作系统访问的快捷键"。

步骤 2：在用户管理中，为具备使用 Windows 快捷键的用户新建并分配权限等级为 18 的权限"操作系统"，如图 14-80 所示。

步骤 3：在全局脚本的 C 编辑器中，创建全局动作，输入如下代码，如图 14-81 所示。

```
#include "apdefap.h"
int gscAction(void)
{
```

图 14-80　分配权限等级

```
#pragma code ("UseAdmin. DLL")
#include "pwrt_api. h"
#pragma code()
#pragma code ("ALMXGINA. DLL")
BOOL SetXGinaValue(unsigned int uiKey, BOOL * pbEnable, DWORD dwSize);
#pragma code()
BOOL  bEnable;
BOOL bOK;
#define XGINA_ALLOW_CTL_ALT_DEL    3
bEnable = PWRTCheckPermission(18, TRUE);
bOK = SetXGinaValue(XGINA_ALLOW_CTL_ALT_DEL    , &bEnable, sizeof(bEnable));
printf("#I101: SetXGinaValue()-bEnable =% d   bOK =% d   (lock/unlock windows
keys)\r\n", bEnable, bOK);
return 0;
}
```

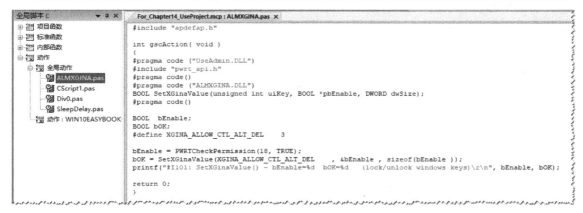

图 14-81　在全局动作中调用 DLL

其中，UseAdmin. DLL 是 WinCC ODK 提供的动态链接库，其包含的函数 PWRTCheck-Permission 用于检测当前用户是否具备相应的权限等级；ALMXGINA. DLL 是 Windows 提供的动态链接库，定义了不同 Windows 快捷键所对应的键值，其包含的函数 SetXGinaValue 用于设置相应键值的 Windows 快捷键是否可用，在本例中，快捷键〈CTRL+ALT+DEL〉所对应的键值是 3。

在调用 DLL 时，必须熟悉 DLL 所包含的函数的使用，ALMXGINA.DLL 的相应键值见表 14-5。

表 14-5　ALMXGINA.DLL 的键值

快捷键	键值	注释
XGINA_ALLOW_SHUTDOWN	1	关闭操作系统
XGINA_ALLOW_LOGOUT	2	注销当前用户
XGINA_ALLOW_CTRL_ALT_DEL	3	切换操作系统管理画面
XGINA_ALLOW_CTRL_ESC	4	打开"开始"菜单（Windows 键）
XGINA_ALLOW_ALT_ESC	5	切换到上一应用程序窗口
XGINA_ALLOW_ALT_TAB	6	切换到其它应用程序窗口

步骤 4：在工具栏中，单击  按钮，打开"属性"对话框，选择"触发器"选项卡，添加变量内部变量 @CurrentUser 作为触发变量，在"标准周期"栏相应位置上双击，在更新列表中选择"有变化时"，如图 14-82 所示。

14.6.3　批量定义变量和对象

设想以下应用场景，在画面上配置的大量的对象都是采用默认的更新周期，或更新周期各不相同，如果需要进行统一的修改，手动修改将费时费力，在这种情况下，VBA 可以轻松地实现批量修改。

步骤 1：参考：14.4.1 在图形编辑中应用 VBA 的 2."图形编辑器中的 VBA 示例"，在图形编辑器提供的 Visual Basic 编辑器的左侧工程资源管理器中，双击 ThisDocument（所属新建画面），在右侧代码窗口输入如下代码。

图 14-82　设置 @CurrentUser 作为触发变量

```
Sub ChangeTrigger()                           '修改更新周期
Dim colSearchResults, objMember, iResult
Set colSearchResults = ActiveDocument.HMIObjects.Find(ObjectName:="*", Ob-
jectType:="HMIIOField")                       '查找所有输入/输出域
    iResult=colSearchResults.Count
MsgBox "Objects: " & CStr(iResult) & vbCrLf
For Each objMember In colSearchResults         '枚举所有输入/输出域
        objMember.Properties("OutputValue").Dynamic.CycleType=
        hmiVariableCycleType_uponchange       '更改刷新周期为有变化时
        objMember.Selected=True
        Next objMember
MsgBox "Done"
End Sub
```

步骤 2：单击工具栏上的 ▶ 按钮，运行，如图 14-83 所示。

图 14-83　编写执行 VBA 代码

检查执行结果，系统弹出消息框，画面中的输入/输出域合计为 800 个，如图 14-84 所示。画面上 800 个输入/输出域的更新周期统一修改为"有变化时"。

图 14-84　消息框统计结果

第 15 章 审 计 追 踪

SIMATIC WinCC Audit 作为 WinCC 的选件，其主要用途是使 WinCC 的项目具有操作记录及审计追踪的功能。配合 SIMATIC Logon，还可以使项目具有电子签名的功能。通过使用该选件，可以使 WinCC 项目更加方便、快捷地符合 FDA 及 GMP 的相关法律、法规的要求。学习本章内容后，可以按照 15.6 节描述的步骤，制作一个 SIMATIC WinCC Audit 的功能示例项目，从而全面地理解 Audit 在 WinCC 项目中的功能和作用。

通过对本章的学习，可以完成如图 15-1 所示的 WinCC Audit 示例项目。本示例项目模拟了某化工厂工艺流程的监控系统。在本监控系统中，用户拖动滑块可以设定液位的设定值，同时操作滑块所设定的数值将会记录在 Audit 的数据库中；当液位的实际值发生变化时，变化的新、旧值也将记录；操作员单击打开阀门的按钮时，需要进行电子签名，签名正确后，阀门才能打开；单击关闭阀门的按钮时，需要输入注释；当操作员修改填充次数时，需要进行电子签名，同时修改前后的新、旧值也将被记录。这些操作和注释都将记录在 Audit 的数据库中，在另外一个画面可以查看这些记录。

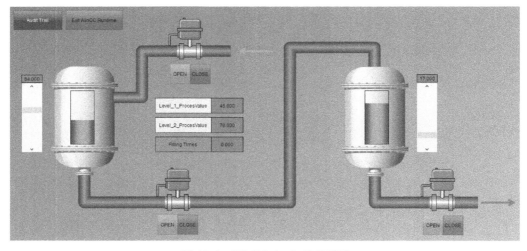

图 15-1　WinCC Audit 演示项目

提示：读者可以在下述网址下载完整的示例项目。
www. wincc. com. cn\winccbook

通过这个项目，读者可以了解到以下内容。
- Audit 的组态与配置。
- 如何记录 WinCC 项目的组态内容。
- 如何记录 WinCC 项目的运行内容。
- 如何操作文档控制及项目版本化（Document Control & Project Versioning）。

- 如何组态 SIMATIC Logon。
- 如何编写电子签名的脚本。
- 如何在 Audit 查看器（Audit Viewer）中查看记录的 Audit 日志（Audit Trail）。

15.1 SIMATIC WinCC Audit 介绍

SIMATIC WinCC Audit 是 WinCC 的选件之一，其主要功能用来记录 WinCC 工程组态的变更，以及 WinCC 运行系统的用户操作。记录的内容可以在 Audit 查看器中查看。如果记录的内容被篡改，那么被篡改的条目在 Audit 查看器中会有明显的区分。

15.1.1 相关法规

FDA 是美国卫生部下属的药品授权许可的权威机构，1927 年成立于罗克维尔（马里兰），其任务是保护美国公众的健康。FDA 制定了人类和动物医药产品、生物制品、医疗产品、食品及放射性产品的安全和效力，该规则适用于在美国生产的产品和进口产品。FDA 的标志如图 15-2所示。

图 15-2 FDA 标志

在许多行业领域，生产数据的可追踪性及其文档变得愈加重要，如医药行业、食品和饮料行业以及相关机械工程领域。以电子形式存储生产数据与书面文档相比具有许多优点，如采集和记录数据更方便等，但是保证数据不被篡改并可以随时阅读也很重要。为此，已经制订了有关产品数据电子文档的行业专用标准和通用标准。其中最重要的一套法规是由美国食品和药物管理局（FDA）发布的针对电子数据记录和电子签名的 FDA 准则 21 CFR PART 11，对于一些特定行业，同时还适用各种欧盟法规（如 EU 178/2002）。目前，已基于 21 CFR PART 11 制定了针对这些行业的生产系统要求，其相应的规范符合 GMP（优良生产规范），其它行业也同样必须满足这些要求。

在 1997 年 8 月 20 日，FDA 规则中关于电子记录和签名的 21 CFR PART 11 被强制执行。21 CFR PART 11（简称 PART 11）规定使用电子记录和电子签名取代在纸张表格上手写签名作为 FDA 的验收标准。FDA 网站中显示的 21 CFR PART 11 如图 15-3 所示。

New Search	Help | More About 21CFR

TITLE 21--FOOD AND DRUGS
CHAPTER I--FOOD AND DRUG ADMINISTRATION
DEPARTMENT OF HEALTH AND HUMAN SERVICES
SUBCHAPTER A--GENERAL

PART 11 ELECTRONIC RECORDS; ELECTRONIC SIGNATURES

Subpart A--General Provisions
§ 11.1 - Scope.
§ 11.2 - Implementation.
§ 11.3 - Definitions.
Subpart B--Electronic Records
§ 11.10 - Controls for closed systems.
§ 11.30 - Controls for open systems.
§ 11.50 - Signature manifestations.
§ 11.70 - Signature/record linking.
Subpart C--Electronic Signatures
§ 11.100 - General requirements.
§ 11.200 - Electronic signature components and controls.
§ 11.300 - Controls for identification codes/passwords.

Authority: 21 U.S.C. 321-393; 42 U.S.C. 262.
Source: 62 FR 13464, Mar. 20, 1997, unless otherwise noted.

图 15-3 21 CFR PART 11

药品生产质量管理规范 GMP（Good Manufacture Practice of Drugs）是药品生产和质量管理的基本准则，适用于药品制剂生产的全过程和原料药生产中影响成品质量的关键工序。大力推行药品GMP，是为了最大限度地避免药品生产过程中的污染和交叉污染，降低各种差错的发生，是提高药品质量的重要措施。GMP 的标志如图 15-4 所示。

图 15-4　GMP 图标

国际药物工程协会（ISPE）从确保计算机化系统既能满足预定用途，又能符合 GxP 法规要求出发，组织专家编写了一套简称为GAMP 的方法性指南文件，该指南从 1995 年第一版开始到 2008 年，已经更新出版了 5 版，即为 GAMP 5。

GMP 环境下对计算机化系统的要求覆盖了整个计算机化系统的生命周期，如图 15-5 所示，其主要包括以下内容：

- 系统设计和规格制定。
- 访问控制和用户管理。
- 电子签名。
- 审计追踪和变更控制。
- 数据归档。
- 电子记录。
- 数据备份。
- 系统备份恢复。

国家食品药品监督管理总局（CFDA）在 2015 年发布了《药品生产质量管理规范（2010 年修订)》计算机化系统和确认与验证两个附录的公告，作为《药品生产质量管理规范（2010 年修订)》配套文件，自 2015 年 12 月 1 日起施行。CFDA 的标志如图 15-6 所示。

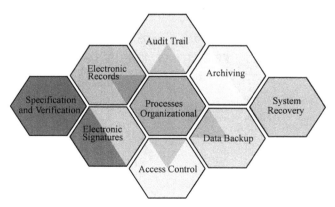

图 15-5　GMP 对计算机化系统的要求

图 15-6　CFDA 图标

这里需要强调，并不是项目中使用了 Audit，整个项目或系统就可以满足上述相关法律、法规而直接获得相关认证，而是使用了 Audit 之后，可以使该项目或系统更加方便、快捷地满足相关法律、法规所定义的某些条款。

15.1.2　SIMATIC WinCC Audit 介绍

Audit 选件主要包括 4 个组件，见表 15-1。

表 15-1　Audit 的组件

组件	描　　述	是否需要安装 WinCC
Audit 运行系统（RT）	记录 WinCC 组态过程和运行系统中用户操作的更改并存储在数据库中	是
Audit 查看器	显示数据库中的 Audit 日志	否
Audit 文档控制和项目版本化	保存和版本化 WinCC 的项目数据	是
Audit 编辑器	进行 Audit 的组态及配置	是

WinCC 工程组态变更的记录和 WinCC 运行系统用户操作的记录统称为 Audit 日志（Audit Trail），而 Audit 查看器主要用来查看及分析这些日志；文档控制主要用于诸如 WinCC 画面、C 和 VB 脚本、报表等文档的管理，如锁定、解锁、版本比较和回滚等功能；项目版本化可以用来归档已完成的项目，也可以将项目恢复至之前归档的某个版本。

SIMATIC WinCC Audit 主要可以应用于以下几种需求。

- 制药行业的工厂验证。
- 如食品、饮料行业的操作记录和审计追踪。
- 管理拥有不同版本的集中项目。
- 原始设备提供商的项目维护。
- 需要确保操作员操作无间隙记录并可追溯。
- 需要通过 FDA 或 GMP 等验证。

15.1.3　SIMATIC WinCC Audit 安装及授权

SIMATIC WinCC Audit 作为 WinCC 的一个选件，其安装程序不包含在 WinCC 的基本安装光盘中，需要单独安装。安装 Audit 需要满足的硬件要求见表 15-2。

表 15-2　安装 Audit 的硬件要求

	客户机或单用户项目		
	操作系统	最小化要求	推荐要求
处理器	Windows 7/Windows 8.1（32 位）	客户机：Dual core CPU；2.5GHz 单用户：Dual core CPU；2.5GHz	客户机：Multi core CPU；3GHz 单用户：Multi core CPU；3.5GHz
	Windows 7/Windows 8.1/Windows 10（64 位）		
工作内存	Windows 7/Windows 8.1（32 位）	客户机：1GB；单用户：2GB	客户机：2GB；单用户：3GB
	Windows 7/Windows 8.1/Windows 10（64 位）	客户机：2GB；单用户：4GB	客户机：4GB；单用户：4GB
硬盘		40GB	80GB
	服务器或单用户项目		
	操作系统	最小化要求	推荐要求
处理器	Windows Server 2008 R2 Windows Server 2012 R2	服务器：Dual core CPU；2.5GHz 单用户：Dual core CPU；2.5GHz	服务器：Multi core CPU；3.5GHz 单用户：Multi core CPU；3.5GHz
工作内存	Windows Server 2008 R2 Windows Server 2012 R2	服务器：4GB；单用户：4GB	服务器：4GB；单用户：4GB
硬盘		40GB	80GB

安装 Audit 需要满足的软件要求见表 15-3。

表 15-3　Audit 产品及订货号

内容	版　　本
操作系统	Windows 7 专业版 Service Pack 1（32 位/64 位） Windows 7 企业版 Service Pack 1（32 位/64 位） Windows 7 旗舰版 Service Pack 1（32 位/64 位） Windows 8.1 高级版（32 位/64 位） Windows 8.1 企业版（32 位/64 位） Windows 10 高级版（64 位） Windows 10 企业版（64 位） Windows Server 2008 R2 标准版 Service Pack 1（64 位） Windows Server 2012 R2 标准版（64 位） Windows Server 2016 R2 标准版（64 位）
SIMATIC HMI WinCC	V7.4 SP1
SIMATIC Logon	V1.5 SP2
Microsoft SQL Server	2014 SP2 Service Pack 1（32 位）

SIMATIC WinCC Audit 的安装过程的步骤如下：

步骤 1：由于 Audit 的某些应用，如 Audit 编辑器、文档控制和项目版本化、电子签名等功能需要配合 SIMATIC Logon 才能使用，所以在安装 Audit 之前，需要先安装 SIMATIC Logon。对于 Audit V7.4 SP1 而言，需要 SIMATIC Logon 的版本至少为 V1.5 SP2，建议读者安装 SIMATIC Logon V1.6 的版本，安装过程如图 15-7 所示。

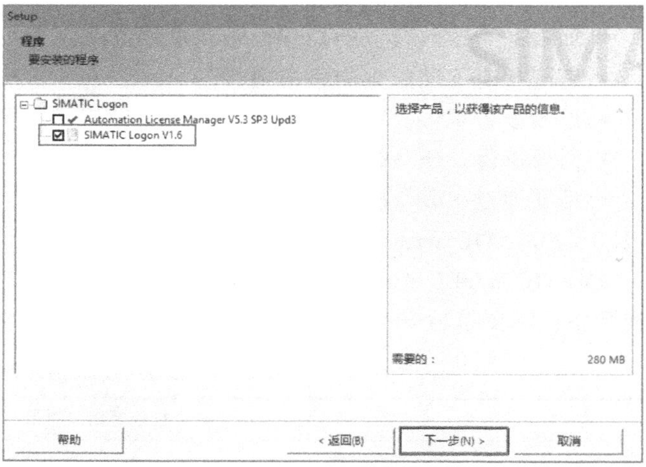

图 15-7　安装 SIMATIC Logon V1.6

步骤 2：插入 Audit 的安装光盘，右键单击 Setup. exe 文件，选择"打开"，如图 15-8 所示。

图 15-8　运行 Setup. exe 文件

步骤3：两次单击"Next"后，勾选接受相关条款，然后单击"Next"，如图15-9所示。

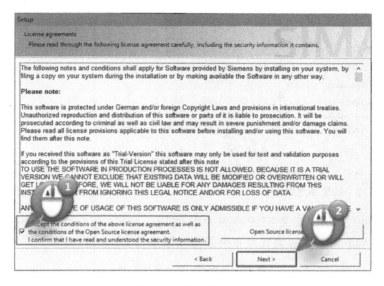

图 15-9　同意使用条款

步骤4：选择需要安装的语言，建议勾选英文和德文。注意：Audit 并没有针对亚洲版进行发布，所以这里没有中文选项，如图15-10所示。

步骤5：勾选需要安装的组件，单击"Next"，注意：Report（Templates）选项需要先安装 Information Server，如果已安装，可以勾选这个选项，如图15-11所示。

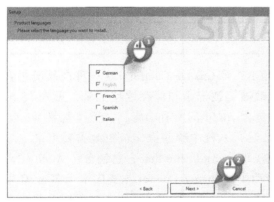

图 15-10　选择安装语言

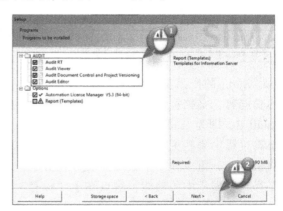

图 15-11　安装组件

步骤6：勾选接受系统变更，单击"Next"，如图15-12所示。

步骤7：查看需要安装的组件，单击"Next"，如图15-13所示。

等待安装过程，然后重启计算机，完成 Audit 的安装操作。

提示：目前已推出 Audit V7.4 SP1 的 Update1，建议安装该补丁。读者可以在条目 ID 109754946 中免费下载。

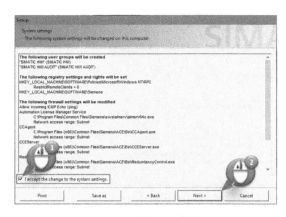

图 15-12　接受系统变更

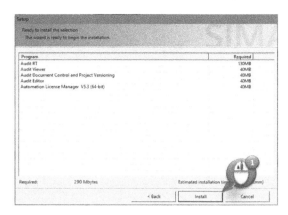

图 15-13　安装组件

SIMATIC WinCC Audit 需要安装授权才能使用，Audit 有 5 类产品，见表 15-4。关于 SIMATIC WinCC Audit V7.4 的供货发布声明请参考条目 ID 109739599。

表 15-4　Audit 产品及订货号

产　　品	订　货　号
SIMATIC WinCC/Audit RC V7.4 Audit 组态的基本包,包含 Audit 运行系统	6AV6371-1DV17-4AX0
SIMATIC WinCC/Audit RT V7.4 Audit 运行系统	6AV6371-1DV07-4AX0
SIMATIC WinCC/ChangeControl V7.4 用于文档控制和项目版本化	6AV6371-1DV27-4AX0
SIMATIC WinCC/Audit RT V7.4 用于 Audit 运行系统的升级授权 V7.x -> V7.4	6AV6371-1DV07-4BX3
SIMATIC WinCC/Audit RC V7.4 or WinCC Change Control V7.4 用于 Audit RC 或 Change Control 的升级授权 V7.x -> V7.4	6AV6371-1DV17-4BX3

Audit 的产品主要分为三种：Audit RC、Audit RT 和 Change Control。这三种产品所包含的功能有：文档控制及项目版本化、配置哪些更改需要被记录和保存这些记录，见表 15-5。Audit RC 即为 Audit Configuration & Runtime，它包含 Audit 的所有功能，对于"配置 WinCC 组态过程中哪些更改需要记录"和"配置 WinCC 运行系统中哪些操作员更改需要记录"这两项功能，重点在于"配置"这个动作；Audit RT 即为 Audit Runtime，它包含将 Audit 记录保存到数据库中的功能，重点在于"保存"这个动作；Change Control 主要应用于 WinCC 项目的组态阶段，所以其包含"文档控制及项目版本化"、"配置 WinCC 组态过程中哪些更改需要记录"和"将 WinCC 组态过程中的更改保存到数据库中"这三项功能。

表 15-5　Audit 各种产品所拥有的功能

功　　能	Audit RC	Audit RT	Change Control
文档控制及项目版本化	√	×	√
配置 WinCC 组态过程中哪些更改需要记录	√	×	√
配置 WinCC 运行系统中哪些操作员更改需要记录	√	×	×
将 WinCC 组态过程中的更改保存到数据库中	√	√	√
将 WinCC 运行系统中的操作员记录保存到数据库中	√	√	×

15. 1. 4 SIMATIC WinCC Audit 支持的网络架构

通过对第 12 章系统架构的学习,可以了解到 WinCC 有多种网络架构。Audit 同样支持这些网络架构。下面将分别介绍 Audit 在这些网络架构下的特点。

对于 Audit 而言,其记录的 Audit 日志主要有以下三部分:

1) InsertAuditEntryNew:通过该函数,使用 C 或 VB 脚本,在 WinCC 运行系统中插入记录。

2) Alarms:主要指操作员消息、来自消息编号序列的消息、系统消息和电子签名记录。

3) CS:主要指项目组态过程中的记录。

用来存储这些记录的数据库分为本地的多项目库(Local Multi-Project Database)和远程的多项目库(Remote Multi-Project Database)。本地的多项目库存储在本地计算机中;而远程的多项目库存储在与本地计算机位于同一网络的远程计算机上。这台远程计算机也必须安装 Audit RC,同时需要在 Audit 编辑器中创建数据库(在本章的 15.3.1 Audit Editor 中将详细描述数据库的创建过程)。单用户 WinCC 项目中所有的 Audit 日志都将存储在本地或远程的多项目库中,如图 15-14 所示。

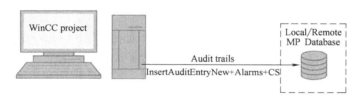

图 15-14 单用户项目

1. 远程组态

WinCC 项目存储在文件服务器中,在工程师站上通过远程的方式打开该项目,所有发生的更改都在工程师站上,但是所有的记录都是通过文件服务器写入数据库中,如图 5-15 所示。

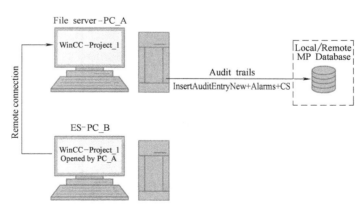

图 15-15 远程组态

2. 客户机无项目的多用户架构

WinCC 项目存储在服务器中,在客户机通过 SIMATIC Shell 的方式打开并运行该项目。

所有发生的更改都在客户机上，但是所有的记录都是通过服务器写入数据库中，如图 5-16
所示。注意：截止 WinCC V7.4 SP1，客户机无项目的多用户架构暂不支持文档控制和项目
版本化功能。

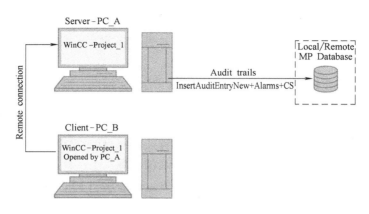

图 15-16　客户机无项目的多用户架构

3. 客户机有项目的分布式架构

客户机上运行拥有组态的客户机项目，客户机上通过 InsertAuditEntryNew 触发的事件和
组态的更改，通过客户机记录并写入到 Audit Trial 数据库中；通过客户机触发的运行系统事
件由服务器记录并写入到 Audit Trial 数据库中。注意：需要在客户机上的服务器数据中选择
报警的标准服务器，否则客户机上产生的操作员输入消息将无法记录，如图 5-17 所示。

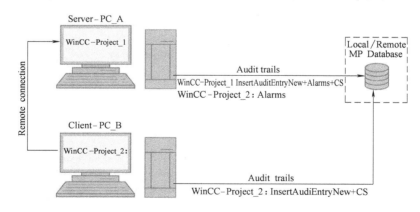

图 15-17　客户机有项目的分布式架构

4. 冗余项目

冗余的 WinCC 项目运行在两台计算机上。为了创建冗余，使用项目复制器进行项目复
制。每台计算机记录各自的事件并写入到 Audit Trail 的数据库中，对于两个 WinCC 项目，
推荐使用一个多项目库，如图 5-18 所示。

5. 工程师站

WinCC 项目运行在工程师站上，项目通过项目复制器复制或在 SIMATIC Manager 中，

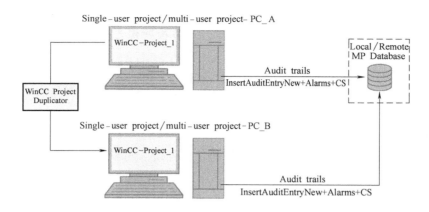

图 15-18　远程组态

下载至远程操作员站上。项目组态和运行发生在两台计算机上。工程师站记录所有项目组态的更改，并写入到 Audit Trail 的数据库中；操作员站记录通过 InsertAuditEntryNew 触发的事件和运行系统事件，并将其写入到 Audit Trail 的数据库中，如图 5-19 所示。

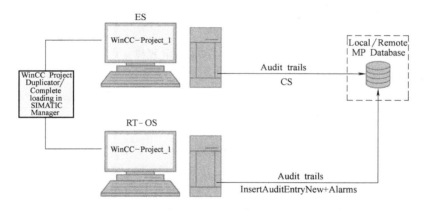

图 15-19　工程师站

15.2　SIMATIC WinCC Logon

　　SIMATIC Logon 作为整个 SIMATIC 系列产品中的一员，其主要功能是为整个工厂的 SI-MATIC 应用程序提供集中的访问保护。同时，对于 SIMATIC WinCC Audit 而言，SIMATIC Logon 还能为其提供电子签名的功能。本章内容主要对集中用户管理功能进行阐述，而电子签名的功能将会在 15.3.2 节中详细描述。

15.2.1　SIMATIC Logon 概述

　　根据 FDA 21 CFR Part11 和 GMP 的相关要求，在采用过程控制系统进行监视和控制的工厂中，要求对厂区的访问进行保护，避免对系统进行未经授权或不期望的访问。同时要求，用户的密码具备复杂性要求，如密码必须使用大、小写字母、数字及特殊符号，要求密码具有有效期、最小长度、首次登陆必须修改密码等。

　　另外，SIMATIC Logon 提供了 SIMATIC Electronic Signature 组件。该组件可用于创建电

子签名。电子签名是一种校验机制，通过创建电子签名并对其进行归档，可以满足例如在自动化系统中重要或关键操作员输入的校验要求。这些校验包含有关操作的信息，例如以下内容。

- 负责执行操作的人员的姓名。
- 执行操作的日期和时间。
- 签名的意义（例如，授权）。
- 创建人（例如，Batch 配方创建人）。

SIMATIC Logon 与以下软件在同一台计算机上使用时，将不需要安装 SIMATIC Logon 的授权。

- SIMATIC PCS 7。
- SIMATIC WinCC。
- SIMATIC WinCC flexible 2007 及以上版本。
- SIMATIC WinCC（TIA Portal 组态软件）。
- STEP 7。

当 SIMATIC Logon 单独安装时，需要安装授权才可以正常使用，如果触摸屏或 TIA 博途 WinCC 高级版运行系统作为 SIMATIC Logon 的客户机，需要在 SIMATIC Logon 的服务器上同时安装 Logon Remote Access 的授权，见表 15-6。

表 15-6　SIMATIC Logon 授权

产品	授权	产品	授权
SIMATIC Logon V1.6	6ES7658-7BX61-0YA0	Logon Remote Access(3 Clients)	6ES7658-7BA00-2YB0
升级至 SIMATIC Logon V1.6	6ES7658-7BX61-0YE0	Logon Remote Access(10 Clients)	6ES7658-7BB00-2YB0

15.2.2　使用 SIMATIC Logon 实现集中用户管理

SIMATIC Logon 服务器需要在 Windows 的计算机管理中创建相应的用户和用户组，在 SIMATIC 应用程序（如 WinCC）的用户管理中创建同名的用户组，并为该组分配相应的权限。这样，就可以使用 Windows 中的用户进行访问保护。

SIMATIC Logon Service 是 SIMATIC Logon 实现用户管理的基础，SIMATIC 应用程序使用 SIMATIC Logon 进行用户管理的流程如图 15-20 所示。

在 SIMATIC Logon 服务器（可以是单独计算机，也可以是同时安装了 SIMATIC Logon 和 WinCC 的计算机）的本地计算机管理中的本地用户和组中创建相应组和用户，例如，创建组：ForWinCCAdmin，其下创建用户：Admin1，密码：Admin1，用户：Admin2，密码：Admin2；创建组：ForWinCCOperator，其下创建用户：Operator1，密码：Operator1，用户：Operator2，密码：Operator2，如图 15-21 所示。

> **注意**：新建的用户默认隶属于组 Users，建议将其移除，再将新建的用户添加至新建的组中。如果要使密码符合复杂性要求，需要在：控制面板>管理工具>本地安全策略>账户策略>密码策略，将"密码必须符合复杂性要求"设置为启用。

在 WinCC 的用户管理器中，单击"用户管理器"，然后在右侧属性窗口中，勾选"SIMATIC 登录"，如图 15-22 所示。

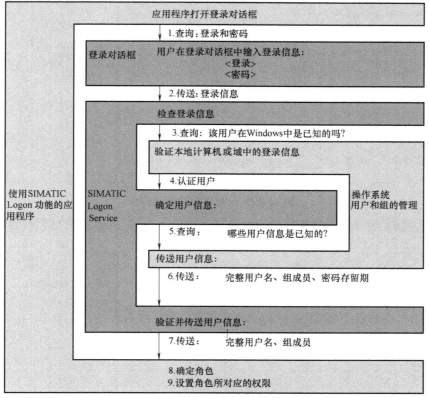

图 15-20 SIMATIC Logon 执行登录的流程

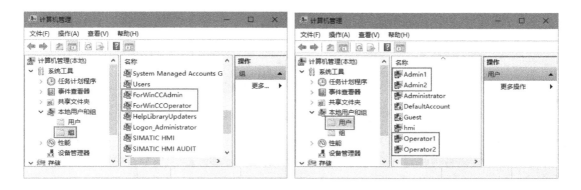

图 15-21 Windows 本地用户和组

在 WinCC 的用户管理器中，创建用户组 ForWinCCAdmin 和 ForWinCCOperator（这里创建的用户组要与之前在 Windows 中创建的用户组名称完全一致），并为其分配相应的权限，而无需在 WinCC 中创建用户，如图 15-23 所示。

图 15-22　启用 SIMATIC 登录

a) 属性组

b) 属性权限

图 15-23　WinCC 中的组及权限

　　此时，当在 WinCC 运行系统中启用登录操作（具体可参考本书第 11 章用户管理的内容），即可用 Windows 中创建的用户 Admin1、Admin2、Operator1 或 Operator2 及相应的密码进行登录和权限分级控制，如图 15-24 所示，其中"登录到"选项应选择 SIMATIC Logon 服

图 15-24　WinCC 中的 SIMATIC Logon 登录窗口

务器的计算机名称。

15.3 SIMATIC WinCC Audit 功能组态

组态一个应用了 Audit 选件的 WinCC 项目，往往是从 Audit 编辑器进行第一步配置开始的。在 Audit 编辑器中，如何进行配置将决定启用哪些 Audit 的功能。本节将介绍 Audit 编辑器中各个选项的含义以及如何进行组态。

15.3.1 Audit Editor

1. Audit Editor 介绍

SIMATIC WinCC Audit 安装完成后，在 WinCC Explorer 的树形结构中可以看到 Audit 的图标，右键单击该图标可以看到 3 个常规选项，如图 15-25 所示。

- Open Audit Editor：用来打开 Audit 编辑器。
- Open Audit DCPV：用来打开文档控制和项目版本。
- Open Audit Viewer：用来打开 Audit 日志查看器。

另外，SIMATIC WinCC Audit 安装完成后，会在计算机桌面生成两个图标：Audit Viewer 和 Audit DC&PV，也可以分别打开 Audit 日志查看器及文档控制和项目版本化。

如果要对 WinCC 项目中的 Audit 功能进行配置，需要打开 Audit Editor，那么必须满足如下条件。

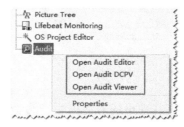

图 15-25　Audit 的右键菜单

- WinCC Explorer 界面语言需设置为英语（美国）。
- 由于 Audit Editor 必须使用 SIMATIC Logon 进行登录，所以必须安装 SIMATIC Logon。
- 使用安装 WinCC 时的系统管理员账户登录。
- 该账户必须隶属于用户组 SIMATIC HMI AUDIT。

Audit V7.4 SP1 的编辑器集成在 WinCC Configuration Studio 中，可以很方便地在各种界面之间进行切换，如变量管理器、变量记录、报警记录和用户管理器等。由于 Audit 的配置信息和 Audit 日志均存储在后台的 SQL Server 数据库中，所以在 Audit Editor 的树形结构中，通过"Select Audit Trail Server"创建或选择数据库。另外，需要在 Audit 编辑器的树形结构中，通过"Audit Settings"配置 WinCC 项目所需要使用的 Audit 功能。Audit 编辑器可以进行如下配置操作。

- 数据库的创建或选择。
- Audit 日志的导出。
- 是否激活 WinCC 组态更改的记录。
- 是否激活 WinCC 文档更改的记录。
- 是否激活 WinCC 用户归档的记录（运行系统）。
- 是否激活 WinCC 用户操作的记录（运行系统）。
- 是否激活 GMP 变量的记录（运行系统）。

Audit 编辑器的界面如图 15-26 所示。

2. Audit 数据库创建与选择

在 Audit Editor 中，单击"Select Audit Trail Server"，然后右键单击计算机名左侧的编号，在弹出的菜单中选择"Select Server"，如图 15-27 所示。

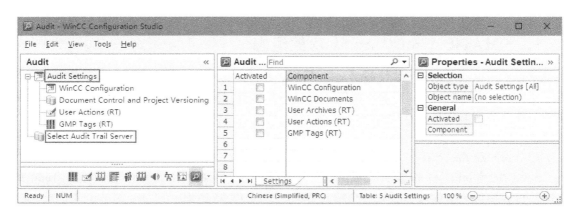

图 15-26　Audit 编辑器

图 15-27　创建数据库

　　在弹出的对话框中，为新建的数据库命名，本例中输入"MyFirstAuditDB"，然后单击"OK"按钮，如图 15-28 所示。

　　系统提示数据库创建成功，可以看到新建的名为 MyFirstAuditDB 的数据库已被选择，如图 15-29 所示。

　　每一个 Audit 的项目可以将 Audit 日志存储在新建的 Audit 数据库中，也可以选择存储在已有的 Audit 数据库中。原则如下：

图 15-28　新建数据库命名

- 一台计算机可以拥有多个多项目库。
- 同一台计算机的数据库名称不能相同。

	Audit Trail Server Name	Server Type	Database Name	Selected
1	WIN10EASYBOOK01	Local Server	MyFirstAuditDB	☑
2	WIN10EASYBOOK01	Local Server	<Create Multi Project Database...>	☐

图 15-29　创建成功的数据库

- 同一台计算机中，所有已存在的数据库将显示在数据库列表中。

数据库的名称允许使用下划线"_"，但是以下特殊符号不能用于数据库命名。

- ．，；：！？'"
- ＋ ＝／＼＠　＊
- ［ ］｛｝＜＞
- 空格

Audit 的多项目库位于 SQL Server 安装路径下的 WinCC 实例中。当同一网络中多台计算机均安装有 Audit，那么每一台计算机上创建的 Audit 数据库将暴露给其它计算机。例如，同一网络中有三台计算机：PC1、PC2 和 PC3，每一台计算机分别创建一个 Audit 数据库，名为 AuditDB1、AuditDB2 和 AuditDB3，那么在每一台计算机 Audit 编辑器的数据库选择列表中，将可以看到三个数据库，一个本地多项目库和两个远程多项目库，见表 15-7。

表 15-7　多项目库

	PC1	PC2	PC3
可选数据库	Local_AuditDB1	Local_AuditDB2	Local_AuditDB3
	Remote_AuditDB2	Remote_AuditDB1	Remote_AuditDB1
	Remote_AuditDB3	Remote_AuditDB3	Remote_AuditDB2

如果在 Audit 编辑器中选择了远程的多项目库，当网络断开时，在一定时间内，Audit 日志不会丢失，而是存储在本地缓存中，直到网络连接重新恢复，Audit 日志将重新传输至默认选择的多项目库中。根据这个特点，Audit 的多项目库的用法如图 15-30 所示。

图 15-30 中，在一个 WinCC 冗余项目中，采用一台专门的计算机作为 Audit 的中央日志数据库。这台计算机只需要最小化安装 WinCC V7.4 SP1，并且安装 Audit RC。简单创建一个 WinCC 项目，然后在 Audit Editor 中创建一个 Audit 的多项目库。WinCC 主、备服务器的 Audit 日志均可记录在该多项目库中，WinCC 客户机的 Audit 日志也可记录在这个多项目库中。如果项目中集成了 Audit 日志查看器，也可以查看所有的 Audit 日志。如果一台办公室计算机也在这个网络中，并且安装了 Audit 日志查看器，那么这台计算机也可以查看所有的 Audit 日志。

图 15-30　专属的 Audit 多项目库

> **提示**：如果从一个多项目库切换至另一个多项目库，那么之前记录的 Audit 日志将不会传输至新库。

在 Audit 编辑器中，右键单击 Select Audit Trail Server，选择 Export database，可以将 Audit 日志导出成 .xml 的格式进行备份。如图 15-31 所示。Audit 日志查看器可以打开该 xml 文件，查看方式将在 15.5.2 节介绍。

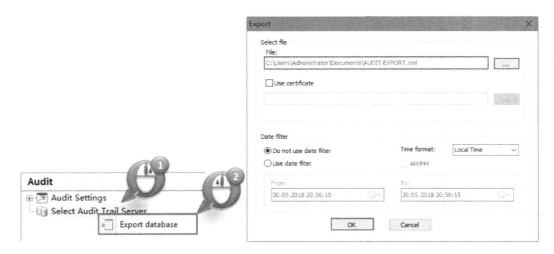

图 15-31　将 Audit 日志导出为 . xml 格式

3. Audit 组态设置

在 Audit 编辑器中，创建或选择了数据库后，可以对需要激活 Audit 功能的选项进行勾选。在左边的树形结构中，选择 Audit Settings，右侧内容如果需要激活，可以直接勾选其复选框，如图 15-32 所示。

图 15-32　勾选 Audit 功能

在左侧的树形结构中，展开"Audit Settings"并选中"WinCC Configuration"，WinCC 项目组态中哪些更改需要被记录，可以根据需要勾选右侧的内容，如图 15-33 所示。如果需要全部勾选，也可以右键单击 Activated，选择 Select All。

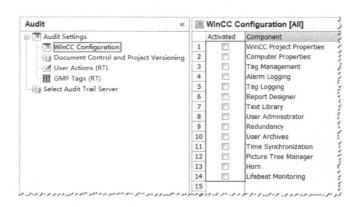

图 15-33　勾选 WinCC Configuration 功能

对于 WinCC 组态过程中哪些内容的更改可以被记录，具体可参考表 15-8 中的内容。

表 15-8　Audit 可记录的 WinCC 组态内容

可记录的 WinCC 组态内容	描　述
WinCC Project Properties	WinCC 项目属性，如单用户项目、多用户项目等
Computer Properties	WinCC 中的计算机属性，如主画面设置，窗口属性等
Tag Management	变量组、变量的创建、修改及删除
Alarm Logging	消息的创建、修改及删除
Tag Logging	变量记录的创建、修改及删除
Report Designer	打印作业和布局的创建、修改及删除
Text Library	文本库中文本的创建、修改及删除
User Administrator	用户组、用户及权限的创建、修改及删除
Redundancy	冗余配置界面中内容的更改及相关内容的更改
User Archive	用户归档、字段、视图的创建、修改及删除（不包含运行系统中用户归档数据的插入）
Time Synchronization	时间同步配置界面中内容的更改及相关内容的更改
Picture Tree Manager	画面数管理器中节点及容器的创建、修改及删除
Horn	报警器配置界面中内容的更改及相关内容的更改
Lifebeat Monitoring	设备状态监视器中设备的创建、修改及删除

WinCC Documents，对于 WinCC 项目中某些组态内容，会以不同格式的文件存储在 WinCC 的项目路径下。如画面以 *.Pdl 的格式存储在项目路径下的 GraCS 文件夹下；而报表布局以 *.RPL 的格式存储在项目路径下的 RPL 文件夹下；VBS 全局动作以 *.bac 格式存储在项目路径下的 ScriptAct 文件夹下。WinCC Document 勾选与否，将决定这些文件的新建、重命名、更新和删除等操作是否记录在 Audit 的数据库中，表 15-9 中描述了哪些内容属于 WinCC Documents 的范畴。

表 15-9　Audit 可记录的 WinCC 组态内容

用户文件及配置文件	文件类型及格式
计算机属性	Gracs. ini
画面文件	PDL
菜单栏与工具栏	MTL
报表布局	RPL
C 脚本	PAS（全局动作）
	FCT（项目函数）
VB 脚本	BAC（全局动作）
	BMO（项目模块）
冗余路径设置	Data. cs
报警记录设置	CCAlarmFilterStorage. xml

4. Audit 运行设置

（1）User Archive（RT）

　　该选项选中与否，表示是否要在运行系统中记录用户归档数据记录的插入、修改或删除。如图 15-34 所示，该用户归档有 3 个元素：Apple（苹果原浆）、Sugar（糖）和 Water（水）。从下至上，先插入 ID 为 1 的数据记录，数值分别是 Apple = 3、Sugar = 2 和 Water = 1。然后这条数据记录中的苹果原浆加入量由 3 改为 33；随后又插入 ID 为 2 的一组数据记录，数值分别是 Apple = 3、Sugar = 2 和 Water = 1；最后又将 ID 为 2 的这组数据记录删除了。

Category ID	Target Name	Specific Change ID	Modification ID	Old Value	New Value
User Archive (RT)	aaa/Water	Delete Record Value - ID:2	Delete	1	N/A
User Archive (RT)	aaa/Sugar	Delete Record Value - ID:2	Delete	2	N/A
User Archive (RT)	aaa/Apple	Delete Record Value - ID:2	Delete	3	N/A
User Archive (RT)	aaa/Water	Add Record Value - ID:2	Insert	N/A	1
User Archive (RT)	aaa/Sugar	Add Record Value - ID:2	Insert	N/A	2
User Archive (RT)	aaa/Apple	Add Record Value - ID:2	Insert	N/A	3
User Archive (RT)	aaa/Apple	Change Record Value - ID:1	Update	3	33
User Archive (RT)	aaa/Water	Add Record Value - ID:1	Insert	N/A	1
User Archive (RT)	aaa/Sugar	Add Record Value - ID:1	Insert	N/A	2
User Archive (RT)	aaa/Apple	Add Record Value - ID:1	Insert	N/A	3

图 15-34　User Archive（RT）所记录的内容

（2）User Action（RT）

　　该选项选中与否，表示在 WinCC 项目的运行系统中，一些特定的消息及系统函数 InsertAuditEntryNew 是否被记录在 Audit 日志中。

　　1）标准的操作员输入消息。标准的操作员输入消息主要包含两大类，一类是消息类别为"系统无确认"、消息类型为"操作员输入消息"的消息。如图 15-35 所示，当该消息被触发时，也就是消息变量为 1 时，这条消息将会显示在 Audit 日志中。

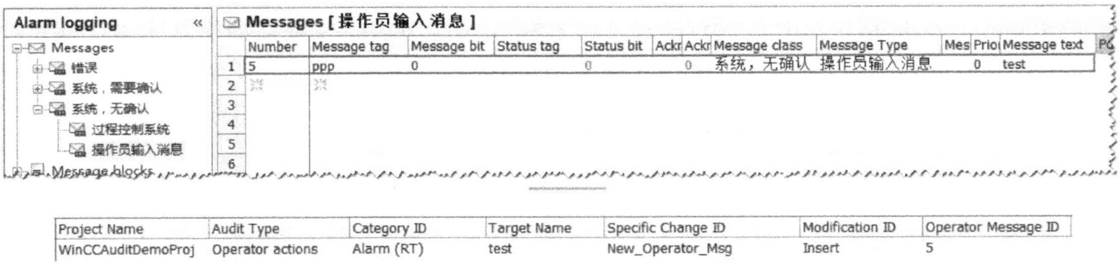

图 15-35　操作员输入消息

　　对于消息的触发，可以使用消息变量触发，也可以使用脚本触发，如图 15-36 所示编号为 10 的消息，该消息并没有关联任何消息变量。

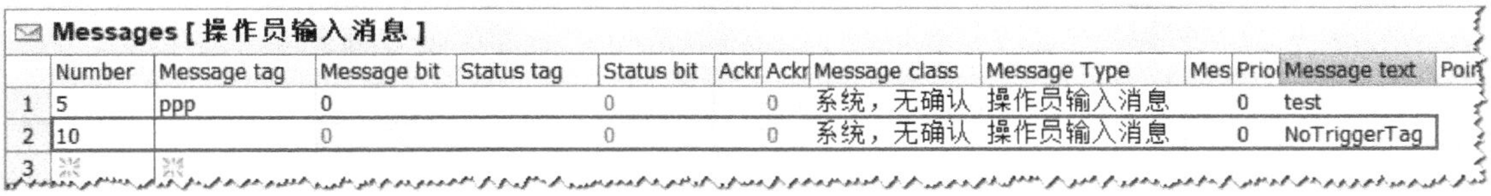

图 15-36　无消息变量的操作员输入消息

　　在 C 脚本中，使用函数 GCreateMyOperationMsg 即可触发这条消息，例如在某个按钮的左键，单击事件中并添加如下脚本。

```
#include "apdefap.h"
void OnLButtonDown(char* lpszPictureName, char* lpszObjectName, char* lpsz-
PropertyName, UINT nFlags, int x, int y)
{
GCreateMyOperationMsg (0x00000001, 10," ProcessScreen"," Valve1", 10, 0, 1,"
OPEN");
}
```

在 VB 脚本中，使用 HMIRuntime. Alarms 也可以触发消息，例如在某个按钮的左键，单
击事件中并添加如下脚本。

```
Sub OnLButtonDown(ByVal Item, ByVal Flags, ByVal x, ByVal y)
    Dim MyAlarm
        Set MyAlarm=HMIRuntime. Alarms (10)
            MyAlarm. State=5
            MyAlarm. Comment="OPEN"
            MyAlarm. UserName="Operator1"
            MyAlarm. ProcessValues(1)="0"
            MyAlarm. ProcessValues(4)="1"
            MyAlarm. Create "MyApplication"
End Sub
```

触发的消息在 Audit 日志中如图 15-37 所示。

Audit Type	Category ID	Target Name	Specific Change ID	Modification ID	Old Value	New Value	Operator Message ID	Reason
Operator actions	Alarm (RT)	NoTriggerTag	New_Operator_Msg	Insert			10	MyComment
Operator actions	Alarm (RT)	NoTriggerTag	New_Operator_Msg	Insert	0	1	10	Open
Operator actions	Alarm (RT)	NoTriggerTag	New_Operator_Msg	Insert	0	1	10	Open

图 15-37　Audit 日志中脚本触发的消息

第二类是消息编号为 12508141 的消息，该消息由某些拥有属性"操作员消息"和"操
作员激活报表"的控件触发，例如输入/输出域，如图 15-38 所示。

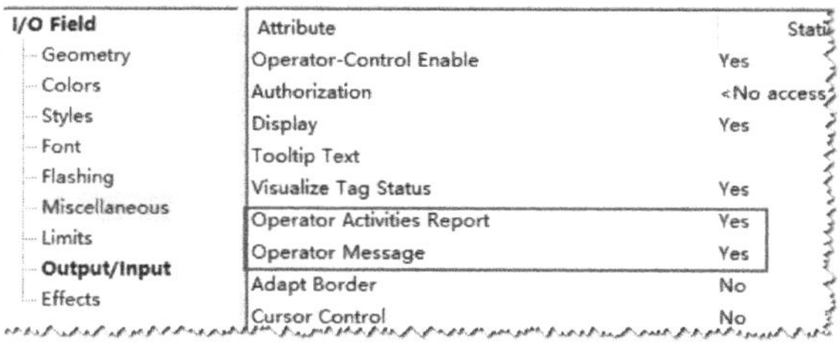

图 15-38　"操作员消息"和"操作员激活报表"

拥有"操作员消息"和"操作员激活报表"属性的对象见表 15-10。

表 15-10　拥有"操作员消息"和"操作员激活报表"属性的对象

对象	操作员消息	操作员激活报表
输入/输出域	√	√
文本列表	√	√
组合框	√	√

（续）

对象	操作员消息	操作员激活报表
列表框	√	√
滑块	√	√
复选框	√	
单选框	√	

当只激活属性"操作员消息"，操作该对象时，如修改输入/输出域的值、选择复选框等，将会触发编号为 12508141 的消息，同时将会记录在 Audit 日志中。如果激活属性"操作员激活报表"，那么属性"操作员消息"将自动激活。这时操作该对象，将会弹出输入注释的对话框，操作员输入注释后，操作才能生效。例如修改输入/输出域的值，这时输入/输出域关联变量的新、旧值及输入的操作员消息将一同被记录在 Audit 日志中，如图 15-39 所示。

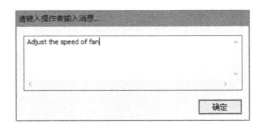

图 15-39　操作员输入消息

当一个画面已组态完成后，可以在 Audit 编辑器中统一为画面中拥有"操作员消息"和"操作员激活报表"的对象配置该属性，如图 15-40 所示。

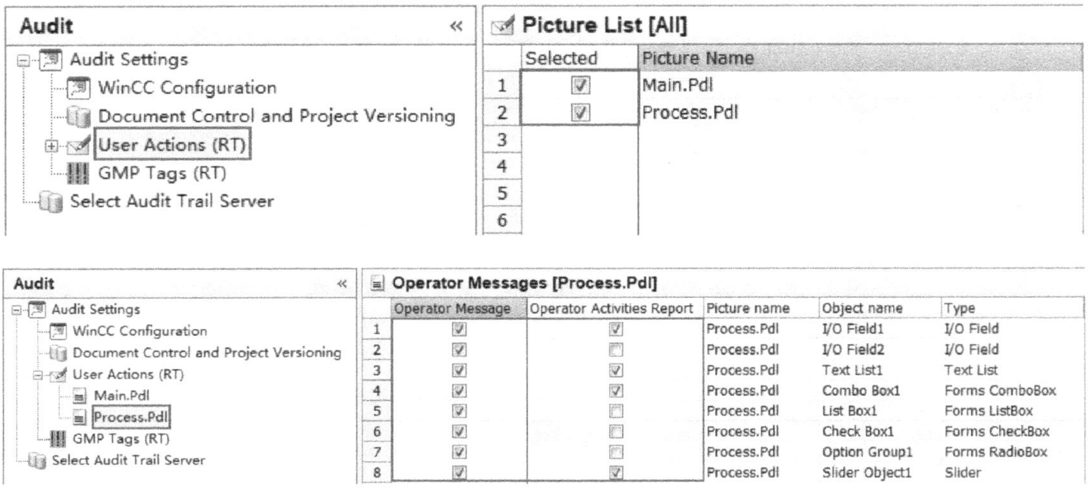

图 15-40　在 Audit 编辑器中统一配置

2）特定编号序列的消息。有一些特定编号的消息，无论消息类型，只要被触发后，都将进入 Audit 日志。这些特定的标号从 190000~191000。其中 190000~190050 被 WinCC 的选件和附加件所占用，如图 15-41 所示。消息文本中的 @ x%y@ 的含义请参考条目 ID 23549196。这些被系统占用的消息包括电子签名、Audit 诊断等。如编号为 190000 的消息表示电子签名已被接收，编号为 190001 的消息表示电子签名已中止，编号为 190002 的消息表示电子签名已被取消。所以这些消息不能被编辑，而从 190051~191000 则可以任意使用，这些消息同样可以被消息变量触发，在 C 脚本中被函数 GCreateMyOperationMsg 触发以及在 VB 脚本中被 HMIRuntime. Alarms 触发。

356	☑	1900000	ESIG:@1%s@:已接受用户 @2%s@ 的电子签名。	系统，无确认	过程控制系统
357	☑	1900001	ESIG:@1%s@:未接受用户 @2%s@ 的电子签名。	系统，无确认	过程控制系统
358	☑	1900002	ESIG:@1%s@:已取消用户 @2%s@ 的电子签名。	系统，无确认	过程控制系统
359	☑	1900010	审计：供应商服务未启动。	系统，无确认	过程控制系统
360	☑	1900011	审计：供应商服务已启动。	系统，无确认	过程控制系统
361	☑	1900012	审计：跟踪服务未启动。	系统，无确认	过程控制系统
362	☑	1900013	审计：跟踪服务已启动。	系统，无确认	过程控制系统
363	☑	1900014	审计：@1%s@:供应商服务不可用。	系统，无确认	过程控制系统
364	☑	1900015	审计：@1%s@:跟踪服务不可用。	系统，无确认	过程控制系统

图 15-41　特定编号序列的消息

3）系统消息。WinCC 项目中预定义的某些系统事件作为消息也将被记录在 Audit 的日志中，这些系统消息见表 15-11。

表 15-11　进入 Audit 日志的系统事件

编号	消 息 文 本
1008000	USERT:@ 100%s@ :芯片卡终端连接中断
1008001	USERT:@ 100%s@ :无效登录名称/密码
1008002	USERT:@ 100%s@ :芯片卡登录名称/口令无效
1008003	USERT:@ 100%s@ :手动登录
1008004	USERT:@ 100%s@ :芯片卡登录
1008005	USERT:@ 100%s@ :手动注销
1008006	USERT:@ 100%s@ :芯片卡注销
1008007	USERT:@ 100%s@ :超时自动注销
1008008	USERT:@ 100%s@ :服务用户/组'@ 102%s@ '的授权有效

提示：如果要将操作员消息记录在 Audit 日志中，必须在 WinCC 计算机属性的启动列表中激活报警记录运行系统！

4）函数 InsertAuditEntryNew。在 WinCC 的运行系统中，如果需要将一个操作员动作记录到 Audit 日志中，如单击一个按钮，双击一个阀门等，那么可以使用系统函数 InsertAuditEntryNew。该函数在 C 脚本和 VB 脚本中均可使用。InsertAuditEntryNew 函数有 4 个参数，分别是"旧值""新值""注释"以及"注释选择"。对于最后一个参数，可以填写 0 或者 1。对于填写 0 或者 1 的解释如下。

- 0：记录脚本中参数"Comment"中的字符并将其记录在 Audit 日志中。
- 1：弹出注释对话框，并将对话框中输入的字符记录在 Audit 日志中。

例如，在一个按钮的左键上，单击事件中插入如下 C 脚本。

```
#include "apdefap.h"
void OnLButtonDown(char* lpszPictureName, char* lpszObjectName, char* lpsz-
PropertyName,
UINT nFlags, int x, int y)
{
    char* szBuf = (char*)SysMalloc(128);
    InsertAuditEntryNew("Motor Close","Motor Open", "Start Motor", 0, szBuf);
    SysFree(szBuf);
}
```

当单击这个按钮时，将会在 Audit 日志中插入如图 15-42 所示记录。

Audit Type	Target Name	Specific Change ID	Modification ID	Old Value	New Value	Date Time	Reason
Operator actions	CScripting Runtime	Script Execute	Execute	Motor Close	Motor Open	6/13/2018 9:32:35 AM	Start Motor

图 15-42　C 脚本插入的记录

例如，在一个按钮的左键上，单击事件中插入如下 VB 脚本。

```
Sub OnLButtonDown(ByVal Item, ByVal Flags, ByVal x, ByVal y)
    InsertAuditEntryNew "Motor Open","Motor Close","Comment",1
End Sub
```

当单击这个按钮时，将会弹出输入注释的对话框，输入注释后，在 Audit 日志中插入如图 15-43 所示记录。

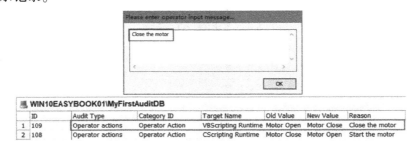

图 15-43　VB 脚本插入的记录

如果在 VB 脚本中执行 InsertAuditEntryNew 时，在全局脚本诊断窗口报如图 15-44 所示的错误，那么表示在 Audit 编辑器中未激活 User Actions（RT）选项。

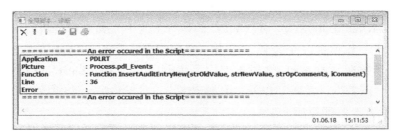

图 15-44　未激活 User Actions（RT）

（3）GMP Tags（RT）

在 Audit 编辑器中，右键单击 GMP Tags（RT），然后单击 Add GMP Tag，在弹出的变量表中选择需要设置 GMP 属性的变量，然后在 GMP Tags 中勾选需要激活 GMP 功能的变量，如图 15-45 所示。

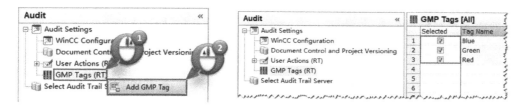

图 15-45　添加 GMP 变量

在 WinCC 运行系统中，如果这些变量的数值发生了变化，那么该数值变化将触发包括变量名称、时间戳、旧值与新值记录在 Audit 日志中，如图 15-46 所示。

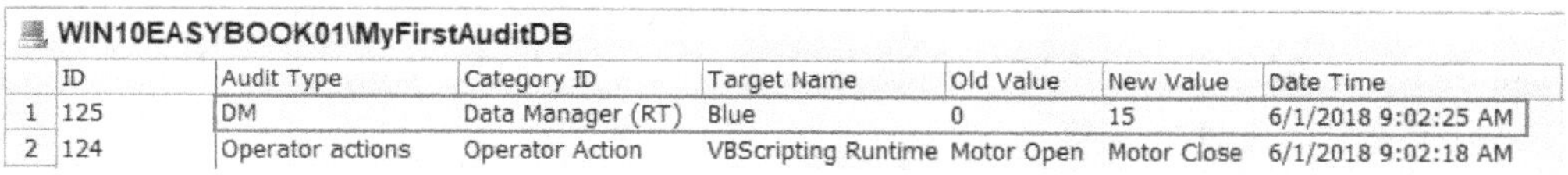

	ID	Audit Type	Category ID	Target Name	Old Value	New Value	Date Time
1	125	DM	Data Manager (RT)	Blue	0	15	6/1/2018 9:02:25 AM
2	124	Operator actions	Operator Action	VBScripting Runtime	Motor Open	Motor Close	6/1/2018 9:02:18 AM

WIN10EASYBOOK01\MyFirstAuditDB

图 15-46　GMP 变量数值更改

> **提示**：如果某个激活了 GMP 属性的过程值在 PLC 中频繁变化，那么需要在 PLC 中设置一个死区，让其不能频繁变化，否则会在 Audit 日志中增加许多无意义的记录，同时也增加了系统的负担！

从 Audit V7.4 SP1 开始，允许将变量从 WinCC 变量管理器中使用鼠标左键拖拽至 Auidt 编辑器下的 GMP Tags（RT）中，该快捷操作适用于需要激活大量 GMP 属性的变量的情况，如图 15-47 所示。

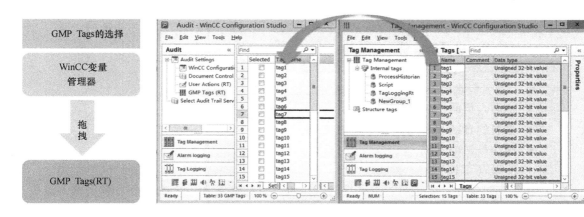

图 15-47　GMP 变量的拖拽

15.3.2　电子签名

1. 电子签名介绍

在一些行业中，特别是医药以及食品、饮料行业，某些关键的操作员动作必须通过电子签名来记录授权，例如这些操作如下：

- 改变设定值。
- 改变某些切换操作。
- 开始一段顺控工艺。
- 开始一个批次。

为了能够记录 WinCC 操作站上的关键操作，一个或多个能够提供电子签名的用户，在 SIMATIC Logon 组件的帮助下，不同用户的相应权限被查询。拥有电子签名的用户被分配到不同的组，一旦所需当前权限的签名成立，那么这些数据将作为 Audit 日志被记录到消息系统及 Audit 数据库中。这些数据包括时间、用户、操作员动作、操作员站点。关键操作通过电子签名确认后，签名的结果将被归档，如图 15-48 所示。

SIMATIC Logon 提供了 SIMATIC Electronic Signature 组件，该组件可用于创建电子签名。通过电子签名这种校验机制，创建电子签名并对其进行归档来满足例如在自动化系统中重要或关键操作员输入的要求。这些校验包含有关操作的信息，例如：

图 15-48　电子签名

1）负责执行操作人员的姓名。

2）执行操作的日期和时间。

3）签名的意义（例如授权）。

4）创建人（例如 Batch 配方创建人）。

使用 Electronic Signature 创建的电子签名必须满足以下要求。

1）电子签名具有唯一性。

- 它们由用户名和密码组成。
- 如果需要不同用户的信息，则会提示这些用户输入他们的用户名和密码。

2）一旦输入，电子签名就不能重用。

3）一旦输入，电子签名就不能再分配给他人。

4）电子签名包含以下内容：

- 签名人员的姓名。
- 签名的日期和时间。
- 操作员站的名称。
- 注释（可选）。

5）在组态过程中，管理员可对系统进行设置，只有在输入一个或多个签名（双人监控原则）后才能释放对象。还可以定义某些必须遵循的规则如下：

- 不同用户角色。

- 必须按固定顺序输入签名。

2. 如何实现电子签名

Audit 实现电子签名主要依赖于函数 ShowDialog 和对象 CCEsigDlg. ESIG。在需要调用电子签名的对象中编写脚本,当使用对象 CCEsigDlg. ESIG 并调用 ShowDialog 函数时,将弹出需要进行电子签名的对话框,同时电子签名的结果有三种返回值,分别对应不同的含义,见表 15-12。在脚本中,根据返回值的不同,执行不同的结果。

表 15-12 电子签名的返回值

返回值	标识符	描　　述
1	IDOK	用户成功获得验证
2	IDCANCEL	用户使用"取消"按钮关闭了对话框
3	IDABORT	用户 3 次验证均失败

ShowDialog 函数的语法如下。

C 脚本:

```
INT ShowDialog ( char * lpszUserName, char * lpszDisplayedUserName, char *
lpszDomainName,int intLangID,variant* vtComment)
```

VB 脚本:

```
Expression. ShowDialog (User As String, DisplayedUser As String, Domain As
String,LangID As Long,Comment As String) Long
```

对应的参数解释见表 15-13。

表 15-13 ShowDialog 参数解释

C 脚本参数	VB 脚本参数	描　　述
lpszUserName	User	用于验证用户的用户名
lpszDisplayedUserName	DisplayedUser	在"电子签名"对话框的"用户名"域中显示的用户名称
lpszDomainName	Domain	用于验证用户的计算机的名称。 • 集中管理用户的计算机(SIMATIC Logon 服务器)的名称 • 本地计算机的名称 如果没有输入其它名称,系统会自动输入本地计算机的名称
intLangID	LangID	对话框中所需语种的标识符。 • 1028:中文(繁体) • 1031:德语 • 1033:英语 • 1034:西班牙语 • 1036:法语 • 1040:意大利语 • 1041:日语 • 1042:朝鲜语 • 2052:中文(简体)
vtComment(VARIANT)	Comment	用户输入的注释

对象 CCEsigDlg. ESIG 拥有 ForceComment 的方法,当 ForceComment 为 TRUE 时,必须在电子签名对话框中输入注释后才能单击"确定"按钮,否则"确定"按钮是不使能的状态;当 ForceComment 为 FALSE 时,电子签名对话框中的注释为选填项,如图 15-49 所示。

例如,要对某个按钮组态电子签名,该按钮用来起动电动机,用来控制电动机起停的变量为 Motor,当该变量为 0 时,电动机停止;当该变量为 1 时,电动机起动。只有管理员组

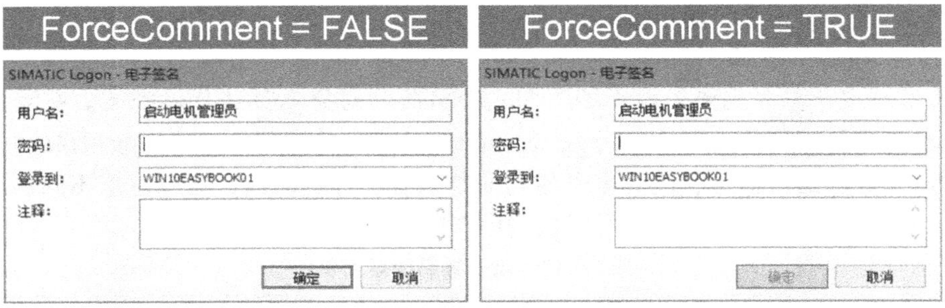

图 15-49 是否强制注释

的成员才能对该按钮执行电子签名，只有电子签名成功才能起动电动机。由于电子签名并不能将注释记录在 Audit 日志中，所以需要配合函数 InsertAuditEntryNew 一起使用。为该按钮编写的 VB 脚本如下所示。

```
Sub OnLButtonDown(ByVal Item,ByVal Flags,ByVal x,ByVal y)
Dim MyEsig,Ret,MyComment
Dim Valve_1
  Set Valve_1=HMIRuntime.Tags("Valve_1")
  Set MyEsig=CreateObject("CCEsigDlg.ESIG")
    MyEsig.ForceComment=True
    Ret=MyEsig.ShowDialog("Operator1","操作员 1","WIN10EASYBOOK01",_
              2052,MyComment)
      If Ret=1 Then
        Valve_1.Write 1
        InsertAuditEntryNew "CLOSE","OPEN",MyComment,0
      End If
      If ret=2 Then
        Msgbox "用户已取消电子签名"
      End If
      If ret=3 Then
        Msgbox "用户已三次验证失败"
      End If
End Sub
```

也可以使用 C 脚本编写电子签名,如停止电动机按钮的电子签名如下所示。

```
#include "apdefap.h"
void OnLButtonDown(char* lpszPictureName,char* lpszObjectName,char* lpsz-
PropertyName,UINT nFlags,int x,int y)
{
int nRet=0;
char* AuComm=(char* )SysMalloc(128);
char* szBuf=(char* )SysMalloc(128);
wchar_t* wsz=(wchar_t* )SysMalloc(128);
BSTR bs;
```

```
UINT len;
VARIANT vtComment;
#pragma code("kernel32.dll")
int WideCharToMultiByte( UINT CodePage, DWORD dwFlags, LPCWSTR lpWideCharStr,
int cchWideChar, LPSTR lpMultiByteStr, int cchMultiByte, LPCSTR lpDefaultChar,
LPBOOL lpUsedDefaultChar);
#pragma code()
__object* EsigDlg=__object_create("CCESigDlg.ESIG");
if (! EsigDlg)
{
  printf("Failed to create Picture Object");
  return;
}
VariantInit(&vtComment);
 nRet = EsigDlg-> ShowDialog ( " admin1 "," admin1 "," WIN10EASYBOOK01 ", 2052 ,
&vtComment);
__object_delete(EsigDlg);
if (vtComment. vt = =VT_BSTR)
{
  bs=vtComment. u. bstrVal;
  len= * (UINT* ) ((BYTE* )bs-4);
  memcpy(wsz, bs, len+2);
  len=WideCharToMultiByte(936, 0, wsz, -1, AuComm, len+1, NULL, NULL);
  printf("convert result: % s \r\n", AuComm);
  VariantClear(&vtComment);
}
if (nRet = =1)//Esig Successful
{
  SetTagBit("Valve_1", 0);
  InsertAuditEntryNew("Motor Close", "Motor Open", AuComm, 0, szBuf);
}
if (nRet = =2)//Esig cancel
{
  MessageBox(NULL, "User cancel the Esig", "ESIG Warning", MB_OK);
}
if (nRet = =3)//Esig failure 3 times
{
  MessageBox(NULL, "Failure with 3 times", "ESIG Warning", MB_OK);
}
  SysFree(AuComm);
  SysFree(szBuf);
  SysFree(wsz);
}
```

如果需要将电子签名的操作记录在 Audit 日志中，需要在报警记录中激活关于电子签名的系统事件，如图 15-50 所示。

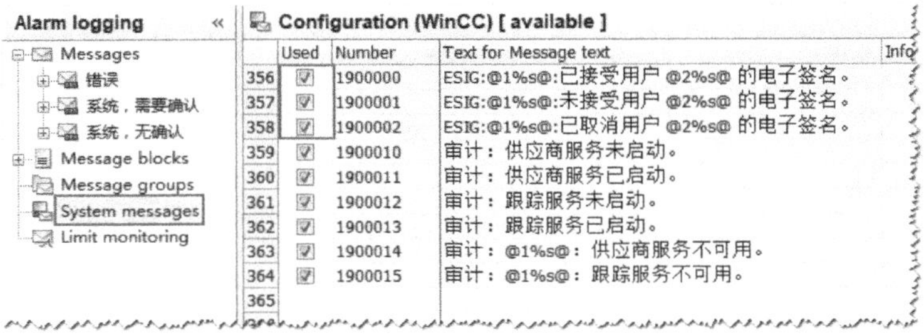

图 15-50　激活关于电子签名的系统事件

当单击该按钮时，弹出的电子签名对话框如图 15-51 所示。

如果签名正确，电动机将被起动，电动机颜色变为绿色；如果不进行电子签名，而单击"取消"按钮，系统将提示"用户已取消电子签名"；如果输入的用户名及密码不正确，系统将提示"The user name or password is incorrect."，如果用户名和密码三次输入错误，系统将提示"用户已三次验证失败"。运行结果分别如图 15-52 上、中、下所示。

图 15-51　电子签名窗口

图 15-52　电子签名结果

记录的 Audit 日志如图 15-53 所示。

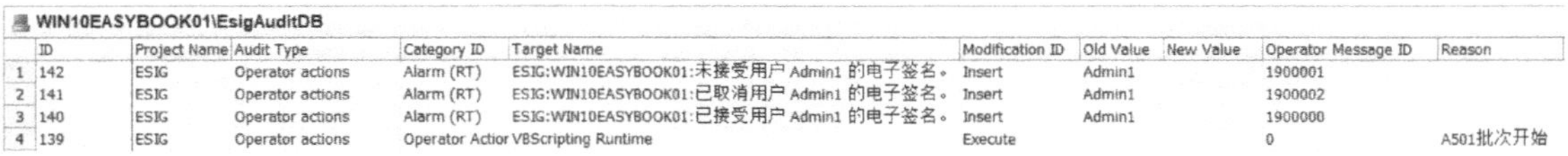

	ID	Project Name	Audit Type	Category ID	Target Name	Modification ID	Old Value	New Value	Operator Message ID	Reason
1	142		ESIG	Operator actions	Alarm (RT)	ESIG:WIN10EASYBOOK01:未接受用户 Admin1 的电子签名。	Insert	Admin1		1900001	
2	141		ESIG	Operator actions	Alarm (RT)	ESIG:WIN10EASYBOOK01:已取消用户 Admin1 的电子签名。	Insert	Admin1		1900002	
3	140		ESIG	Operator actions	Alarm (RT)	ESIG:WIN10EASYBOOK01:已接受用户 Admin1 的电子签名。	Insert	Admin1		1900000	
4	139		ESIG	Operator actions	Operator Action VBScripting Runtime	Execute	0			A501批次开始

图 15-53　Audit 日志中的电子签名

3. 特殊电子签名

（1）双人签名（双人监控原则）

某些重点的操作需要双人签名才能执行，如某个批次的开始，需要车间主任先签名，然后车间副主任再签名。这种需求可以通过两次调用 ShowDialog 函数来实现，判断两次调用的返回值，如果两次的返回值都为 1，说明两次签名都成功了，可以执行后续操作；而如果两次的返回值中有任意一个返回值为 2，说明至少有一个用户取消了电子签名；同样，如果两次的返回值中有任意一个返回值为 3，说明至少有一个用户三次验证失败。VB 脚本如下所示。

```
Sub OnLButtonDown(ByVal Item,ByVal Flags,ByVal x,ByVal y)
Dim MyEsig,MyC,MyC1,MyC2,Ret1,Ret2,Motor
    Set Motor=HMIRuntime.Tags("Motor")
    Set MyEsig=CreateObject("CCEsigDlg.ESIG")
        MyEsig.ForceComment=True
        Ret1=MyEsig.ShowDialog("Admin1","车间主任","WIN10EASYBOOK01",2052,MyC1)
        Ret2=MyEsig.ShowDialog("Admin2","车间副主任","WIN10EASYBOOK01",2052,MyC2)
      MyC=MyC1 & "/" & MyC2
            If Ret1=1 And Ret2=1 Then
                Motor.Write 1
                InsertAuditEntryNew "CLOSE","OPEN",MyC,0
            End If
            If Ret1=2 Or Ret2=2 Then
                Msgbox "用户已取消电子签名!"
            End If
            If Ret=3 Or Ret2=3 Then
                Msgbox "用户已 3 次验证失败!"
            End If
End Sub
```

（2）输入/输出域的电子签名

在 WinCC 运行系统中，某些重要参数的修改也需要电子签名，同时不能固定电子签名的用户。实现该需求的关键点如下：

- 将新值通过 Inputbox 存储在 NewValue 中。
- 将执行电子签名的用户通过 Inputbox 存储在 UserName 中。

实现过程如下：

- 将输入/输出域设置为输出域，在其鼠标单击事件中添加 VB 脚本。
- 将要修改的新值通过 Inputbox 存储在 NewValue 中。
- 将执行电子签名的用户通过 Inputbox 存储在 UserName 中。
- 使用 CCEsigDlg.ESIG 调用 ShowDialog 函数。
- 判断返回值，然后执行后续操作。
- 将转化为字符串的旧值、新值、注释使用 InsertAuditEntryNew 插入 Audit 日志中。

实现输入/输出域电子签名的 VB 脚本如下所示。

```
Sub OnLButtonDown(ByVal Item,ByVal Flags,ByVal x,ByVal y)
Dim NewValue,OldValue,ReturnValue,UserName,MyEsig,MyComment,FillingTimes
  Set FillingTimes=HMIRuntime.Tags("FillingTimes")
  Set MyEsig=Createobject("CCEsigDlg.ESIG")
    NewValue=Inputbox("请输入要修改的值:")
```

```
                If NewValue <> "" Then
                  UserName=Inputbox("请输入用户名:")
                If UserName <> "" Then
                  FillingTimes.Read
                  OldValue=CStr(FillingTimes.Value)
                  '不强制注释
                  MyEsig.forcecomment=False
                  ReturnValue=MyEsig.showDialog(UserName,UserName,_
                                  "WIN10EASYBOOK01",2052,MyComment)
                  If ReturnValue =1 Then' 验证成功
                    '将新值写入 PLC
                    FillingTimes.Write NewValue
                    '将新旧值及注释写入 Audit Trail
                    InsertAuditEntryNew OldValue,NewValue,MyComment,0
                  End If
                  If ReturnValue =2 Then'取消验证
                    Msgbox "用户已取消电子签名"
                  End If
                  If ReturnValue =3 Then' 三次验证失败
                    Msgbox "用户已 3 次验证失败"
                  End If
                End If
              End If
          End Sub
```

执行结果如图 15-54 所示。

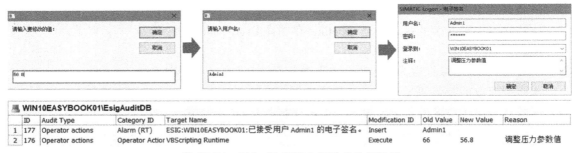

图 15-54　输入/输出域电子签名执行结果

15.4　ChangeControl

文档控制和项目版本化（Document Control & Project Versioning，DCPV）功能主要用于 WinCC 的项目组态过程，可以对项目组态过程的更改进行记录，其主要功能如下：

1）文档控制：对项目中以文档形式存在的功能进行以下操作。

- 锁定操作。

- 解锁操作。
- 历史版本查看。
- 比较功能。
- 回滚操作。

2）项目版本化：对项目进行阶段性归档。

3）标签功能：在项目组态过程中，为项目进行标签化操作。

打开文档控制和项目版本化的方式有三种，如图 15-55 所示。

1）在 WinCC Explorer 中，右键单击 Audit，选择 Open Audit DCPV。

2）在 Audit 编辑器中，右键单击 Document Control and Project Versioning，选择 Open Document Control。

3）在桌面双击图标 Audit DC&PV。

图 15-55　打开文档控制与项目版本化

15.4.1　文档控制

同 Audit 编辑器一样，DCPV 组态界面同样受 SIMATIC Logon 的保护，所以需要通过输入计算机管理员账户和密码才能进入。要使用 DCPV 的功能，首先需要单击工具栏中的 "Enable Document Control" 按钮，如图 15-56 所示。

使能文档控制后，将自动弹出版本组态的窗口，可以对后续使用的版本号进行配置。可以选择的版本号有三种，如图 15-57 所示。

- PP. DD. DD. DD：项目版本_文档版本．文档版本．文档版本，如：1_0. 0. 2。
- PP. PP. DD. DD：项目版本．项目版本_文档版本．文档版本，如：0_1. 0. 2。
- PP. PP. PP. DD：项目版本．项目版本．项目版本_文档版本，如：1_1_1. 2。

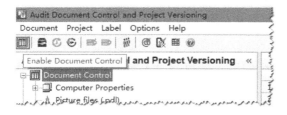

图 15-56　使能文档控制

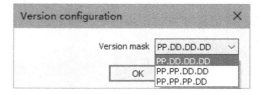

图 15-57　版本号组态

　　提示：版本号和文档号最多到 99，如果项目版本所有字段号均到达 99，必须使用项目复制器另存为不同名称的项目，然后使用 DCPV 再次归档项目，这时项目版本号将再次为 1。

　　第一次打开 DCPV 后，需要先对项目进行版本化操作。单击工具栏上的"Archive Project"按钮，然后在弹出的 Archive Options 窗口中输入注释，单击"Archive"按钮，如图 15-58 所示。

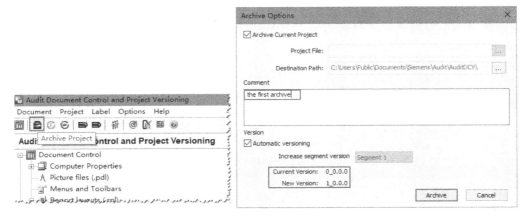

图 15-58　第一次归档项目

　　在 DCPV 左侧树形结构中，选择 Document Control 下的 Picture files（.pdl），可以看到右侧有两个画面，第一个是版本化之前创建的画面。版本化之后，该画面的状态为 Checked in；第二个画面是版本化之后创建的，该画面的状态为 Unversioned。如图 15-59 所示。

Audit Document Control and Project Versioning «		Picture files (.pdl)					
Document Control		File name	Status	Checked out by	Version	Last modified	Size (KB)
Computer Properties	1	Esig.Pdl	Checked in		1_0.0.1	6/2/2018 9:57:33 PM	377
Picture files (.pdl)	2	ProcessScreen.Pdl	Unversioned				25
Menus and Toolbars	3						
Report layouts (.rpl)	4						
Language Neutral	5						

图 15-59　画面状态

　　右键单击这个未版本化画面左侧的编号，选择 Check In，在弹出的窗口中输入注释，单击 Check In 按钮，如图 15-60 所示。

　　当画面 Check In 后，即该画面被锁定。在图形编辑器中打开该画面，可以看到工具栏中的画面保存按钮是灰色的，即未使能的状态，并且标题栏上提示"写保护"，如图 15-61 所示。

　　在 DCPV 中，右键单击这个画面，选择 Check Out，然后填写 Check Out 的原因，如图 15-62 所示。

　　此时再次打开这个画面，工具栏上保存按钮已经变成了使能的状态。完成画面编辑后，如添加一个按钮，此时在 DCPV 中右键单击这个画面，选择 Check In，在弹出的 Check In

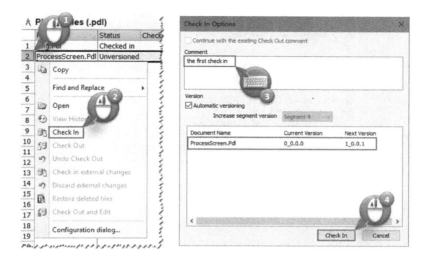

图 15-60　Check In 画面

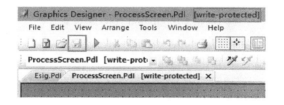

图 15-61　画面写保护

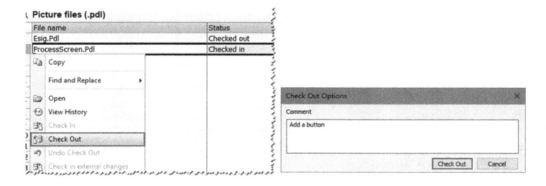

图 15-62　Check Out 及填写注释

Options 对话框中，可以选择是否使用 Check Out 时的注释，还是重新填写注释。可以选择是否增加默认的版本号，还是手动选择某个级别的版本号进行增加，如果按照默认选择 Segment 4，版本号将从 1_0.0.1 变成 1_0.0.2，也可以选择 Segment 3，那么版本号将从 1_0.0.1变成 1_0.1.0；如图 15-63 所示。

可以执行 Check In 和 Check Out 等操作的对象都是以文件形式存储在 WinCC 的项目路径中的对象，见表 15-14。

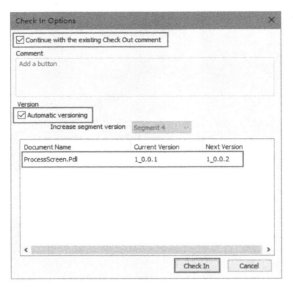

图 15-63　Check In 选项

表 15-14　Document Control 的对象

用户文件和组态文件	描　　述
计算机属性	Gracs. ini
画面文件	PDL
菜单栏和状态栏	MTL
报表布局	RPL
C 脚本	PAS(动作)
	FCT(项目函数)
VB 脚本	BAC(动作)
	BMO(项目模块)
其它文件	存储在项目路径下的 Misc Docs(Document Control) 的客户自定义文件
Process Historian Ready	CFG

在这些对象的右键菜单中，可以进行的操作如下：

1) Check In：锁定 WinCC 项目文件。Check In 时需要输入注释，在 Check In 的状态下，文件不能被编辑，但是可以被删除及重命名。重命名后相当于新建的文件，为 Unversioned 的状态。

2) Check Out：解锁 WinCC 项目文件。Check Out 时需要输入注释，解锁后文件可以进行编辑。再次 Check In 时，可以选择 Check Out 的注释，也可以重新输入注释。

3) View History：可以查看该文件所有的历史版本及注释信息。右键单击其中某个版本，可以进行以下操作。

- Rollback：回滚至当前选中的版本，如果选中的是最新版本，将不能进行回滚操作。

- Compare：对于所有的历史版本可以进行比较，仅将选中的版本与最新的版本进行比较。

4）Undo Check Out：撤销 Check Out 的操作。但是撤销后，之前所有的修改将被还原。

5）Check In External Changes：将取消"只读属性"后所做的修改进行 Check In 的操作。

6）Discard External Changes：放弃取消"只读属性"后所做的修改。

7）Check Out and Edit：Check Out 同时直接打开进行操作的文件。

1. 比较与回滚

在 Audit DCPV 界面，在左侧的树形结构中选择 Picture files，右键单击某个画面，选择 View History，可以看到该画面所有的历史版本及相应注释，如图 15-64 所示。

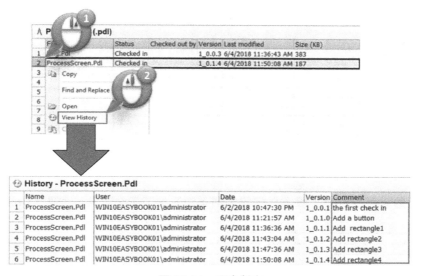

图 15-64　历史版本

在 Audit 日志查看器中同样可以看到历史版本的记录，如图 15-65 所示。

New Query_1 - Result

	Sub category ID	Target Name	Modification ID	Old Value	New Value	Date Time	Application User	Reason
1	Document Versioning	ProcessScreen.Pdl	Check In	1_0.1.3	1_0.1.4	6/4/2018 3:50:11 AM	WIN10EASYBOOK01\administrator	Add rectangle4
2	Document Versioning	ProcessScreen.Pdl	Check Out	1_0.1.3		6/4/2018 3:47:53 AM	WIN10EASYBOOK01\administrator	Add rectangle4
3	Document Versioning	ProcessScreen.Pdl	Check In	1_0.1.2	1_0.1.3	6/4/2018 3:47:38 AM	WIN10EASYBOOK01\administrator	Add rectangle3
4	Document Versioning	ProcessScreen.Pdl	Check Out	1_0.1.2		6/4/2018 3:43:17 AM	WIN10EASYBOOK01\administrator	Add rectangle3
5	Document Versioning	ProcessScreen.Pdl	Check In	1_0.1.1	1_0.1.2	6/4/2018 3:43:05 AM	WIN10EASYBOOK01\administrator	Add rectangle2
6	Document Versioning	ProcessScreen.Pdl	Check Out	1_0.1.1		6/4/2018 3:37:00 AM	WIN10EASYBOOK01\administrator	Add rectangle2
7	Document Versioning	ProcessScreen.Pdl	Check In	1_0.1.0	1_0.1.1	6/4/2018 3:36:37 AM	WIN10EASYBOOK01\administrator	Add rectangle1
8	Document Versioning	ProcessScreen.Pdl	Check Out	1_0.1.0		6/4/2018 3:34:56 AM	WIN10EASYBOOK01\administrator	Add rectangle1
9	Document Versioning	ProcessScreen.Pdl	Check In	1_0.0.1	1_0.1.0	6/4/2018 3:21:58 AM	WIN10EASYBOOK01\administrator	Add a button
10	Document Versioning	ProcessScreen.Pdl	Check Out	1_0.0.1		6/4/2018 3:01:21 AM	WIN10EASYBOOK01\administrator	Add a button
11	Document Versioning	ProcessScreen.Pdl	Check In		1_0.0.1	6/2/2018 2:47:30 PM	WIN10EASYBOOK01\administrator	the first check in

图 15-65　Audit 日志中的历史版本

在历史版本中可以看到，初始版本为 1_0.0.1，注释为"the first check in"；最后一个版本为 1_0.1.4，注释为"Add rectangle4"。两个版本之间，这个画面分别添加了一个按钮和 4 个矩形，打开这个画面后，可以看到该画面如图 15-66 所示。

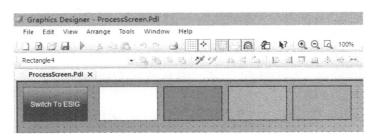

图 15-66　版本 1_0.1.4 的画面

右键单击版本 1_0.1.2，选择 Compare，这个版本将与最新的版本进行比较，如图15-67 所示。

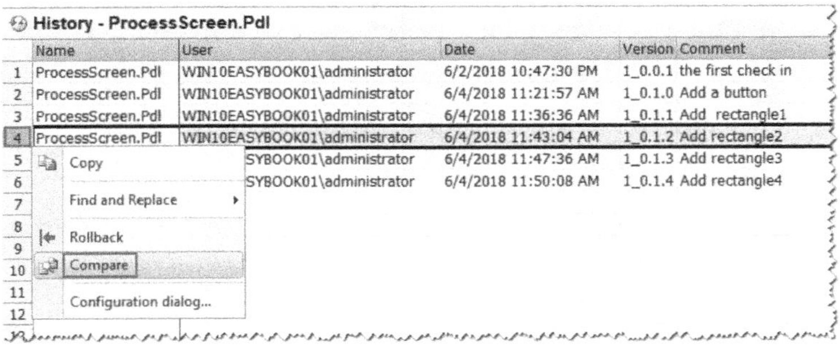

图 15-67　版本比较

从比较的结果可以看出，版本之间的区别是新添加了两个矩形，如图 15-68 所示。

	Object Name	Change Type	Modification Type	Property Name	Event Name	Value Change	Changing the Dynamization	Trigger Type
1	Rectangle3	HMI Rectangle	New			☐	☐	☐
2	Rectangle4	HMI Rectangle	New			☐	☐	☐

图 15-68　版本比较结果

只有画面（.Pdl）、C 脚本（.PAS 和 .FCT）和 VB 脚本（.BAC 和 .BMO）可以进行细节对比，而其它对象只能对比出两个版本是否相同，如图 15-69 所示。对于画面和脚本比较的内容，见表 15-15。

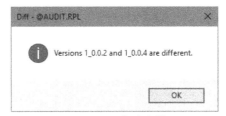

图 15-69　大致比较

表 15-15　画面与脚本的细节比较

对象	表　　头	含　　义
画面	Object type	更改的对象的类型
	Modification type	执行了什么更改，如 New、Modified、Delete 等
	Property Name	执行更改的对象属性的名称
	Event Name	执行更改的事件名称
	Value change	如果该复选框被选中，说明属性中的数值发生了更改

（续）

对象	表　头	含　义
画面	Changing the dynamization	如果该复选框被选中,说明动态化发生了更改
	Trigger types	如果该复选框被选中,说明触发器类型被使用
脚本	Object type	更改的对象的类型
	Modification type	执行了什么更改
	Action Item	发生更改的动作类型
	Trigger types	如果该复选框被选中,说明触发器类型被使用

右键单击版本 1_0.1.2，选择 Rollback，可以将这个版本回滚至最新版本，即 1_0.1.4，如图 15-70 所示。

	Name	User	Date	Version	Comment
1	ProcessScreen.Pdl	WIN10EASYBOOK01\administrator	6/2/2018 10:47:30 PM	1_0.0.1	the first check in
2	ProcessScreen.Pdl	WIN10EASYBOOK01\administrator	6/4/2018 11:21:57 AM	1_0.1.0	Add a button
3	ProcessScreen.Pdl	WIN10EASYBOOK01\administrator	6/4/2018 11:36:36 AM	1_0.1.1	Add rectangle1
4	ProcessScreen.Pdl	WIN10EASYBOOK01\administrator	6/4/2018 11:43:04 AM	1_0.1.2	Add rectangle2
5	Copy	SYBOOK01\administrator	6/4/2018 11:47:36 AM	1_0.1.3	Add rectangle3
6		SYBOOK01\administrator	6/4/2018 11:50:08 AM	1_0.1.4	Add rectangle4
7	Find and Replace				
8	Rollback				
9					
10	Compare				
11	Configuration dialog...				

图 15-70　回滚操作

这时，需要对回滚的原因进行注释，也可以选择是否修改新版本的编号级别，如图 15-71 所示。

回滚操作完成后，并不是删除后两个版本，而是新建一个版本，注释中将记录回滚至哪个版本和回滚的原因，如图 15-72 所示。

此时，打开 ProcessScreen.Pdl 这个画面，可以发现后添加的两个矩形已经消失了，如图 15-73 所示。

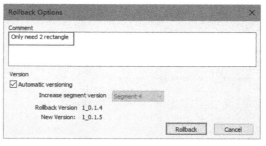

图 15-71　回滚注释

	Name	User	Date	Version	Comment
1	ProcessScreen.Pdl	WIN10EASYBOOK01\administrator	6/2/2018 10:47:30 PM	1_0.0.1	the first check in
2	ProcessScreen.Pdl	WIN10EASYBOOK01\administrator	6/4/2018 11:21:57 AM	1_0.1.0	Add a button
3	ProcessScreen.Pdl	WIN10EASYBOOK01\administrator	6/4/2018 11:36:36 AM	1_0.1.1	Add rectangle1
4	ProcessScreen.Pdl	WIN10EASYBOOK01\administrator	6/4/2018 11:43:04 AM	1_0.1.2	Add rectangle2
5	ProcessScreen.Pdl	WIN10EASYBOOK01\administrator	6/4/2018 11:47:36 AM	1_0.1.3	Add rectangle3
6	ProcessScreen.Pdl	WIN10EASYBOOK01\administrator	6/4/2018 11:50:08 AM	1_0.1.4	Add rectangle4
7	ProcessScreen.Pdl	WIN10EASYBOOK01\administrator	6/4/2018 1:31:16 PM	1_0.1.5	Rollback to Version 1_0.1.2 : Only need 2 rectangle
8					

图 15-72　回滚的版本

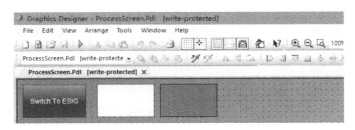

图 15-73 回滚后的画面

2. 外部更改

可以进行文档控制的文件其实是存储在 WinCC 项目路径中的文件。如画面文件均存储在 WinCC 项目路径下的 GraCS 文件夹下。如果在 Audit DCPV 界面对某一个画面，如 ProcessScreen. Pdl 进行了 Check In 的操作，在 GraCS 文件夹下查看 ProcessScreen. Pdl 的文件属性，可以看到该文件的只读属性被选中，如图 15-74 所示。

这时，如果手动取消了只读属性的复选框，在 WinCC 中打开这个画面时，可以发现这个画面是可以编辑的状态。此时，在画面中添加一个圆，然后单击保存按钮，关闭图形编辑器，如图 15-75 所示。

图 15-74 只读属性

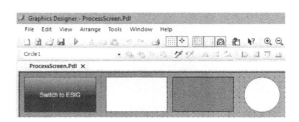

图 15-75 属性修改只读属性

这时，打开 Audit DCPV，可以看到通过取消了只读属性而修改的画面在 Picture files (. Pdl) 中以红色背景显示，如图 15-76 所示。说明该画面进行了外部的修改。

图 15-76 外部修改的红色背景

对于这种情况，可以有两种选择，如图 15-77 所示。

1）Check in external changes：将取消"只读属性"后所做的修改进行 Check In 的操作。如果执行了该操作，需要填写注释，并且版本将在原有基础上增加一个版本号，文档控制中的红色背景消失。

2）Discard external changes：放弃取消"只读属性"后所做的修改。如果执行了该操作，将弹出提示"所有未决的更改将会全部丢失，是否继续"，如果选择"是"，取消"只读属性"后所做的修改将会被放弃，文档控制中的红色背景消失，版本号不变。

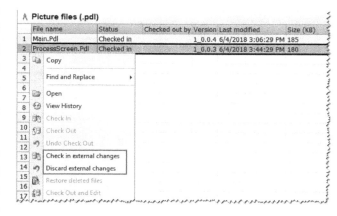

图 15-77 外部更改的处理

提示： 执行文档控制的功能时，该文档不能处于正在编辑的状态。如果需要 Check In 或 Check Out 一个画面，那么图像编辑器必须处于关闭的状态。

15.4.2 标签功能

可以对项目文件使用标签功能。所有项目文件的临时版本会被标签所保存，如图 15-78所示。

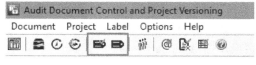

图 15-78 标签功能

当单击应用标签的按钮时，弹出新建标签的窗口。在该窗口中可以输入标签的名称及注释。单击查看标签的按钮，可以查看之前所创建的所有标签，如图 15-79 所示。

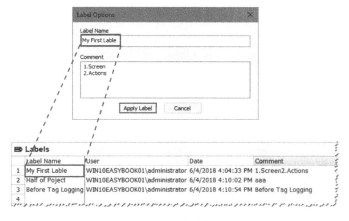

图 15-79 新建标签

在标签列表中任意选择一个标签，右键单击标签左侧的编号，在菜单中可以 Get Label 或 Delete Label。如果选择 Get Label，WinCC 项目将返回设定标签时的状态，设定标签后的修改都将丢失，如图 15-80 所示。

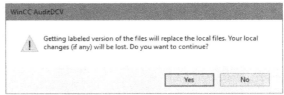

图 15-80　获取标签

使用标签功能需满足以下要求：

- WinCC 项目已经打开。
- Audit DCPV 已经打开并已正确授权。
- 文档控制已经使能。
- 所有文件均已 Check In。

使用标签功能需要注意以下事项：

- 如果有项目文件正在 Check Out，那么此时执行标签功能，所做的修改将会丢失。
- Get Label 功能只是使所有的文件恢复到创建标签时的状态，但是版本不会恢复。
- 标签以 .xml 文件形式保存，文件位于：项目路径>Document Control>LabelInfo.xml。

15.4.3　项目版本管理

Audit DCPV 除了文档控制的功能外，另一个功能是项目版本归档。在 Audit DCPC 的工具栏上单击 Archive Project 的工具，将弹出 Archive Options 对话框，在该界面可以选择是否归档当前项目，设定归档文件的存储路径，填写相应注释及设定改变的版本级别（只能更改版本组态中的 P），如图 15-81 所示。

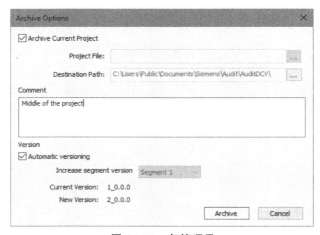

图 15-81　归档项目

在 Project Versioning 界面可以查看本机归档的所有项目，包括不是当前打开的项目。右键单击任何一个已经归档的项目，可以选择 Restore 选项，同时设定一个路径，这样就可以在新路径中恢复之前归档的项目，如图 15-82 所示。

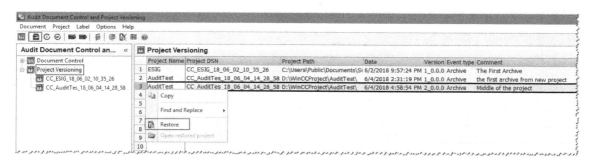

图 15-82 恢复归档项目

15.5 Audit 日志查看器

Audit Viewer 是用来查看 Audit 日志的工具。Audit Viewer 可以在 WinCC Explorer 中通过右键单击 Audit，在菜单中打开；也可以通过双击桌面上的 Audit Viewer 图标打开，如图 15-83所示。

15.5.1 查看 Audit 日志

在 Audit Viewer 中，单击 Audit DB，右键单击需要查看的数据库的左侧编号，在弹出的菜单中选择 Select Server，如图 15-84 所示。

在左侧树形结构中，选择"计算机名\数据库名"，即可查看该数据库中所有的 Audit 日志，如图 15-85所示。

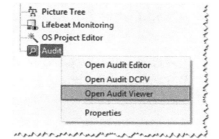

图 15-83 打开 Audit Viewer

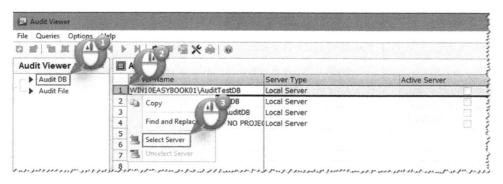

图 15-84 Audit Viewer 选择要查看的库

为了保证打开速度，Audit Viewer 每次将默认加载 100 行日志。单击工具栏上齿轮形状的设置按钮，可以修改加载条数。建议保持默认设置，也可以设置保存自定义查询条件的路径，如图 15-86 所示。

Audit Viewer 中显示 Audit 日志列的描述见表 15-16。

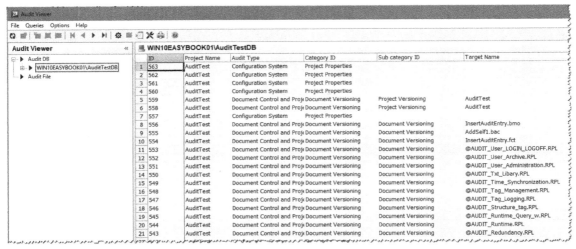

图 15-85　Audit 日志

图 15-86　Audit Viewer 设置

表 15-16　Audit 日志的列

表　头	含　义
ID	Audit 记录日志的顺序 ID
Project ID	进入 Audit 数据库的 WinCC 项目的 Audit ID
Project Name	进入 Audit 数据库的 WinCC 项目的名称
Audit Type	引起 Audit 事件的区域,如组态系统、Audit 编辑器、WinCC 运行系统等
Category ID	更改的种类,如数据管理器、WinCC 文档、Alarm(RT)等
Subcategory ID	更改的种类的子类,如变量、项目版本、文档版本、启动选项等
Target ID	WinCC 数据库中的 ID
Target Name	发生更改的对象的名称,如 Tag1、Main. Pdl、My First Label 等
Specific Change ID	发生更改的类型,如 New_Operator_Msg、User Archive、Report Runtime 等
Modification ID	执行的更改,如 Insert、Delete、Update、Project Close 等
Old Value	更改前的旧值
New Value	更改后的新值
Date Time	发生更改的日期与时间(UTC 时间)
Time Zone Offset	与 UTC 相差的时区,如 8

（续）

表　头	含　义
Windows User	执行更改时的计算机登录用户,如 Administrator
Application User	执行更改时的应用程序用户,如 SYSTEM、Admin1 等
Computer Name	执行更改的计算机名称,如 Server1、PC1 等
Operator Message ID	消息编号,如 12508141、190000 等
Reason	事件的注释信息
Legacy Project GUID	移植后的列,V7.4 SP1 之前的 WinCC 项目 ID
Legacy Database Name	移植后的列,V7.4 SP1 之前的 WinCC 数据库名称
Legacy Application Name	移植后的列,V7.4 SP1 之前的应用程序名称
Legacy Table Name	移植后的列,V7.4 SP1 之前的数据库表名
Legacy Field Name	移植后的列,V7.4 SP1 之前的字段名称
Legacy Event Type	移植后的列,V7.4 SP1 之前的更改类型
Legacy Event Item	移植后的列,V7.4 SP1 之前的更改条目

15.5.2　查看 Audit 文件

Audit Viewer 不仅能够查看 WinCC 当前的 Audit 日志,还可以查看如下文件。

● Audit 日志的备份文件（ *.xml ）,要求 Audit V7.2 或更高。

● WinCC Flexible 的日志文件（ *.txt 或 *.csv ）,要求 2008 或以后的版本。

● RDB 文件（ *.rdb ）,要求 TIA Portal V12 或以后的版本。

在 Audit Viewer 左侧的树形结构中,右键单击 Audit File,选择 Show Audit file,即可打开上述其它文件,如图 15-87 所示。

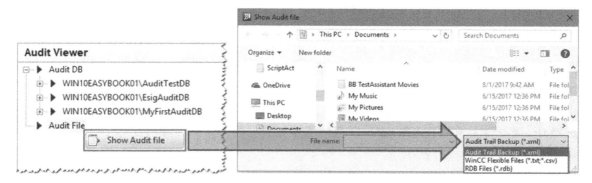

图 15-87　Audit Viewer 打开其它文件

如图 15-88 所示,在 Audit Viewer 中,打开.txt 格式的 Audit Trail 文件。

15.5.3　Audit 日志的过滤与校验

1. Audit 日志的过滤

Audit Viewer 显示的 Audit 日志具有过滤功能,包括预定义过滤和自定义过滤。用户可以根据自己的需求选择预定义过滤或自定义过滤。预定义过滤如图 15-89 所示。

其中,选择 WinCC Configuration,将仅显示与组态相关的 Audit 日志。也可以选择其中的子项,则只显示与子项相关的日志,如选择 WinCC Runtime,将仅显示与 WinCC 运行系统

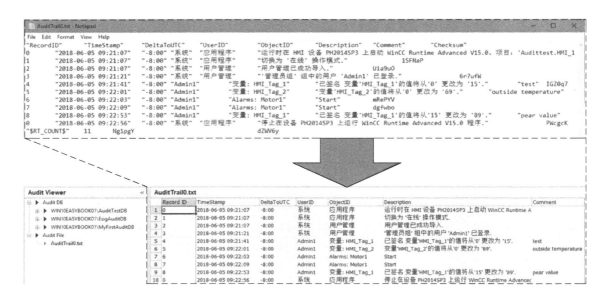

图 15-88　Audit Viewer 打开 .txt 文件

相关的 Audit 日志；选择 Document Control，将仅显示文档控制与项目版本化相关的日志；选择 Audit Editor，将仅显示在 Audit Editor 中所做更改而带来的日志记录。

　　如果预定义的查询不能满足需求，例如需要查询经操作员的操作，所有新值大于等于 30 的记录，可以选择自定义查询。在 Audit Viewer 左侧的树形结构中右键单击 User Queries，选择 New Query，为新建的 Query 重命名。在右侧的条件设置界面，选择 Field 字段下拉菜单中的 Category ID，选择 Operator 为等号，选择 Value 字段下拉菜单中的 Alarm（RT），在第二行 And/Or 字段下拉菜单中选择 AND，选择 Field 字段下拉菜单中的 New Value，选择 Operator 为大于等于，在 Value 字段中填写 30，如图 15-90 所示。

　　2. Audit 日志的校验

图 15-89　Audit Viewer 预定义过滤

　　Audit Viewer 具有特殊算法的校验机制。Audit 所记录的日志存储在后台的 SQL Server 数据库中，如果在数据库中选择编辑表格后，修改了 Audit 日志中的某些表格，那么当 Audit Viewer 再次加载该日志时，被修改过的条目将会以红色背景显示，如图 15-91 所示。

　　如果从 Audit 编辑器中导出的 .xml 格式的备份文件被修改，修改后的文件在 Audit Viewer 中被加载后，被修改的条目也会显示红色背景。但是，Audit Viewer 加载其它格式的文件，如 .txt 或 .csv，如果文件被修改，Audit Viewer 将不会判断其校验，修改过的条目也不会产生红色背景。

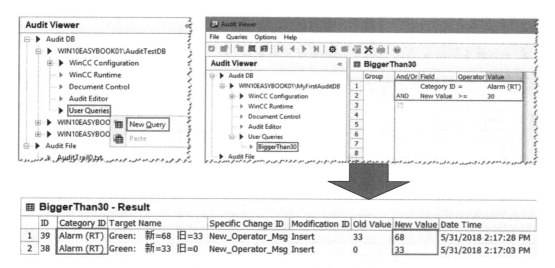

图 15-90 Audit Viewer 自定义过滤

	ID	Project Name	Audit Type	Category ID	Sub category ID	Target Name	Specific Change ID	Modification ID	Old Value	New Value
1	44	UA_Demo	Configuration System	Project Properties				Project Close		
2	43	UA_Demo	WinCC Runtime			UA_Demo	UA_Demo (RT Deactivated)	Runtime deactiva		
3	42	UA_Demo	Configuration System	WinCC Document		Process.Pdl		Update		
4	41	UA_Demo	Configuration System	WinCC Document		Process.Pdl		Update		
5	40	UA_Demo	Operator actions	Alarm (RT)		Green: 新=23 旧=68	New_Operator_Msg	Insert	68	23
6	39	UA_Demo	Operator actions	Alarm (RT)		Green: 新=68 旧=33	New_Operator_Msg	Insert	33	680
7	38	UA_Demo	Operator actions	Alarm (RT)		Green: 新=33 旧=0	New_Operator_Msg	Insert	0	33
8	37	UA_Demo	WinCC Runtime			UA_Demo	UA_Demo (RT Activated)	Runtime activate		
9	36	UA_Demo	Configuration System	Computer Properties	StartUnit	WIN10EASYBOOK01	User Archive	Insert		1

图 15-91 Audit Viewer 的校验

> **提示**：如果未修改过 Audit 日志，但是只要有中文的条目都显示红色背景，那么需要在计算机的控制面板中，将"区域"下的"格式"设置为"英语（美国）"。如果是 WinCC 画面中加载的 AuditTrail 控件，那么需要将 WinCC 的运行语言改为"英语（美国）"。

15.5.4 打印 Auidt 日志

在 Audit Viewer 的工具栏中，可以选择打印按钮，将所选择的 Audit 日志打印输出。从 Audit V7.4 开始，可以选择要打印的列，单击工具栏上的 Print Configuration 按钮✖，在弹出的对话框中，选择要打印的列，如图 15-92 所示。也可以在 Audit Viewer 的工具栏中单击导出按钮，将 Audit 日志导出为 Excel 的格式，然后在 Excel 中编辑打印。

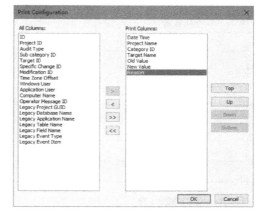

图 15-92 Audit Viewer 打印设置

15.6　应用示例

本节内容主要讲述如何一步步实现本章开始所述 WinCC Audit 示例项目，实现过程主要为基础项目创建以及 Audit 功能的组态，最后需要激活示例项目，测试组态的功能是否满足要求。

15.6.1　创建基础项目

按如下方式创建基础项目。

1）在计算机管理中创建如下用户组。

- ForWinCCAdmin
- FORWiCCOperator

2）在计算机管理中创建如下入户。

- 用户名：Admin1，密码：admin1
- 用户名：Admin2，密码：admin2
- 用户名：Operator1，密码：operator1
- 用户名：Operator2，密码：operator2

3）分别将用户 Admin1、Admin2 添加至组 ForWinCCAdmin。

4）分别将用户 Operator1、Operator2 添加至组 ForWinCCOperator。

5）在 WinCC 中，创建一个名为 AuditDemoProject 的单用户项目。

6）将 WinCC 项目管理器的界面语言切换成英文。

7）创建两个画面：Main.Pdl 和 AuditTrail.Pdl。在 Main.Pdl 画面中设置画面大小为本机显示器的分辨率，组态如图 15-93 所示对象。

8）创建如表 15-17 所示变量。

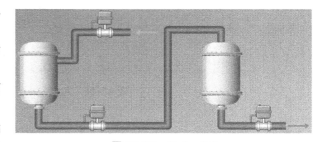

图 15-93　Main.Pdl

表 15-17　变量

变量名	数据类型
Valve_1	Binary Tag
Valve_2	Binary Tag
Valve_3	Binary Tag
Level1_Setpoint	Floating-point number 32-bit IEEE 754
Level1_ProcessValue	Floating-point number 32-bit IEEE 754
Level2_Setpoint	Floating-point number 32-bit IEEE 754
Level2_ProcessValue	Floating-point number 32-bit IEEE 754
FillingTimes	Unsigned 16-bit value

15.6.2　Audit 功能组态

步骤 1：在 WinCC Explorer 中，右键单击"Audit"，选择"Open Audit Editor"，然后在

弹出的 SIMATIC Logon 登录对话框中，输入计算机的用户名和密码，然后单击 "OK" 按钮，
如图 15-94 所示。

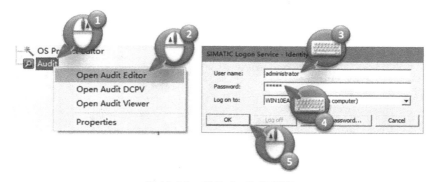

图 15-94　登录 Audit 编辑器

步骤 2：右键单击 <Create Multi Project Database…> 左侧的编号，然后单击 "Select Serv-
er"，在弹出的对话框中输入 "AuditDemoDB"，然后单击 "OK" 按钮，系统提示 Audit Trail
数据库已经连接，单击 "确定" 按钮，如图 15-95 所示。

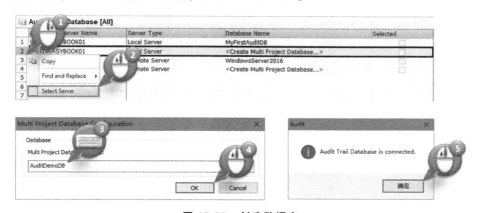

图 15-95　创建数据库

步骤 3：在左侧的树形结构中，选中 "Audit Settings"，然后右键单击 "Activated"，选
择 "Select all"，如图 15-96 所示。

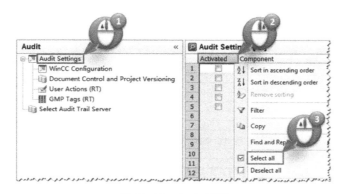

图 15-96　Audit 配置

步骤 4：在左侧的树形结构中，选中"WinCC Configuration"，然后右键单击"Activated"，选择"Select all"，如图 15-97 所示。

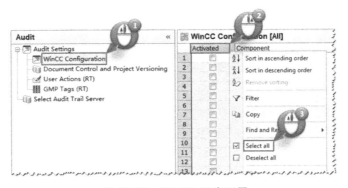

图 15-97 WinCC 组态配置

步骤 5：在左侧的树形结构中，右键单击 GMP Tags（RT）；在弹出的菜单中，单击"Add GMP Tag"，在变量选择对话框中，单击之前创建的第一个变量；然后按住"shift"键，单击之前创建的最后一个变量，全选后单击"OK"按钮，如图 15-98 所示。

图 15-98 添加 GMP 变量

步骤 6：在选中的变量中，勾选 Level1_Setpoint 和 Level2_Setpoint，然后关闭 Audit 编辑器，如图 15-99 所示。

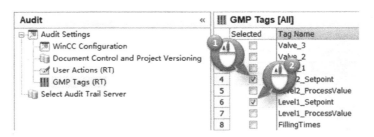

图 15-99 选择 GMP 变量

步骤 7：在 WinCC Explorer 中，打开用户管理器；在左侧的树形结构中，选择 User Administrator；在右侧的属性窗口中，勾选 SIMATIC Logon；在 Administrator-Group 下方，新建

组 ForWinCCAdmin，用同样的方式新建组 ForWinCCOperator，然后关闭用户管理器，如图
15-100 所示。

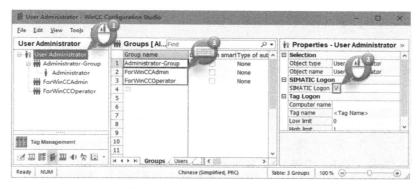

图 15-100　启用 SIMATIC Logon

步骤 8：在 WinCC Explorer 中，打开报警记录；在左侧树形结构中，选择 Messages，选
择 Message Tag 单元格，单击 3 个点的按钮，在弹出对话框中，选择变量 Valve_1，然后单击
Apply 按钮，随后单击 "OK" 按钮，关闭对话框，添加本消息的消息文本 "Valve1 Open"，
如图 15-101 所示。

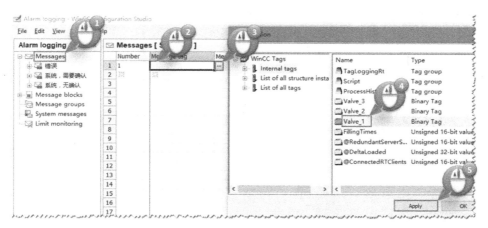

图 15-101　创建 Valve1 的消息

步骤 9：再创建一条消息，消息变量为 Valve_2，消息文本为 "Valve2 Open"，将消息编
号为 1900051，如图 15-102 所示。

	Number	Message tag	Mes	Stat	Stat	Ackr	Ackn	Message class	Message Type	Message Group	Priority	Message text
1	1	Valve_1	0	0		0		错误	报警		0	Valve1 Open
2	1900051	Valve_2	0	0		0		错误	报警		0	Valve2 Open

图 15-102　创建 Valve2 的消息

步骤 10：在左侧展开 "系统，无确认"，选择 "操作员输入消息"，输入消息编号
10000，输入消息文本：@ 102%s@：Ack MsgNum：@ 10%d@ "@ 1%s@" on @ 100%s@，
如图 15-103 所示。

图 15-103　创建确认消息

步骤 11：在左侧选择 System Messages，右键单击 Used，在弹出菜单中单击 Select all，选择完成后关闭报警记录窗口，如图 15-104 所示。

步骤 12：在 WinCC Explorer 中，右键单击 Audit，选择 Open Audit DCPV，在弹出的登录窗口中输入登录计算机的管理员账户及密码，如图 15-105 所示。

步骤 13：单击工具栏上的 Enable Document Control 按钮，在弹出的 Version Configuration 中，选择 PP. PP. DD. DD，然后单击"OK"按钮，如图 15-106 所示。

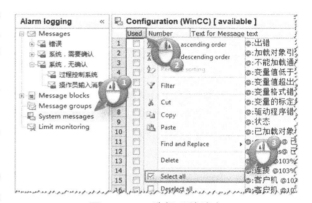

图 15-104　选择系统消息

图 15-105　打开 DCPV

图 15-106　使能文档控制及定义版本编号

步骤 14：单击工具栏上的 Archive Project 按钮，在弹出的 Archive Options 中输入注释，单击 Archive 按钮，然后在弹出的提示窗口中，单击"确定"按钮，如图 15-107 所示。

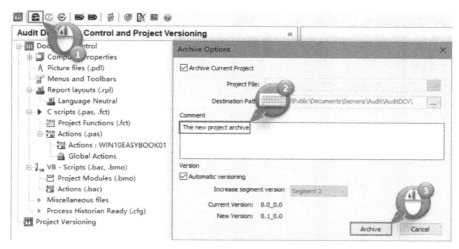

图 15-107　归档项目

步骤 15：在左侧的树形结构中，展开 Computer Properties，选中本机的计算机名，在右侧右键单击 GraCS.ini 的编号，在弹出菜单中单击"Check Out"选项，如图 15-108 所示。

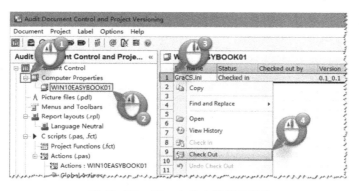

图 15-108　Check Out 计算机属性

步骤 16：在弹出的菜单中输入注释，然后单击"Check Out"按钮，如图 15-109 所示。

步骤 17：在 WinCC Explorer 中，打开计算机属性，选择 Startup 选项卡，勾选 Alarm Logging Runtime；选择 Graphics Runtime 选项卡，单击 Start Picture 右侧的 3 个点的按钮，

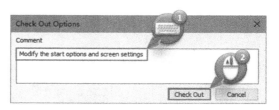

图 15-109　填写 Check Out 计算机属性的注释

在弹出的对话框中，选择 Main.Pdl，单击"OK"按钮，在 Windows Attributes 中，勾选 Full Screen，然后单击确定按钮关闭计算机属性对话框，如图 15-110 所示。

步骤 18：回到 Audit DCPV 的界面，右键单击 CraCS.ini 左侧的编号，在弹出菜单中选择 Check In，在弹出的窗口中保持默认设置，然后单击 Check In 选项，如图 15-111 所示。

步骤 19：在左侧的树形结构中，选择 Picture files（.pdl），右键单击 Main.Pdl 左侧的编号，在弹出的菜单中，选择 Check Out and Edit，如图 15-112 所示。

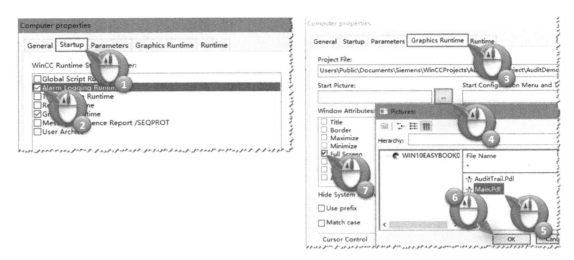

图 15-110　设置计算机属性

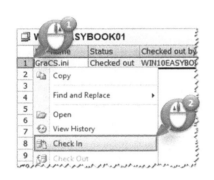

图 15-111　Check In 计算机属性

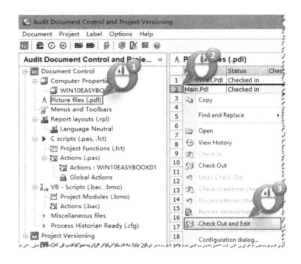

图 15-112　Check Out 主画面

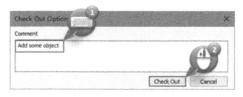

图 15-113　填写 Check Out 主画面的注释

　　步骤 20：在 Check Out Option 对话框中，输入注释，单击 Check Out 按钮，如图 15-113 所示。

　　步骤 21：Main. Pdl 画面将自动打开，在画面中添加如图 15-114 所示对象，其主要属性参数见表 15-18。

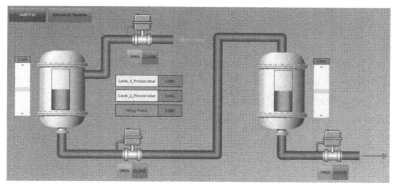

图 15-114 添加画面对象

表 15-18 画面对象

对 象 名	属 性
按钮 1	文本: Audit Trail
按钮 2	文本: Exit WinCC Runtime
按钮 3、4、5	文本: OPEN
按钮 6、7、8	文本: CLOSE
文本域 1	文本: Level_1_ProcessValue
文本域 2	文本: Level_2_ProcessValue
文本域 3	文本: Filling Times
滑块 1	关联变量: Level_1_Setpoint
滑块 2	关联变量: Level_2_Setpoint
滑块 1 上方的 输入/输出域 1	关联变量: Level_1_Setpoint
滑块 2 上方的 输入/输出域 2	关联变量: Level_2_Setpoint
文本域 1 右侧的输入/输出域 3	关联变量: Level_1_ProcessValue
文本域 2 右侧的输入/输出域 4	关联变量: Level_2_ProcessValue
文本域 3 右侧的输入/输出域 5	关联变量: FillingTimes

步骤 22：保存并关闭图形编辑器。在 Audit DCPV 界面 Check In 画面 Main. Pdl，然后再次 Check Out and Edit 画面 Main. Pdl，输入注释：Modify the properties。在打开的图形编辑器中，为按钮 Audit Trail 添加事件：切换至画面 AuditTrail. Pdl；为按钮 Exit WinCC Runtime 添加事件：退出 WinCC 运行系统；为阀门 1 下方的 OPEN 按钮及 CLOSE 按钮添加如下 VBS 动作。然后为阀门 2 和阀门 3 下方的按钮分别添加同样的脚本，注意变量分别选择 Valve_2 和 Valve_3。

阀门 1　OPEN 按钮脚本

```
Sub OnLButtonDown(ByVal Item,ByVal Flags,ByVal x,ByVal y)
Dim MyEsig,Ret,MyComment,Valve_1
Set Valve_1=HMIRuntime. Tags("Valve_1")
  Set MyEsig=CreateObject("CCEsigDlg. ESIG")
    MyEsig. ForceComment=True
    Ret=MyEsig. ShowDialog("Operator1","操作员 1","WIN10EASYBOOK01",_
2052,MyComment)
    Select Case Ret
      Case 1
```

```
        Valve_1.Write 1
        InsertAuditEntryNew "","",MyComment,0
    Case 2
        Msgbox "User had been cancelled the Esig"
    Case 3
        Msgbox "Failed for 3 times"
    End Select
End Sub
```

阀门 1 CLOSE 按钮脚本

```
Sub OnLButtonDown(ByVal Item,ByVal Flags,ByVal x,ByVal y)
Dim Valve_1
    Set Valve_1=HMIRuntime.Tags("Valve_1")
        InsertAuditEntryNew "Open","Close","strOpComments",1
        Valve_1.Write 0
End Sub
```

步骤 23：选中第一个阀门，选择属性中的 Control Properties，左键双击 SymbolAppearance，将其改为"Shaded-1"，右键单击 ForeColor 右侧的白色灯泡，在弹出的菜单中，单击 Dynamic Dialog，如图 15-115 所示。

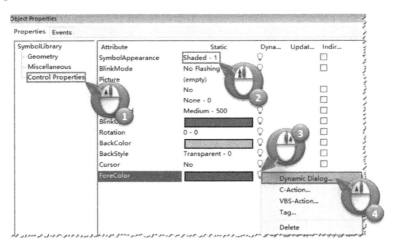

图 15-115　为阀门添加动态对话框

步骤 24：在弹出的动态对话框中，选择 Data Type 为 Boolean；双击 No/FALSE 的颜色，将其修改为红色；单击 3 个点的按钮，选择变量，选择 Valve_1；单击触发器按钮，选中 Valve_1，单击确定按钮，然后单击"OK"按钮，关闭对话框，如图 15-116 所示。

步骤 25：重复步骤 23 和步骤 24，为另外两个阀门添加动态对话框，变量分别使用 Valve_2 和 Valve_3。

步骤 26：分别设置罐体上的矩形填充属性，填充值分别关联变量 Level_1_ProcessValue 和 Level_2_ProcessValue。

步骤 27：保存画面后关闭画面，回到 Audit DCPV 的界面，将画面 Check In，然后再次

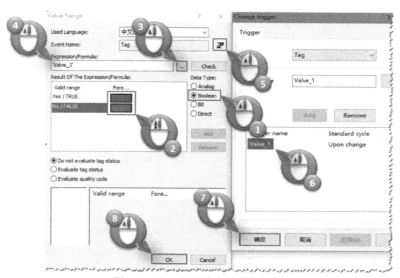

图 15-116 阀门动态对话框设置

Check Out and Edit，输入注释 Add alarm control，单击 Check Out 按钮。在打开画面的合适位置拖拽一个报警控件，在报警控件的常规选项卡，设置打开画面时的消息列表为短期归档列表；在消息列表选项卡中，移动所需的消息块；选中 Operator Messages 选项卡，选择 Acknowledge，勾选其左侧的复选框，然后在右侧将 Message number 改为10000，如图15-117所示。

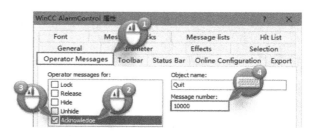

图 15-117 确认的操作员输入消息

步骤 28：保存画面后关闭画面，回到 Audit DCPV 的界面，将画面 Check In，然后再次 Check Out and Edit，输入注释 Add Esig of I/O Field，单击 Check Out 按钮。选择 Filling Times 的输入/输出域，在其属性窗口左侧单击 Output/Input，左键双击 Field Type 右侧的静态内容，在弹出的下拉菜单中选择 Output，如图 15-118 所示。

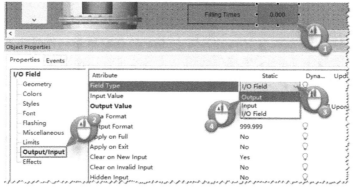

图 15-118 修改输入/输出域类型为输出域

步骤 29：在该输入/输出域的事件中，为鼠标左键添加 VBS 动作，脚本如下所示。

```
Sub OnLButtonDown(ByVal Item,ByVal Flags,ByVal x,ByVal y)
Dim NewValue,OldValue,ReturnValue,UserName,MyEsig,MyComment,FillingTimes
    Set FillingTimes=HMIRuntime.Tags("FillingTimes")
    Set MyEsig=Createobject("CCEsigDlg.ESIG")
      NewValue=Inputbox("请输入要修改的值:")
        If NewValue <> "" Then
            UserName=Inputbox("请输入用户名:")
          If UserName <> "" Then
              FillingTimes.Read
              OldValue=CStr(FillingTimes.Value)
              MyEsig.forcecomment=False   '不强制注释
              ReturnValue=MyEsig.showDialog(UserName,UserName,_
                          "WIN10EASYBOOK01",2052,MyComment)
            '验证成功
            If ReturnValue =1 Then
                FillingTimes.Write NewValue '  将新值写入 PLC
                '将新旧值及注释写入 Audit Trail
                InsertAuditEntryNew OldValue,NewValue,MyComment,0
            End If
            '取消验证
            If ReturnValue =2 Then
                Msgbox "用户已取消电子签名"
            End If
            '三次验证失败
            If ReturnValue =3 Then
                Msgbox "用户已 3 次验证失败"
            End If
          End If
        End If
End Sub
```

步骤 30：保存并关闭画面，回到 Audit DCPV 的界面，将画面 Check In，然后右键单击这个画面左侧的编号，选择 View History，版本如图 15-119 所示。然后再次 Check Out >添加对象 > Check In > View History > 选择倒数第二个版本进行回滚测试。

	Name	User	Date	Version	Comment
1	Main.Pdl	WIN10EASYBOOK01\administrator	6/6/2018 9:23:04 AM	0.0_0.1	Original Version
2	Main.Pdl	WIN10EASYBOOK01\administrator	6/6/2018 9:30:07 AM	0.1_0.1	Virtual checkin
3	Main.Pdl	WIN10EASYBOOK01\administrator	6/6/2018 11:31:37 AM	0.1_0.2	Add some object
4	Main.Pdl	WIN10EASYBOOK01\administrator	6/6/2018 1:01:17 PM	0.1_0.3	Modify the properties
5	Main.Pdl	WIN10EASYBOOK01\administrator	6/6/2018 1:09:31 PM	0.1_0.4	Add dynamic dialog
6	Main.Pdl	WIN10EASYBOOK01\administrator	6/7/2018 4:22:01 PM	0.1_0.5	Add alarm control
7	Main.Pdl	WIN10EASYBOOK01\administrator	6/7/2018 5:09:43 PM	0.1_0.6	Add Esig of IO Field

History - Main.Pdl

图 15-119　历史版本

步骤 31：在 Audit DCPV 界面，右键单击画面 AuditTrail. Pdl，选择 Check Out and Edit，
输入注释 Add Audit Trail Control，单击 Check
Out 按钮，在打开的画面添加一个按钮，名称
为 Main，事件为切换至画面 Main. Pdl；右键
单击 ActiveX controls，选择 Add/Remove…，
如图 15-120 所示。

步骤 32：在选择 OCX 控件对话框中，
勾选 WinCC AuditViewer Control，单击 "OK"
按钮，如图 15-121 所示。

图 15-120　添加新控件

步骤 33：从控件中选择 WinCC Audit-
Viewer Control，在画面上拖拽合适的大小，在弹出的 WinCC AuditViewer Control 属性对话框
中，勾选 Local Server，双击 AuditDemoDB 数据库，然后单击确定按钮，如图 15-122 所示。

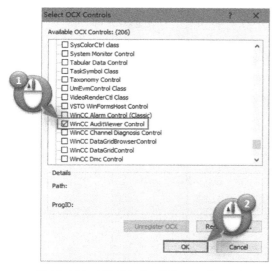

图 15-121　WinCC AuditViewer Control

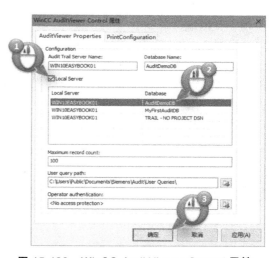

图 15-122　WinCC AuditViewer Control 属性

步骤 34：保存并关闭画面，回到 Audit DCPV 的界面，将画面 Check In。右键单击
Main. Pdl 左侧的编号，选择 Check Out，填写注释：Modify Operator Message and Operator Ac-
tivate Report，单击 Check Out 按钮，打开 Audit Editor，在左侧选择 User Actions（RT），然
后勾选 Main. Pdl 画面，如图 15-123 所示。

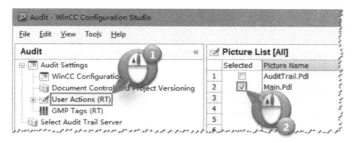

图 15-123　勾选 Main. Pdl

步骤 35：展开 User Actions（RT），选择 Main.Pdl，除了添加电子签名功能的输入/输出域外，其它输入/输出域均激活 Operator Message 和 Operator Activaties Report 选项，激活两个滑块的 Operator Message 选项，如图 15-124 所示。然后关闭 Audit Editor，回到 Audit DCPV 的界面，将 Main.Pdl 画面 Check In。执行项目归档，输入注释：Audit Demo Project Finished；关闭 Audit DCPV。

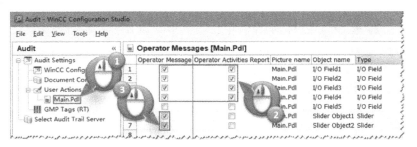

图 15-124　勾选 Operator Message 和 Operator Activaties Report

15.6.3　激活测试项目

步骤 1：在 WinCC Explorer 的工具栏中，单击激活按钮，激活项目。

步骤 2：拖动滑块修改设定值；在输入/输出域中修改过程值；测试各个阀门的打开与关闭按钮；测试 FillingTimes 输入/输出域的电子签名。

步骤 3：单击 Audit Trail 按钮，切换至 Audit Trail 画面，查看之前组态和运行的 Audit 日志并进行过滤操作。Audit 日志如图 15-125 所示。

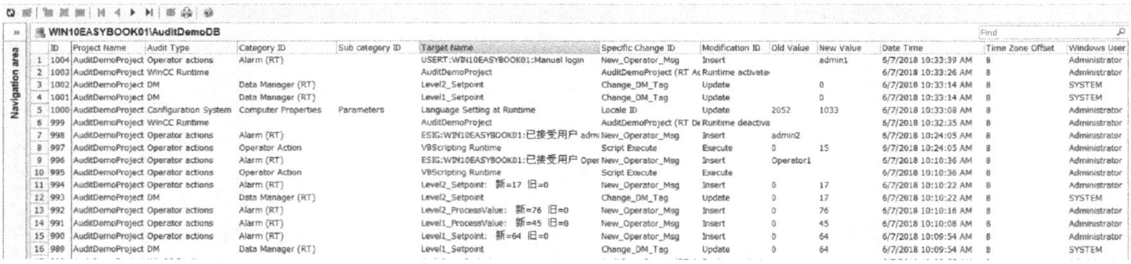

图 15-125　Audit 日志

第 16 章 数据开放性

在很多场合，WinCC 需要和外部应用程序交换数据，这些数据包括实时数据、变量归档数据、报警归档数据和用户归档数据。WinCC 提供了不同的接口满足这些开放性需求。

本章主要介绍 WinCC 数据开放性接口以及 WinCC 的两个选件：工业数据桥（Industrial Data Bridge，在本书中简称为 IDB）和连通性软件包（Connectivity Pack）。

本章学习完成之后除了能够了解 WinCC 的数据开放性接口外，还能够掌握以下的组态方法。

- 在 WinCC 画面中，使用 Web 浏览器控件。
- 使用 IDB 传送 WinCC 数据到 Excel。
- 使用连通性软件包读取 WinCC 数据到 Excel。

16.1 WinCC 开放性介绍

在信息化时代，需要不同系统之间进行频繁的数据交换，各个层级的软件之间相互配合实现生产信息化和智能化。例如，MES 需要采集 SCADA 的数据，同时也需要将排产计划下传到 SCADA。这就需要了解 WinCC 的开放性接口，了解 WinCC 如何将存储在其它数据库中的数据读出来，同时把自己采集到的数据传送给 MES。

WinCC 开放性包括两方面，一方面可以通过开放性接口对外提供数据，另一方面又可以通过相应接口读取外部数据。对外提供数据的开放性接口包括 OPC Server、WinCC OLEDB 及 ODK 接口等，第三方程序可以通过这些接口读取 WinCC 的实时数据、归档数据以及组态数据；WinCC 读取外部数据的方法有 OPC Client、OCX 控件、C 脚本和 VB 脚本，WinCC 可以通过这些方法将外部数据读到 WinCC 中来，例如标准 OPC Server 的数据、文件和数据库中的数据。

关于 WinCC OPC 相关的应用请参考第 5 章过程通信。

16.2 工业数据桥

IDB 是 WinCC 的一个选件。使用此选件仅需简单的组态便可使用多种标准接口在各种不同系统间进行数据交换。IDB 用于不同供应商自动化系统之间的数据交换，如通过 IDB 可以将 WinCC 归档数据传送到 SQL Server 数据库。

IDB 的数据流向是从数据提供方（Provider）到消费方（Consumer），如图 16-1 所示。

16.2.1 基本概念

1. 链接（Links）与连接（Connections）

IDB 是面向链接的。读者可以将不同的提供方和消费方链接在一起，从而实现数据从提供方到消费方的传送。

- 链接仅支持一个方向。
- 对于双向数据传送，则必须组态两个链接。

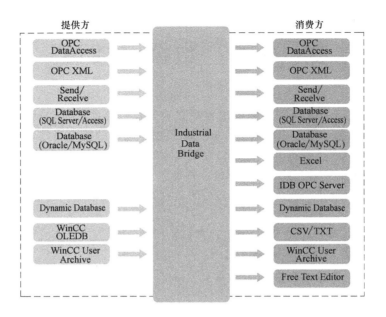

图 16-1　IDB 数据流

● 在 IDB 中最多可建立 32 个链接。

一个链接可以包含多个连接。图 16-2 中链接"WinCCOLEDB_to_Access"是将 WinCC 的变量归档数据传送到 Access 数据库中，下面包括 3 个连接（Connections）分别用来传送时间戳（TimeStamp）、变量名称（ValueName）和变量值（RealValue）。

IDB V7.4 SP1 支持的提供方（Provider）和消费方（Consumer）如下：

提供方：OPC Data Access、OPC XML、WinCC OLEDB、数据库、动态数据库、发送/接收（Send/Receive）、WinCC 用户归档。

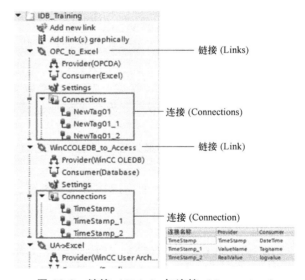

图 16-2　链接（Links）与连接（Connections）

消费方：OPC Data Access、IDB OPC 服务器、OPC XML、数据库、动态数据库、CSV/TXT、Excel、发送/接收（Send/Receive）、WinCC 用户归档、自由文本编辑器。

提示： 发送/接收（Send/Receive）可以在 IDB 和 S7 PLC（S7-300/400、S7-1500）之间直接交换数据。详细的组态步骤请参考条目 ID 104117374。

2. IDB 触发机制

触发机制是指触发数据传送的方法，不同的提供方所对应的触发机制也有所不同。

例如，当提供方为 OPC Server 或数据库时，支持以下三种触发机制：仅发送已更改的值、始终发送所有值和通过触发器发送值，如图 16-3 所示。

图 16-3　OPC 数据传送机制

- 仅发送已更改的值：每当已组态的变量数值改变时，就传送数据。
- 始终发送所有值：按照设定的周期进行数据传送。
- 通过触发器发送值：触发条件（例如某个变量 > 100）满足时，将传送所有变量的值。

当提供方为 WinCC OLE DB 时，支持以下三种触发机制：周期性数据交换、事件触发数据交换以及设定时间范围内数据的传送，如图 16-4 所示。

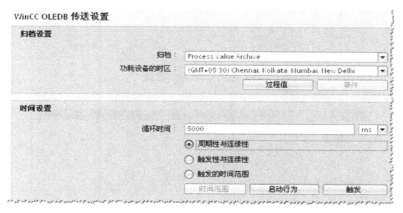

图 16-4　WinCC 归档数据传送机制

- 周期性与连续性：IDB Runtime 运行后，就按照设定的更新周期连续传送数据。
- 触发性与连续性：以固定更新周期检测以 OPC 变量定义的触发变量是否满足条件，若满足条件则按照设定的周期连续传送数据。
- 触发的时间范围：以固定更新周期检测以 OPC 变量定义的触发变量是否满足条件，若满足条件则传送设定时间范围内的归档数据。时间范围由两个 OPC 变量指定。

3. 动态数据库与数据库

不同版本的 IDB 支持的数据库版本有所不同，IDB V7.4 SP1 支持以下版本的数据库。

- MS Access 2007/2010/2013/2016，使用驱动程序 "MS ACE 12.0 OLE DB Provider"。
- MS SQL Server 2008/2012/2014/2016，使用驱动程序 "MS OLE DB Provider for SQL"。

- ORACLE 11g/12c，使用驱动程序 "Oracle provider for OLE DB"。

- MySQL 5. 5 / 5. 6 / 5. 7，使用驱动程序 "MySQL ODBC 3. 51 和 5. 3 UNICODE"。

IDB 支持 "动态数据库" 与 "数据库" 两种接口。它们作为提供方时的区别：

- 如图 16-5 所示，当提供方为数据库时，只能设置一个触发条件。并且只能传送数据库中第一行的数据到消费方。

- 动态数据库除了能够设置一个触发条件外，还能设置一个 Where 语句以过滤要传送的内容，如图 16-6 所示。并且还可以选择传送内容，如图 16-7 所示。

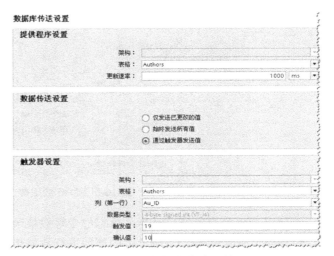

图 16-5　数据库传送机制

图 16-6　Where 语句

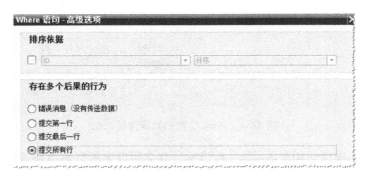

图 16-7　动态数据库传送内容

- 动态数据库除了能够传送数据库的内容之外，还可以同时传送 OPC 变量的值到消费方，如图 16-8 所示。

4. IDB 应用场景

IDB 既可与 WinCC 一起使用，也可作为独立软件运行。

下面列出 IDB 的三种应用场景：

- 独立使用：IDB 应用程序可以作为独立软件运行，所连接的提供方和消费方的应用

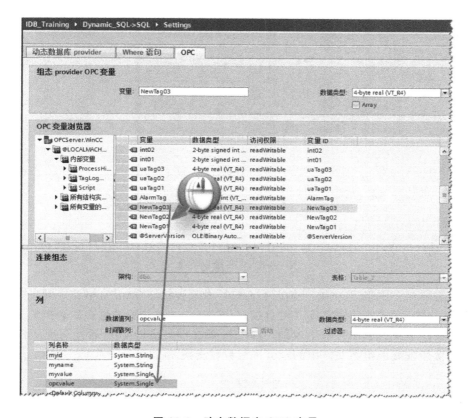

图 16-8　动态数据库 OPC 变量

程序可以在不同的计算机上。

● 与 WinCC 集成使用：IDB 和 WinCC 安装在同一台计算机上，可以通过 IDB 集中访问其它 WinCC 系统的数据，支持 WinCC 单站、分布式客户端、服务器。

● 在 Web Navigator 中使用：如果 WinCC 画面中嵌入了 IDB 运行控件，则可在 Web Navigator 客户端以及服务器端使用该 IDB 控件（用于启动、停止或加载新的组态）。

提示：访问数据需要相关接口。例如访问 WinCC 归档数据，就需要 WinCC OLEDB 接口。在没有安装 WinCC 或 DataMonitor 的情况下就要安装 Connectivity Pack。

另外，IDB 的安装包没有包含在 WinCC 基本安装包中，IDB 需要单独购买和安装。当 IDB 和 WinCC 集成使用时，它们的版本需要满足兼容性要求。

5. 授权计算

组态 IDB 不需要授权，只有 IDB 运行系统需要授权（安装后可以激活一个月的试用授权）。

运行系统是根据连接（Connections）个数授权的。在 IDB 运行系统"选项 > 授权"下可以查看项目中的连接个数，如图 16-9 所示。

16.2.2　组态与运行

IDB 包含组态系统和运行系统两部分，如图 16-10 所示。其中组态系统包含一个功能全

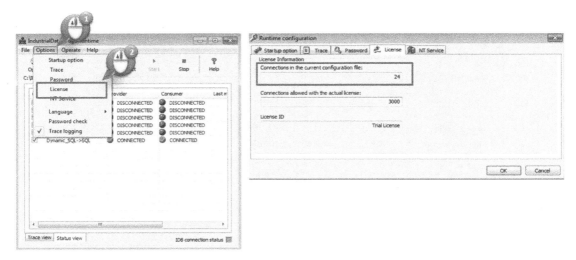

图 16-9　IDB 授权信息

面的用户组态界面，用于组态 IDB 链接（Links）及其连接（Connections）。配置完成后在组态系统生成 . XML 格式的配置文件（可直接打开 . XML 文件查看或修改组态配置）。

运行系统用于执行组态系统生成的 . XML 配置文件。借助 IDB 运行系统用户可访问过程数据，并按所加载的组态文件中的定义进行数据交换。

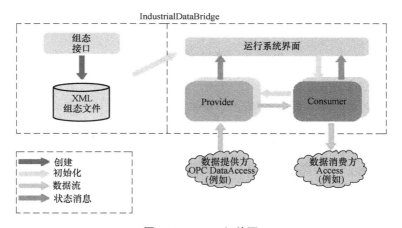

图 16-10　IDB 组件图

1. 组态界面介绍

IDB 组态系统用于创建和管理提供方/消费方组态、数据连接以及传送设置，如图 16-11 所示。

在 IDB 组态系统中，对数据连接进行组态仅需 5 个步骤。

- 建项目并创建所需链接，然后选择所需的提供方和消费方类型。
- 定义提供方和消费方组态属性。
- 进行连接设置，即组态提供方的传送选项。
- 通过在提供方和消费方变量之间执行映射并创建连接。

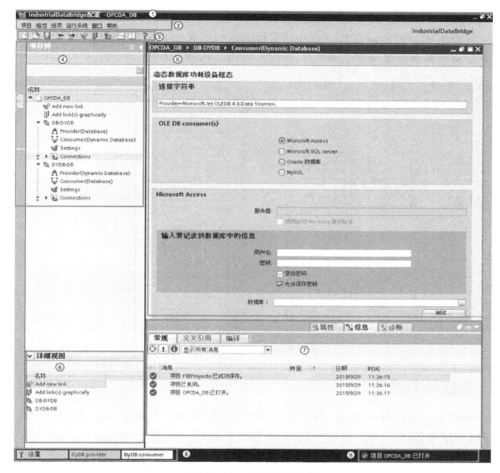

图 16-11　IDB 组态界面

注：①标题栏；②菜单栏；③工具栏；④项目树；⑤工作区；
⑥详细视图；⑦巡视窗口；⑧编辑器栏；⑨状态栏

- 导出 XML 文件生成运行系统组态配置信息。

2. 运行界面介绍

数据传送可在 IDB 运行系统中执行。步骤如下：

- 加载组态文件（XML），并选择需要运行的链接。
- 连接提供方和消费方。
- 开始数据传送。

IDB 运行系统包含两个界面：状态视图（Status view）和跟踪视图（Trace view），如图 16-12 所示。

在状态视图中，显示连接中数据提供方和数据消费方的状态以及最后一条连接消息和相应的时间戳。

数据提供方和数据消费方的状态以彩色点表示。

- 红色点：DISCONNECTED（未连接）。

- 黄色点：TRYCONNECTED（正在建立连接）。
- 绿色点：CONNECTED（已连接）。

在跟踪视图中，可以查看关于在运行系统中执行的各操作的当前消息，包括提供方和消费方类型的数据传送状态和错误消息，可以作为错误诊断的依据。

 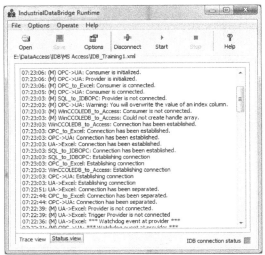

图 16-12　IDB 运行界面

16.3　连通性软件包

当一个第三方的软件（如使用 C#. Net 开发的应用程序）需要去读取 WinCC 的归档数据（变量归档和报警归档）时，就要使用 WinCC 的连通性软件包（Connectivity Pack）提供的数据接口。

> 提示：虽然 WinCC 后台数据库是 SQL Server。但使用标准的 SQL Server 的接口只能读取 WinCC 项目中的用户归档的数据，无法读取 WinCC 的变量归档和报警归档的数据。

连通性软件包（Connectivity Pack）是 WinCC 的一个选件，提供以下功能。
- 在本地或远程，通过 OPC 接口或 WinCC OLE-DB 接口访问 WinCC 归档数据。
- 提供以下授权：OPC A&E、OPC HDA 、OPC XML、OPC UA 及 WinCC OLE-DB。
- 归档连接器：可将备份出去的 WinCC 归档数据连接到 SQL Server 或从 SQL Server 断开。
- WinCC DataConnector：用于在画面中组态和访问过程值和报警归档。

16.3.1　安装

连通性软件包（Connectivity Pack）的安装包包含在 WinCC 基本安装包中，可以在安装 WinCC 的过程中选择是否安装，如图 16-13 所示。

连通性软件包安装分为服务器端和客户机端。客户机只提供了 WinCC OLEDB 的接口，服务器端相比客户机端多了两个组件：归档连接器和 WinCC DataConnector。

16.3.2　WinCC OLE DB 接口

连通性软件包（Connectivity Pack）包含 WinCC OLE DB 接口，使用 WinCC OLE DB 接

口可以直接访问 WinCC 归档数据。

使用 WinCC OLE DB 接口而不是 SQL 的 OLE DB 接口的原因有以下两点：

1）WinCC 变量归档数据是以压缩的形式存储在数据库中。如图 16-14 所示，在数据库中看到的全是压缩过的二进制数（BinValues），需要通过 WinCC OLE-DB 才能够解压并读取这些数据。

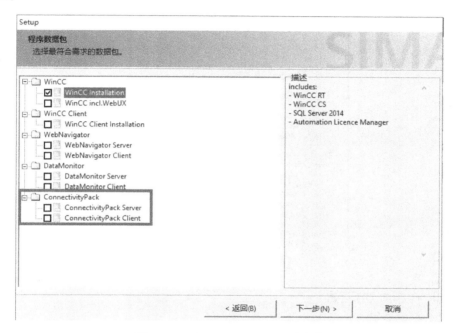

图 16-13　Connectivity Pack 的安装

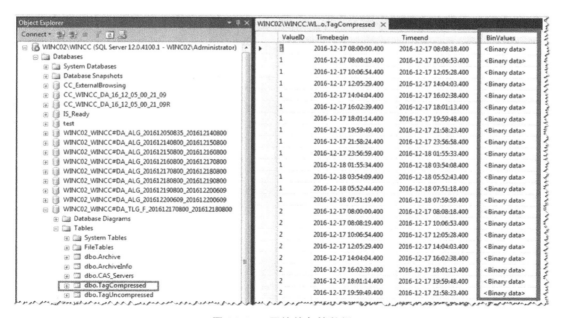

图 16-14　压缩的归档数据

2）WinCC 运行数据并不是存在一个数据库中，而是分散在多个小数据库当中，如图 16-15 所示。使用 WinCC OLE-DB 能够透明地访问这些归档数据。

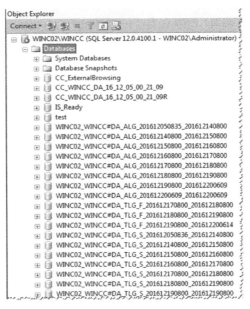

图 16-15　归档数据片断

16.3.3　WinCC OLE DB 语法

1. 变量归档的查询

下面是一个使用 WinCC OLE DB 接口查询变量归档数据的示例。

```
Sub OnLButtonDown(ByVal Item, ByVal Flags, ByVal x, ByVal y)
    DimsCon, sSql
    Dim conn, oRs,oCom
    Dim m, i
    '------连接字符串------
    sCon="Provider=WinCCOLEDBProvider.1;Catalog=CC_WINCC_DA_16_12_05_00_21_09R;
         Data Source=WINC02\WinCC"
    '------查询语句(查询最近10秒的数据)------
    sSql="Tag:R, ('pva\NewTag01';'pva\NewTag02'),'0000-00-00 00:00:10.000',
            '0000-00-00 00:00:00.000','Where Realvalue<100'"
    Set conn = CreateObject("ADODB.Connection")
    conn.ConnectionString =sCon
    conn.CursorLocation = 3
    conn.Open
    Set oRs = CreateObject("ADODB.Recordset")
    Set oCom = CreateObject("ADODB.Command")
    oCom.CommandType = 1
    Set oCom.ActiveConnection = conn
```

```
    oCom.CommandText = sSql
    Set oRs =oCom.Execute
    m = oRs.Fields.Count
    '------输出结果------
    If (m>0) Then
        oRs.MoveFirst
        For i=0 To m-1
          HMIRuntime.Trace oRs.Fields(i).name & "   "
        Next
        HMIRuntime.Trace   vbCrLf
        Do While Not oRs.EOF
          For i=0 To m-1
              HMIRuntime.Trace oRs.Fields(i).Value & "   "
          Next
          HMIRuntime.Trace   vbCrLf
          oRs.MoveNext
        Loop
        oRs.Close
    Else
        MsgBox "oRs.Fields.Count=0"
    End If
    Set oRs = Nothing
    Set conn = Nothing
End Sub
```

上述脚本是查询计算机名为"WINC02"上的 WinCC 项目中的数据，并使用下面的过滤条件。

- 时间范围：10s 之前至现在。
- 查询变量：变量归档"pva"下的归档变量"NewTag01"和"NewTag02"。
- 其它条件：变量值<100。

脚本中"sCon"为连接字符串，"sSql"为查询语句。查询结果如图 16-16 所示。

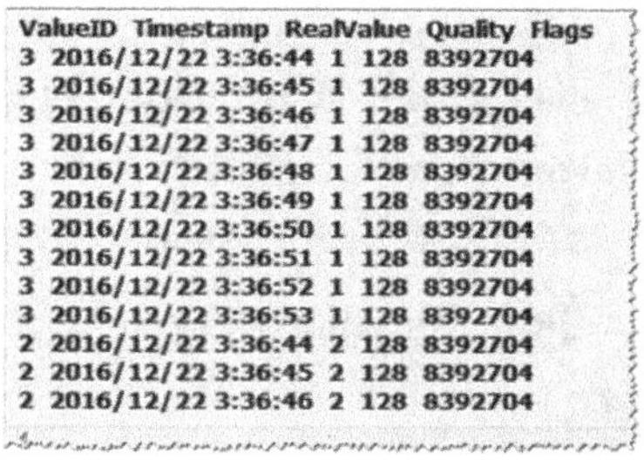

下面分别介绍 WinCC OLE DB 的连接字符串和查询语句。

ValueID	Timestamp	RealValue	Quality	Flags
3	2016/12/22 3:36:44	1	128	8392704
3	2016/12/22 3:36:45	1	128	8392704
3	2016/12/22 3:36:46	1	128	8392704
3	2016/12/22 3:36:47	1	128	8392704
3	2016/12/22 3:36:48	1	128	8392704
3	2016/12/22 3:36:49	1	128	8392704
3	2016/12/22 3:36:50	1	128	8392704
3	2016/12/22 3:36:51	1	128	8392704
3	2016/12/22 3:36:52	1	128	8392704
3	2016/12/22 3:36:53	1	128	8392704
2	2016/12/22 3:36:44	2	128	8392704
2	2016/12/22 3:36:45	2	128	8392704
2	2016/12/22 3:36:46	2	128	8392704

图 16-16　数据查询结果

（1）连接字符串

WinCC OLE DB 作为 ActiveX 数据对象（ADO），是通过连接对象建立应用程序和归档数据库之间的连接。这其中一个重要参数就是连接字符串（Connection String）。连接字符串包含使用 OLE DB 提供程序访问数据库的所有必需信息。

连接字符串的组成：

"Provider＝WinCCOLEDBProvider.1；Catalog＝＊＊＊；Data Source＝＊＊＊"

其中"Catalog"是 WinCC 运行数据库的名称，它是由项目名称以及 WinCC 项目创建日期组成的。并且当修改项目名称或在其它计算机上打开此项目时,这个数据库名称会发生变化。WinCC 提供系统变量 "@ DatasourceNameRT" 保存当前的 WinCC 运行数据库名称,因此建议在脚本中使用这个变量获得当前项目的 Catalog,如图 16-17 所示。

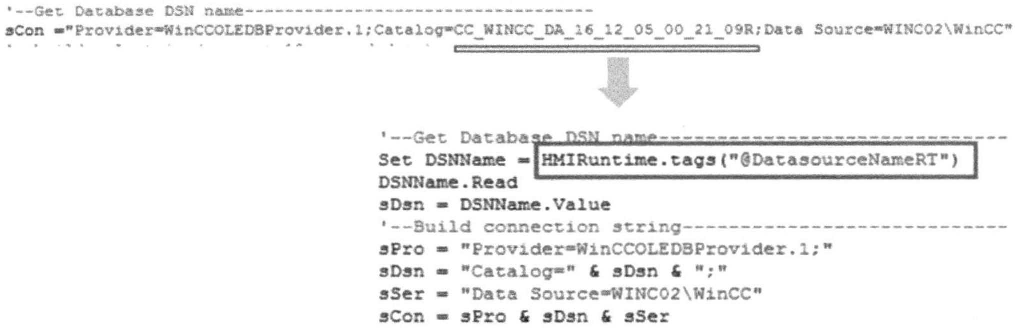

```
'--Get Database DSN name-----------------------------------------
sCon ="Provider=WinCCOLEDBProvider.1;Catalog=CC_WINCC_DA_16_12_05_00_21_09R;Data Source=WINC02\WinCC"
```

```
'--Get Database DSN name-----------------------------------------
Set DSNName = HMIRuntime.tags("@DatasourceNameRT")
DSNName.Read
sDsn = DSNName.Value
'--Build connection string-----------------------------
sPro = "Provider=WinCCOLEDBProvider.1;"
sDsn = "Catalog=" & sDsn & ";"
sSer = "Data Source=WINC02\WinCC"
sCon = sPro & sDsn & sSer
```

图 16-17　@DatasourceNameRT 变量

提示:第三方软件可以通过 OPC 读取 WinCC 系统变量 "@ DatasourceNameRT" 获得项目的 Catalog 名。

"Data Source" 是服务器名称。当应用程序和 WinCC 在同一台计算机时,Data Source 写法为 ". \ WinCC" 或者 "<WinCC 计算机名称> \ WinCC";当应用程序和 WinCC 不在同一台计算机时,Data Source 写法为 "<WinCC 计算机名称> \ WinCC"。

WinCC OLE DB 是集成 Windows 认证实现安全访问的。需要把客户机当前登录的 Windows 用户在 WinCC 服务器所在的计算机上注册,并隶属于 SIMATIC HMI 组。

(2)查询语句

```
TAG:R,<ValueID or ValueName>,<TimeBegin>,<TimeEnd>[,<SQL_clause>][,<TimeStep>]
```

或者

```
TAG_EX:R,<ValueID or ValueName>,<TimeBegin>,<TimeEnd>[,<SQL_clause>][,<TimeStep>]
```

可以使用变量 ID 或者归档变量名称查询,其中 "ValueName" 的格式为 "ArchiveName \ Value_ Name"。同时查询多个归档变量的查询语法如下。

```
"TAG:R,('ArchiveName\ValueName_1';'ArchiveName\ValueName_2'),……"
```

提示:对变量归档的查询,最多限于 20 个变量,每个查询变量名最多为 128 个字符。

查询语句用 "TimeBegin" 和 "TimeEnd" 设定时间范围,格式为 "YYYY-MM-DD hh:mm:ss.msc"。

"TimeBegin" 和 "TimeEnd" 支持绝对时间范围和相对时间范围。

1)绝对时间范围。从开始时间<TimeBegin>开始读取,到结束时间<TimeEnd>为止。例如:

```
<TimeBegin>='2018-06-11 11:00:00.000',<TimeEnd>='2018-06-11 12:00:00.000'
```

2)相对时间范围。

```
<TimeBegin> = '0000-00-00 00:00:00.000',表示从记录开始时读取。
```

<TimeEnd> = '0000-00-00 00：00：00.000'，表示读取到记录结束为止。

<TimeBegin> 和 <TimeEnd> 不得同时为 "零"，即 "0000-00-00 00：00：00.000"。

例如：从 "TimeBegin" 到记录结束（即最后一个归档值）为止，相对时间范围的写法为：

<TimeBegin> = '2018-06-11 12:00:00.000', <TimeEnd> = '0000-00-00 00:00:00.000'

从 "TimeBegin" 开始之后的 10s，相对时间范围的写法为：

<TimeBegin> = '2018-06-11 12:00:00.000', <TimeEnd> = '0000-00-00 00:00:10.000'

从 "TimeEnd" 往前的 10s，相对时间范围的写法为：

<TimeBegin> = '0000-00-00 00:00:10.000', <TimeEnd> = '2018-06-11 12:00:00.000'

从最后一个归档值开始，读取最后一小时的归档值，相对时间范围的写法为：

<TimeBegin> = '0000-00-00 01:00:00.000', <TimeEnd> ='0000-00-00 00:00:00.000'

查询语句中的 "SQL_Clause" 为 SQL 语法中的过滤条件，格式：［WHERE search_condition］［ORDER BY ｛order_expression［ASC｜DESC]｝］。

（3）查询结果

表 16-1 是 WinCC V7.4 SP1（包括不带 Update、带 Update1 和 Update2 的版本）返回的记录集。不同版本 WinCC 返回的记录集结果可能会有所不同。

表 16-1　WinCC V7.4 SP1 返回的记录集

域名称	类型	注释
ValueID	整型(4 字节)或整型(8 字节)	值的唯一标识
TimeStamp	日期时间	变量值对应的 UTC 时间戳
TimeStampExt	日期时间	来自外部的时间戳
VariantValue	实型(8 字节)	变量值
Quality	整型(4 字节)	值的质量代码(例如"好"或"劣")
Flags	整型(4 字节)	内部控制参数

WinCC V7.4 及以前版本返回的记录集和表 16-1 有所不同，其返回的查询结果见表 16-2。

表 16-2　WinCC V7.4 及以前版本返回的记录集

域名称	类型	注释
ValueID	整型(4 字节)或整型(8 字节)	值的唯一标识
TimeStamp	日期时间	变量值对应的 UTC 时间戳
RealValue	实型(8 字节)	变量值
Quality	整型(4 字节)	值的质量代码
Flags	整型(4 字节)	内部控制参数

WinCC V7.4 SP1 Update3 及以后的版本（目前最新版本为 WinCC V7.4 SP1 Update5）同时支持表 16-1 及表 16-2 两种记录集。当使用 "Tag_EX：R…" 查询语句时，返回表 16-1 的记录集；当使用 "Tag：R…" 查询语句时，返回表 16-2 的记录集。

例如，在 WinCC V7.4 SP1 Update3 中，使用查询 3 个变量最近 10s 的归档数据，使用查询语句 "Tag：R，（1；2），'0000-00-00 00：00：10.000', '0000-00-00 00：00：00.000'"，

返回结果如图 16-18 所示。

ValueID	Timestamp	RealValue	Quality	Flags
1	5/31/2018 11:00:14 AM	5	128	8392704
1	5/31/2018 11:00:19 AM	5	128	8392704
2	5/31/2018 11:00:14 AM	3	128	8392704
2	5/31/2018 11:00:19 AM	3	128	8392704
3	5/31/2018 11:00:14 AM	1	128	8392704
3	5/31/2018 11:00:19 AM	1	128	8392704

图 16-18 "Tag：R…" 查询结果

使用查询语句 "Tag_ EX：R，(1；2)，'0000-00-00 00：00：10.000'，'0000-00-00 00：00：00.000'"，返回结果如图 16-19 所示。

ValueID	Timestamp	TimestampExt	VariantValue	Quality	Flags
1	5/31/2018 10:57:49 AM	5/31/2018 10:54:40 AM	5	128	8392704
1	5/31/2018 10:57:54 AM	5/31/2018 10:54:40 AM	5	128	8392704
2	5/31/2018 10:57:49 AM	5/31/2018 10:54:37 AM	3	128	8392704
2	5/31/2018 10:57:54 AM	5/31/2018 10:54:37 AM	3	128	8392704
3	5/31/2018 10:57:49 AM	5/31/2018 10:54:35 AM	1	128	8392704
3	5/31/2018 10:57:54 AM	5/31/2018 10:54:35 AM	1	128	8392704

图 16-19 "Tag_ EX：R…" 查询结果

提示：当查询变量中存在字符串变量时，必须使用 "Tag_ EX：R…" 查询。

2. 报警归档的查询

1）连接字符串和变量归档查询相同。

2）查询语句为：

```
ALARMVIEWEX:SELECT *  FROM <ViewName>[WHERE <Condition>...., optional]
```

ViewName：数据库表的名称（与语言相关）。

AlgViewExENU：英文

AlgViewExCHS：中文（简体）

Condition：过滤条件，例如：

DateTime>' 2016-06-01 ' AND DateTime<' 2016-07-01 '

MsgNr = 5

MsgNr in (4，5)

State = 2

例如，查询编号为 5 的消息在 2016 年 12 月 5 号之后产生的所有英文报警消息的语句为：

```
"ALARMVIEWEX:SELECT *  FROM ALGVIEWEXENU WHERE MsgNr = 5 AND DateTime>'2016-12-05'"
```

3. 用户归档的查询

1）连接字符串。操作 WinCC 项目中用户归档的数据可以使用标准 SQL Server 的 OLE-DB 接口。连接字符串为：

```
"Provider = SQLOLEDB.1; Integrated Security = SSPI; Persist Security Info = false; Initial Catalog=CC_WINCC_DA_16_12_05_00_21_09R;Data Source=.\WinCC"
```

其中 "CC_WINCC_DA_16_12_05_00_21_09R" 是当前 WinCC 项目的运行数据库名称。

2）查询语句。用户归档的查询语句和标准 SQL Server 查询语句相同。

读取值

```
SELECT *  FROM UA#<ArchiveName>[WHERE <Condition>...., optional]
```

更新值

```
UPDATE UA#<ArchiveName> SET UA#<ArchiveName>.<Column_n> = <Value> [WHERE <
Condition>...., optional]
```

插入数据集

```
INSERT INTO UA#<ArchiveName> (ID,<Column_1>,<Column_2>,<Column_n>) VALUES (<
ID_Value>, Value_1,Value_2,Value_n)
```

删除数据集

```
DELETE FROM UA#<ArchiveName>WHERE ID = <ID_Number>
```

16.3.4　其它接口及功能

1. WinCC DataConnector

"DataConnector" 是 WinCC 图形编辑器上的一个向导工具，可以用来在画面中查询归档数据，并以表格或趋势的形式显示出来，如图 16-20 所示。对于消息归档，只能以表格的形式显示查询结果；对于过程值归档，支持以表格和趋势的形式显示查询结果。

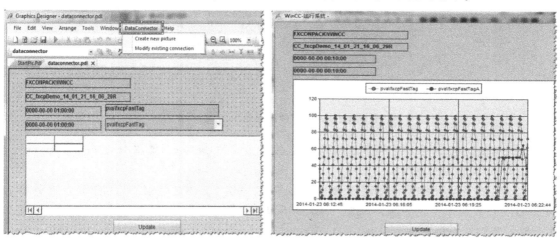

图 16-20　DataConnector 向导及查询结果

2. 归档连接器

连通性软件包中还包括工具 "归档连接器"，如图 16-21 所示，用于组态数据库访问。通过该工具，可将备份出去的 WinCC 归档重新连接到 SQL Server，可使归档数据再次可用。

通过归档连接器，可实现以下功能。

1）手动连接：手动选择归档文件，然后通过 "连接" 按钮把归档文件连接到本地 SQL Server。

2）手动断开：手动选择归档文件，然后通过 "断开" 按钮断开与 SQL Server 的连接。

3）自动连接：归档连接器监视存储换出归档的文件夹。归档文件在复制时将被自动连接到 SQL Server。

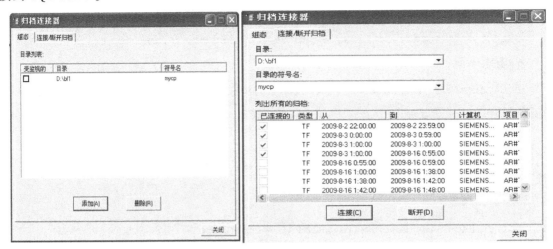

图 16-21　归档连接器

运行 WinCC 归档连接器的前提是计算机已经安装了 SQL Server，并安装了连通性软件包的授权。WinCC 归档文件连接到 SQL Server 数据库的结果如图 16-22 所示。

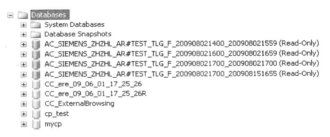

图 16-22　归档文件连接到 SQL Server

使用 WinCC OLE DB 接口可以访问归档连接器生成的 Catalog，如图 16-22 中的"mycp"。

3. WinCC 的 OPC 接口

WinCC 支持 OPC DA（可以作为服务器和客户机）、OPC A&E（只能作为服务器）、OPC HDA（只能作为服务器）、OPC XML（可以作为服务器和客户机）以及 OPC UA（可以作为服务器和客户机）。除了 OPC DA（WinCC 基本授权包含 OPC DA Server 的授权）之外，当 WinCC 作为 OPC 服务器时，需要 Connectivity Pack 的授权，见表 16-3。

表 16-3　WinCC 的 OPC 接口

名称	OPC Server	OPC Client	授权
OPC DA	支持	支持	WinCC 基本包授权已包括
OPC XML DA	支持	支持	作为 OPC Server 时，需要 Connectivity Pack 授权
OPC HDA	支持	不支持	作为 OPC Server 时，需要 Connectivity Pack 授权
OPC A&E	支持	不支持	作为 OPC Server 时，需要 Connectivity Pack 授权
OPC UA	支持	支持	作为 OPC Server 时，需要 Connectivity Pack 授权

16.4　开放性应用示例

本章使用的软件版本如下（其它版本会有一些区别）：

- WinCC V7.4 SP1（不带 Update）。
- IDB V7.4 SP1（不带 Update）。
- Connectivity Pack V7.4SP1。
- Office 2013。

16.4.1　WinCC 画面中使用 Web 浏览器控件

WinCC 支持标准的 OCX 控件，并可以使用控件的接口。OCX 是对象类别扩充组件（Object Linking and Embedding（OLE）Control Extension），是一种窗口上的控件。下面以 Microsoft Web Brower 为例，说明如何在 WinCC 中使用 OCX 控件。

步骤 1：添加 "Microsoft Web Brower" 控件到 WinCC。

打开 WinCC 图形编辑器，切换到 "控件" 栏，在 "ActiveX 控件" 上右键，在弹出菜单上选择 "添加/删除"，如图 16-23 所示。

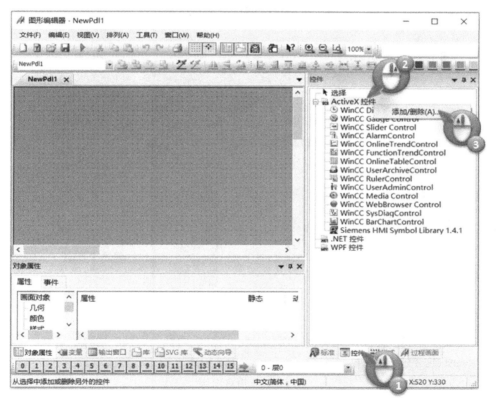

图 16-23　添加控件

然后选择 "Microsoft Web Brower" 后，单击 "确定"，如图 16-24 所示。

这样 "Microsoft Web Brower" 控件就添加进 WinCC "ActiveX 控件" 列表中，如图 16-25 所示。

步骤 2：画面引用控件。将 "Microsoft Web Brower" 控件拖放到 WinCC 画面中，如图 16-26 所示。

图 16-24　选择控件

图 16-25　"Microsoft Web Brower" 控件

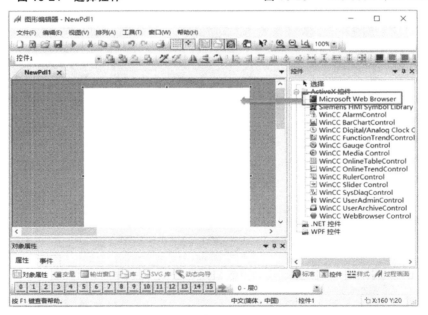

图 16-26　引用控件

步骤 3：脚本访问控件接口。在画面中，打开事件或者按钮事件，添加以下 VB 脚本，如图 16-27 所示。

```
Dim wbCtrl
Set wbCtrl = ScreenItems("Web 控件名")
wbCtrl.Navigate "http://xxxx"
```

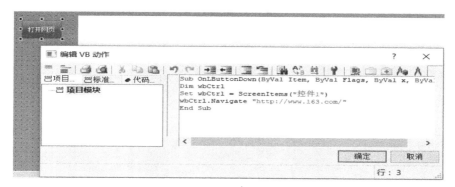

图 16-27　VB 脚本访问控件

图 16-27 脚本中的"控件 1"是 Web 控件名称，可以按图 16-28 所示查看控件名。

步骤 4：激活画面，即可查看运行结果。

16.4.2　使用 IDB 传送 WinCC 数据到 Excel

下面以 WinCC OLEDB 到 Excel 的数据传送为例（提供方为 WinCC OLEDB，消费方为 Excel）说明 IDB 的使用。

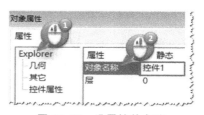

图 16-28　设置控件名称

任务：将 WinCC 3 个变量的归档数值按照设定的时间范围写到 Excel 中。

步骤 1：新建项目"16_WinCC_DataAccess"，并在项目中添加"System Info"驱动，如图 16-29 所示。

图 16-29　添加驱动程序

步骤 2：创建变量。在 "System Info" 下创建连接，然后按照图 16-30 所示步骤创建变量 "Tag_hour"，此变量显示当前系统时间中的小时。

图 16-30　创建 "小时" 变量

同样的方法分别创建创建变量 "Tag_min" 和 "Tag_sec"，分别显示当前系统时间的分钟和秒，结果如图 16-31 所示。

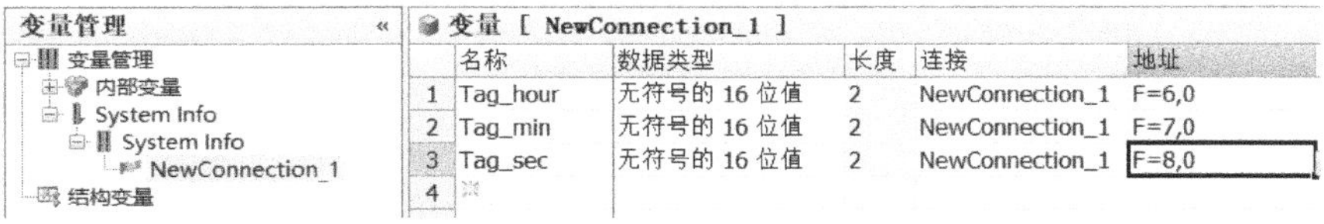

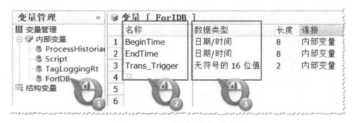

图 16-31　"分钟" 和 "秒" 变量

内部变量下创建变量组及变量 "BeginTime"、"EndTime"、"Trans_Trigger"，如图 16-32 所示。分别用来设定传送数据的时间范围及触发数据传送。

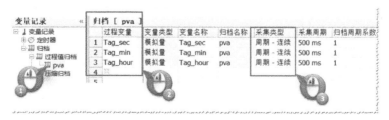

图 16-32　创建内部变量

步骤 3：创建归档。在 WinCC 变量记录下创建过程值归档 "pva"，并添加 "System Info" 驱动下的 3 个变量到 "pva" 归档下，如图 16-33 所示。

图 16-33　WinCC 变量归档

步骤 4：组态画面。在画面中，添加"WinCC Online Table Control"控件，用来显示归档数值。添加"输出/输入域"分别关联变量"BeginTime"、"EndTime"和"Trans_Trigger"，分别用来设定传送数据的时间范围及触发条件，结果如图 16-34 所示。

步骤 5：启动项目。在 WinCC"计算机属性"下，选中"变量记录运行系统"，如图 16-35 所示。然后，启动 WinCC 运行系统，运行结果如图 16-36 所示。

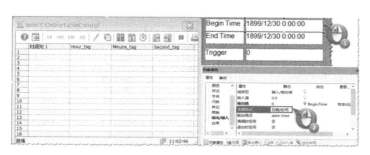

图 16-34　WinCC 画面

图 16-35　启动"变量记录"

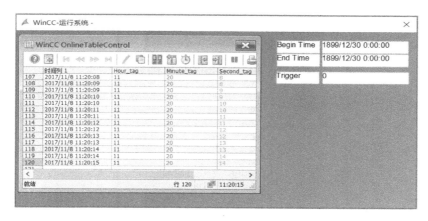

图 16-36　运行画面

步骤 6：导出 WinCC 项目的 XML 文件。按照图 16-37 所示的步骤导出 WinCC 项目的 XML 配置文件，这里导出的 XML 文件包含 WinCC 项目组态的变量、归档和报警等信息。

步骤 7：创建 Excel 模板。读者可以根据项目具体的要求去创建 excel 模板，此处只需新建一个空白的 excel 文件并命名为"report"即可，如图 16-38 所示。

步骤 8：新建 IDB 项目。按照图 16-39 所示，从桌面快捷方式或开始菜单打开 IDB 组态环境。

新建 IDB 项目，此处为项目命名为"WinCCOLEDB_to_Excel"，步骤如图 16-40 所示。

按照图 16-41 所示，在项目中添加链接（Link），并选择 Provider 为"WinCC OLE DB"，Consumer 为"Excel"。

步骤 9：组态 Provider。在链接下，选择 Provider（WinCC OLEDB），为 WinCC OLEDB 选择在步骤 5 中导出的 XML 文件，并选择 WinCC 站名称，如图 16-42 所示。

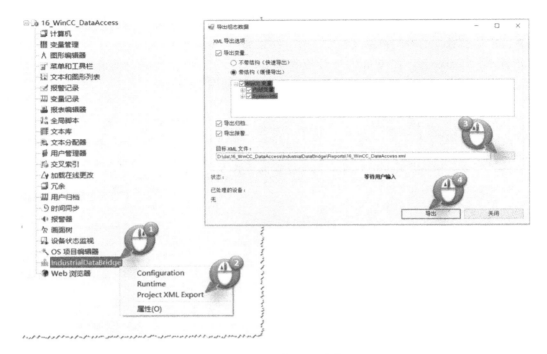

图 16-37　导出 XML 文件

图 16-38　Excel 模板

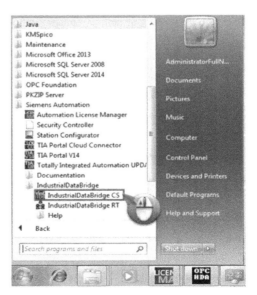

图 16-39　启动 IDB

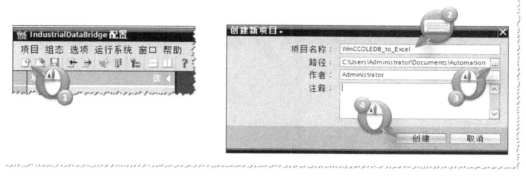

图 16-40　创建 IDB 项目

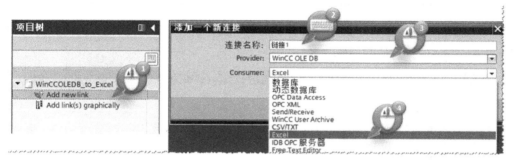

图 16-41　选择 Provider 和 Consumer

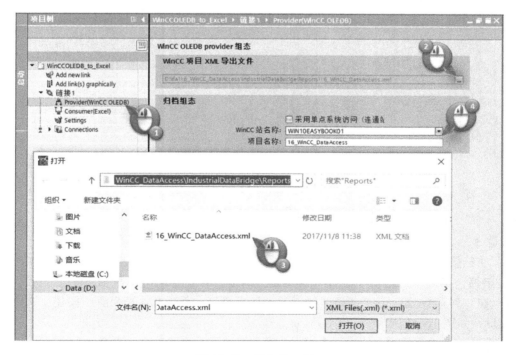

图 16-42　组态 Provider

步骤 10：组态 Consumer。按照图 16-43 所示步骤，为"Consumer"选择 excel 模板。

图 16-43　组态 Consumer

切换到"高级选项"选项卡，为 Excel 文件名选择"日期/时间"后缀，如图 16-44 所示。

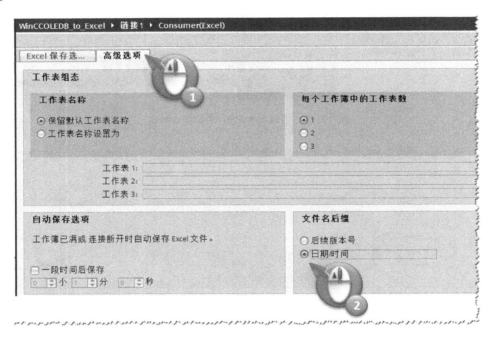

图 16-44　高级选项

步骤 11：组态连接（Connection）。

1）在链接下，选择"Settings"，切换到"传送选项"选项卡，选择"Process Value Archive"归档，单击"过程值"选择归档变量，如图 16-45、图 16-46 所示。

2）在"时间设置"下，选择"触发的时间范围"，单击"时间范围"按钮，选择时间范围变量，如图 16-47 所示。

提示：如果这里无法浏览变量，请读者先操作下一步，然后再返回选择时间范围变量。

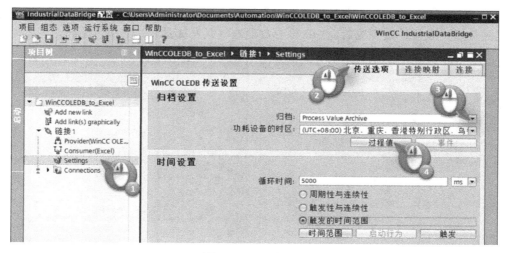

图 16-45　组态连接

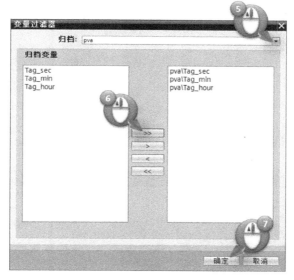

图 16-46　选择归档变量

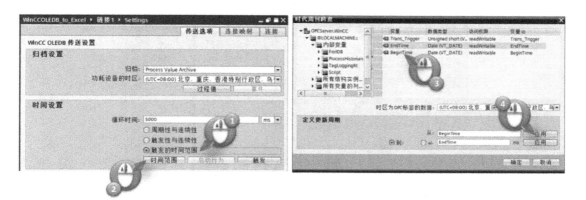

图 16-47　时间范围设置

3）单击"触发"按钮，选择触发条件，图 16-48 中是当变量"Trans_Trigger">0 时触发数据的传送。数据传送完成后，IDB 将会自动地将触发变量（"Trans_Trigger"）设置为 0。

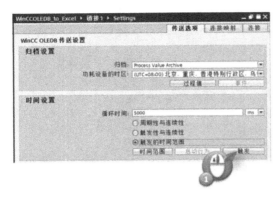
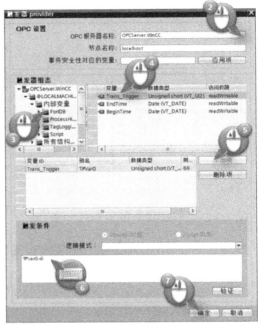

图 16-48　触发机制

4）切换到"连接映射"栏，选中 Provider 的某一列拖拽到 Consumer 中相应的列，如图 16-49 所示。

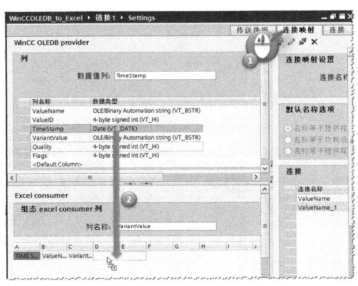

图 16-49　连接映射

例 WinCC OLEDB 中的变量名称、变量值、对应的时间戳导出到 Excel，如图 16-50 所示。

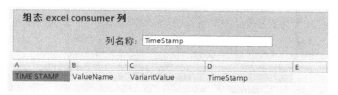

图 16-50 映射结果

步骤 12：生成运行文件。保存项目配置，然后单击"导出"按钮，保存 IDB 的 XML 运行文件，如图 16-51 所示。

图 16-51 导出运行文件

步骤 13：启动"IDB Runtime"服务。"IndustrialDataBridge Runtime"服务默认是没有启动的，需要手动启动一下。

在计算机"控制面板>管理工具>服务"中，找到"IndustrialDataBridge Runtime"，双击打开，设为自动启动，如图 16-52 所示。

图 16-52 启动"IDB Runtime"服务

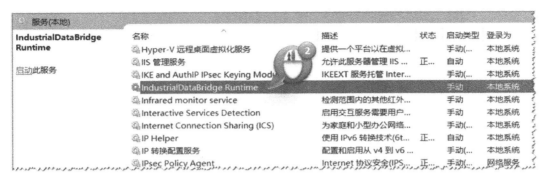

图 16-52　启动 "IDB Runtime" 服务（续）

步骤 14：设置运行系统。

1）按照图 16-53 所示，启动 IDB 运行系统，并打开 XML 文件。

图 16-53　打开 XML 文件

2）启动运行：先后单击 "Connect>Start" 按钮，启动项目的运行，如图 16-54 所示。

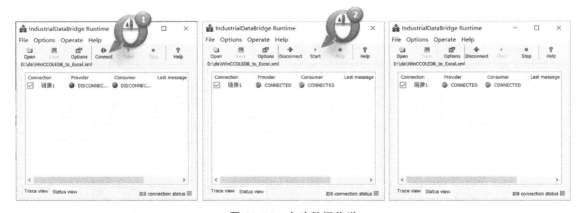

图 16-54　启动数据传送

3）在 WinCC 运行系统中，设置时间范围，并设置 "Trans_Trigger" 变量为一个大于 0

的数值（此处设置为 3），从而触发数据传送，如图 16-55 所示。

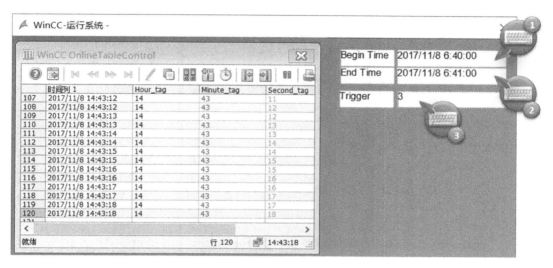

图 16-55　数据传送

步骤 15：运行结果。"Trans_Trigger"变量自动被复位时，说明数据传送已经完成。此时，停止 IDB 运行，可以看到生成的文件名称为"模板文件名+日期时间后缀"。打开文件，设定时间范围内的数据都已经被导入到 Excel 文件中，如图 16-56 所示。

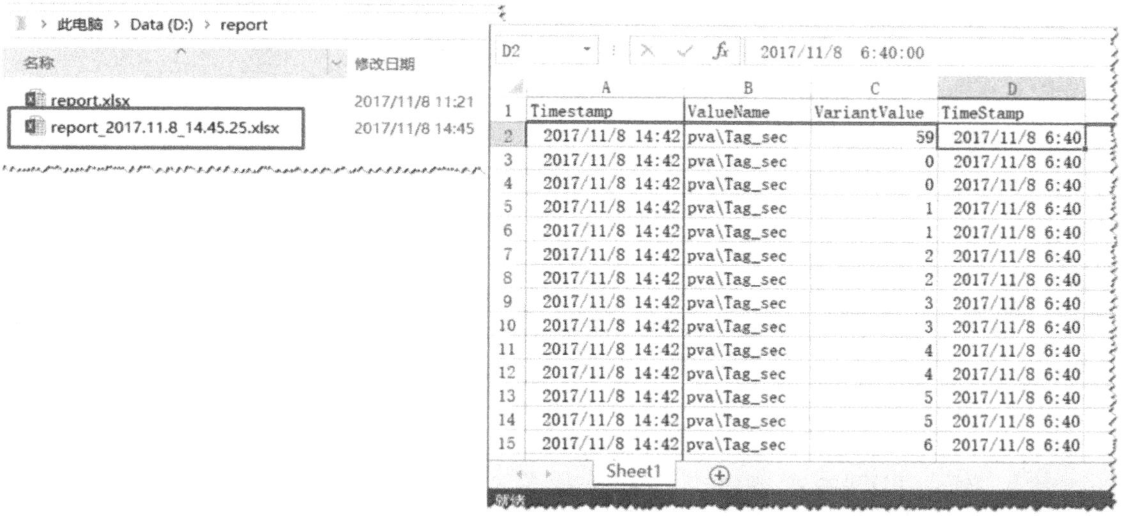

图 16-56　运行结果

16.4.3　使用连通性软件包读取 WinCC 数据到 Excel

下面使用 Connectivity Pack 的 OLEDB 接口，通过编程的方法读取 WinCC 的归档数据，并将这些数据写入到 Excel 中。

步骤 1：紧接着上一节的步骤，在画面中放入按钮，并在按钮的"单击鼠标"事件中加入 VB 脚本，如图 16-57 所示。

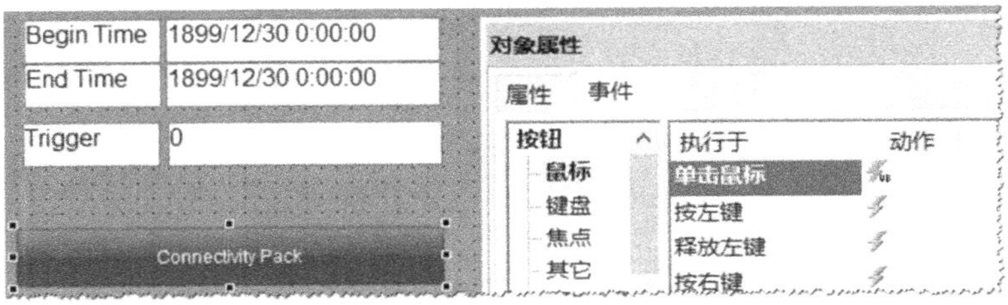

图 16-57　按钮事件

VB 脚本如下：

```
Sub OnClick(ByVal Item)
    Dim sPro, sDsn, sSer, sCon, conn, sSql, oRs, oCom
    Dim tagDSNName
    Dim m, i
    Dim LocalBeginTime, LocalEndTime, UTCBeginTime, UTCEndTime, sVal
    Dim objExcelApp, objExcelBook, objExcelSheet, sheetname
    Item.Enabled = False
    On Error Resume Next
'获取数据源,@ DatasourceNameRT 是系统变量
    Set tagDSNName = HMIRuntime.Tags("@ DatasourceNameRT")
        tagDSNName.Read
'开始时间和结束时间
    Set LocalBeginTime = HMIRuntime.Tags("BeginTime")
        LocalBeginTime.Read
    Set LocalEndTime = HMIRuntime.Tags("EndTime")
        LocalEndTime.Read
    UTCBeginTime = LocalBeginTime.Value
    UTCEndTime = LocalEndTime.Value
    UTCBeginTime = Year(UTCBeginTime) & "-" & Month(UTCBeginTime) & "-" &
                Day(UTCBeginTime) & " " & Hour(UTCBeginTime) & ":" &
                Minute(UTCBeginTime) & ":" & Second(UTCBeginTime)
    UTCEndTime = Year(UTCEndTime) & "-" & Month(UTCEndTime) & "-" &
                Day(UTCEndTime) & " " & Hour(UTCEndTime) & ":" &
                Minute(UTCEndTime) & ":" & Second(UTCEndTime)
    HMIRuntime.Trace "UTC Begin Time: " & UTCBeginTime & vbCrLf
    HMIRuntime.Trace "UTC end Time: " & UTCEndTime & vbCrLf
'WinCC OLEDB 连接字符串
    sPro = "Provider=WinCCOLEDBProvider.1;"
    sDsn = "Catalog=" &tagDSNName.Value& ";"
    sSer = "Data Source=. \WinCC"
    sCon = sPro + sDsn + sSer
    Set conn = CreateObject("ADODB.Connection")
        conn.ConnectionString =sCon
```

```
        conn. CursorLocation = 3
        conn. Open
'WinCC OLEDB 查询语句
    sSql = "Tag:R,('pva\Tag_hour';'pva\Tag_min';'pva\Tag_sec')," &
                    UTCBeginTime & "','" & UTCEndTime & "'"
    Set oRs = CreateObject("ADODB. Recordset")
    Set oCom = CreateObject("ADODB. Command")
        oCom. CommandType = 1
    Set oCom. ActiveConnection = conn
        oCom. CommandText = sSql
'执行查询
    Set oRs =oCom. Execute
        m = oRs. RecordCount
    If (m > 0) Then
    sheetname = "Sheet1"
'查询结果存储到 excel
    Set objExcelApp = CreateObject("Excel. Application")
        objExcelApp. Visible = False
        objExcelApp. Workbooks. Open "D:\report\report. xlsx"
        objExcelApp. Worksheets(sheetname). Activate
        objExcelApp. Worksheets(sheetname). Cells(2, 1). Value = oRs. Fields(0). Name
        objExcelApp. Worksheets(sheetname). Cells(2, 2). Value = oRs. Fields(1). Name
        objExcelApp. Worksheets(sheetname). Cells(2, 3). Value = oRs. Fields(3). Name
        objExcelApp. Worksheets(sheetname). Cells(2, 4). Value = oRs. Fields(4). Name
        oRs. MoveFirst
        i = 3
        Do While Not oRs. EOF
            objExcelApp. Worksheets(sheetname). Cells(i, 1). Value =
                                                oRs. Fields(0). Value
            objExcelApp. Worksheets(sheetname). Cells(i, 2). Value =
                                                oRs. Fields(1). Value
            objExcelApp. Worksheets(sheetname). Cells(i, 3). Value =
                                                oRs. Fields(3). Value
            objExcelApp. Worksheets(sheetname). Cells(i, 4). Value =
                                                oRs. Fields(4). Value
            oRs. MoveNext
            i = i + 1
        Loop
        oRs. Close
    Else
        MsgBox "设定时间范围没有数据!"
        Item. Enabled = True
```

```
            Set oRs = Nothing
            conn. Close
            Set conn = Nothing
            objExcelApp. Workbooks. Close
            objExcelApp. Quit
            SetobjExcelApp = Nothing
            Exit Sub
        End If

        Set oRs = Nothing
            conn. Close
        Set conn = Nothing

    'Excel 另存
        Dim patch, filename
        filename =CStr(Year(Now)) & "." & CStr(Month(Now)) & "." & CStr(Day(Now))
                        & "_" & CStr(Hour(Now)) & "." & CStr(Minute(Now))
                        &"." & CStr(Second(Now))
        patch= "D:\report\CP_report_"&filename&".xlsx"
        objExcelApp. ActiveWorkbook. SaveAs patch
        objExcelApp. Workbooks. Close
        objExcelApp. Quit
        Set objExcelApp = Nothing
        MsgBox "报表已生成!"
        Item. Enabled = True
End Sub
```

步骤 2：运行结果。在 WinCC 运行系统中，设定开始时间和结束时间后，单击画面中的按钮，如图 16-58 所示。可以看到生成的文件名为 "CP+模板文件名+日期时间后缀"（文件名在脚本中定义）。

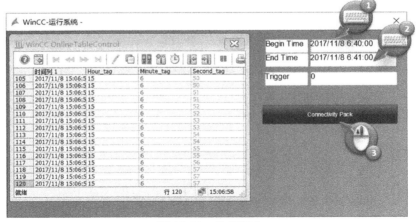

图 16-58　执行脚本

打开文件，设定时间范围内的数据都已经被写入到 Excel 文件中，如图 16-59 所示。

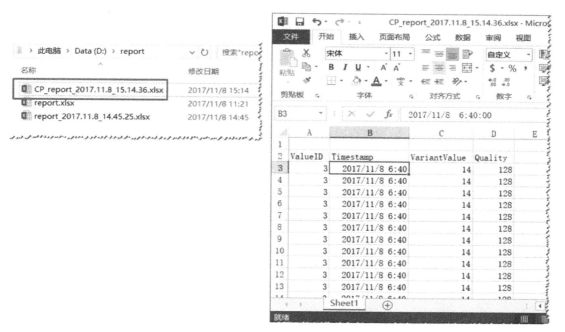

图 16-59　运行结果

第 17 章　选件及附加件介绍

前面的章节主要介绍了 WinCC 基本系统和常用选件，除此之外，针对不同的应用领域，WinCC 还有很多扩展功能的选件和附加件。本章将简单介绍这些选件和附加件的应用场景和功能，提供了相应的光盘，除了 WinCC ODK 之外都需要安装。

17.1　SIMATIC Process Historian

17.1.1　概述

SIMATIC Process Historian（简称 Process Historian）是基于 Microsoft SQL Server 数据库的中央长期归档系统解决方案，用在一个中央数据库中实时存储整个工厂范围内的所有 WinCC 的实时数据，即过程值和消息。Process Historian 具有极高的存储性能和强大的可扩展性，可连接任意多个 WinCC 系统（单站、服务器或冗余服务器对）。单机系统架构如图 17-1 所示。

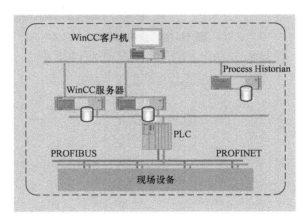

图 17-1　Process Historian 单机系统架构

> **提示**：SIMATIC Process Historian 是 WinCC CAS（Centre Archive Server）的替代产品。

17.1.2　优势和功能

1）Process Historian 是 SIMATIC 全集成自动化的大数据归档解决方案。

2）可归档任意多个 WinCC 系统中的过程数据和消息，组态工作在 WinCC 的归档系统中完成，无需在 SIMATIC Process Historian 中进行重复的组态。

3）冗余模式采用了 Microsoft SQL Server 的镜像技术，提高系统的可用性，系统架构如图 17-2 所示。

> **提示**：Witness 作为 Process Historian 的组件，需要安装在独立的监视计算机上，用于检查 Process Historian 冗余的可用性。

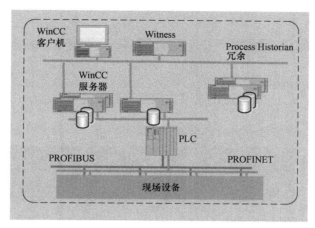

图 17-2 SIMATIC Process Historian 冗余系统架构

4) 项目扩展无需中断生产过程，WinCC 系统无需停机。

5) 通过集成的备份机制，显著提高归档数据的安全性。

6) 可按时间或事件对 WinCC 系统中指定的过程值或消息进行长期归档。

7) 可在 WinCC 客户机上，透明地访问历史数据，无论历史数据来源于 WinCC 服务器还是 Process Historian。

8) 在安装之初，即完成了数据库的初始化设置。

9) 在 WinCC 系统上部署 PH-Ready 组件，用于将 WinCC 的过程数据归档到 Process Historian 中，如图 17-3 所示。

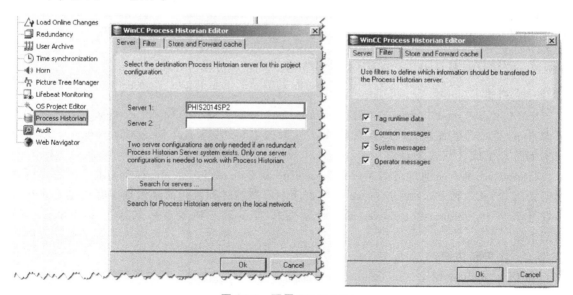

图 17-3 配置 PH-Ready

10) Process Historian 通过 PH-Ready 组件可自动检测到所有连接的 WinCC 服务器项目。

11) Process Historian 组态工具显著提高了工程组态的速度与易用性，可通过 "Process Historian Management" 仪表盘进行数据诊断、数据源显示、数据库更改和分段、备份和恢复等操作，如图 17-4 所示。

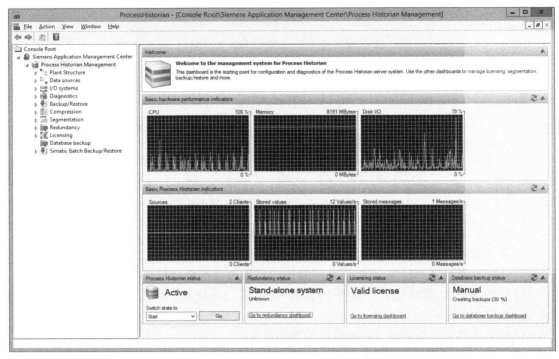

图 17-4　Process Historian 管理仪表盘

Process Historian 的产品发布信息请参考条目 ID 109750799，组态视频请参考条目 ID V1305。

17.2　SIMATIC Information Server

17.2.1　概述

SIMATIC Information Server（简称 Information Server）是 WinCC 和 Process Historian 的基于 Web 的开放式报表系统。该系统使用了强大的 MS SQL Server Reporting Services（SSRS）技术创建和生成交互式报表。

Information Server 通过诸如 Word 和 Excel 以及 PowerPoint 等 Microsoft Office 应用组件可透明访问 WinCC 和 Process Historian 的数据库中归档的过程值和消息数据，并清晰直观地显示在计算机上。Information Server 的系统架构和 Web 客户机展现形式如图 17-5 和图 17-6 所示。

17.2.2　优势和功能

和 Data Monitor 相比，Information Server 具备更强大的功能，其对比结果见表 17-1。

1）基于 Web 的中央报表系统，整合所有数据源为管理层在内的所有部门集中提供所需数据。

2）用户定制化 Web 页面的创建与设计更为简单便捷。

3）无需掌握 HTML 和 ASP 相关的网页编程知识。

4）支持订阅功能，自动生成报表并通过电子邮件进行发送。

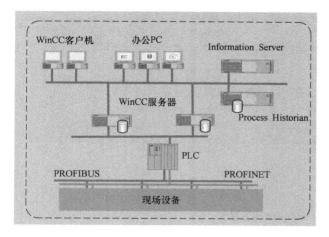

图 17-5　Information Server 系统架构

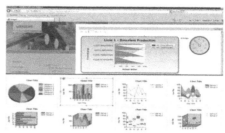

图 17-6　Information Server 的客户机展现形式

表 17-1　Data Monitor 和 Information Server 的功能对比

功能	Data Monitor	Information Server
报表	较为单一	更为丰富(基于 MS SQL Server Report Builder)
可扩展性	无	可以部署在云端（Azure）
Office 组件应用	Excel	Excel、Word 和 PowerPoint
适用 WinCC 版本	WinCC V6.0 及以上	WinCC V7.2 及以上
数据源	WinCC/CAS	WinCC/Process Historian/Performance Monitor
WinCC 画面监视	有	无

5）可用于 10.5in（1in = 2.54cm）以上支持 HTML5 功能浏览器的平板计算机。

6）可通过 Web 客户机实现相应的报表管理、组态和可视化功能。

7）提供常用的报表模板集。

8）开放式报表系统，可创建存储任意多个新报表模板。

9）报表可导出为常规文档格式。

10）瘦客户机，无需在 Web 客户机上安装额外软件。

Information Server 的产品发布信息请参考条目 ID 109750806，组态视频请参考条目 ID V1306 和 V1307。

17.3　WinCC/ProAgent

17.3.1　概述

WinCC/ProAgent（简称 ProAgent）为 SIMATIC S7 PLC 提供标准化的诊断方案。当工厂中的设备出现过程故障时，ProAgent 的过程错误诊断功能可为操作人员快速地提供有关故障位置和原因的精确信息，并完成故障查找。ProAgent 在汽车行业有着广泛的应用。

ProAgent 可以直接访问 PLC 程序并将其导入 WinCC 项目内。在 WinCC 中无需为实现诊断功能进行额外的组态，诊断操作所需要的 ProAgent 标准画面会自动生成，并通过画面控件显示 PLC 的程序逻辑以及执行状态，如图 17-7 所示。

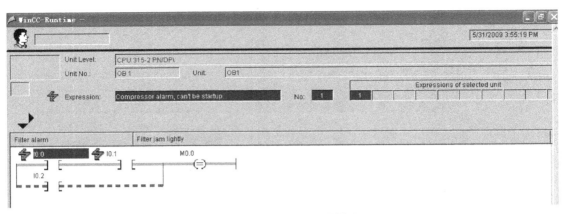

图 17-7　ProAgent 画面显示

> **提示**：ProAgent 应用于 S7-300/400 PLC，需要与 STEP 7 的选件 S7-PDIAG 或 S7-GRAPH 结合使用。

17.3.2　优势和功能

1）基于 STEP 7 和 WinCC 集成的组态方式，PLC 报警不需要进行 Alarm_S 的手动编程，HMI 报警通过编译自动生成。

2）当短期内连续发生错误时，仍然会以正确的时间顺序进行显示。

3）具有标准显示结构，在运行期间自动更新过程数据。

17.4　WinCC/PerformanceMonitor

17.4.1　概述

WinCC/PerformanceMonitor（简称 PerformanceMonitor）可对工厂特定的关键绩效指标（KPI）进行灵活计算和高效分析。基于这些绩效指标的透明化对各种优化潜能进行推断，从而显著提升生产效率。OEE（整体设备效率）作为重要的 KPI，其含义如图 17-8 所示。

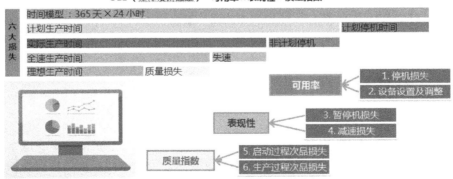

图 17-8　OEE 的含义

17.4.2　优势和功能

1）采用甘特图控件记录并显示生产时间顺序的生产状态，查找故障停机的原因所在并监控设备运行效率，如图 17-9 所示。

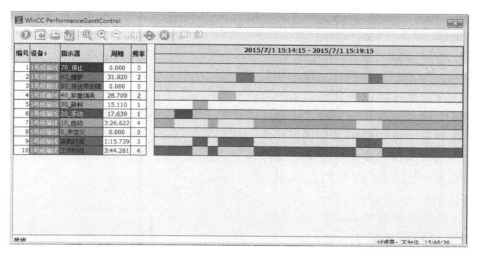

图 17-9　PerformanceMonitor 的甘特图控件

2）采用视图控件循环计算或事件触发计算 KPI，显示 KPI 与生产数据值的关系，并可通过操作数进行相应的数据挖掘，分析故障原因，如图 17-10 所示。

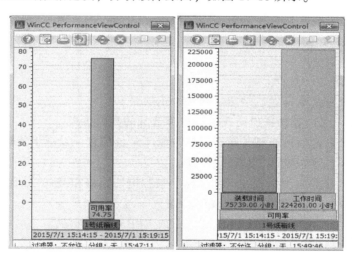

图 17-10　PerformanceMonitor 的视图控件

3）在 WinCC 的组态界面中使用了标准工具，极大简化了操作和组态过程，无需为实现 KPI 的计算进行复杂的编程。

4）通过关联的上、下文信息（如所用的物料）的分析，准确识别其与生产的相关性。

5）采用类型/实例机制，将组态成本降至最低。

6）支持 WinCC 单站、C/S 架构和 B/S 架构（Web Navigator）。

7）通过 Information Server 生成基于 Web 的工厂特定报表（预定义、可扩展型报表）。

PerformanceMonitor 的产品发布信息请参考条目 ID 109748407，组态视频请参考条目 ID V1394。

17.5 WinCC/TeleControl

17.5.1 概述

WinCC/TeleControl（简称 TeleControl）是 WinCC 通过远程控制协议在广域网中连接远程站（远程终端设备 RTU）的选件。广域网的远程通信在很大程度上是由已经具备的通信基础设施决定的。传输介质包括专用线路、模拟或数字电话网络、无线网络（GSM 或私网）、DSL 和 GPRS。

为了在低带宽和低传输速率的广域网上可靠地传输过程数据，TeleControl 采用了特殊的数据传输协议为报文进行有效的保护，远程控制协议包括：IEC 60870-9-101/104，DNP3 和 SINAUT S7。TeleControl 主要应用在淡水/污水处理，石油/天然气的输送管线和钻井平台以及电力等行业中。TeleControl 的系统架构如图 17-11 所示。

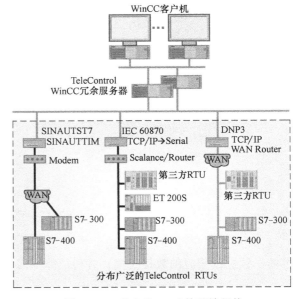

图 17-11 TeleControl 的系统架构

17.5.2 优势和功能

1）适用于低带宽，高延迟或缺乏可靠性通信线路。

2）在 RTU 中，通过数据备份防止通信故障造成的数据丢失。

3）通过事件触发的通信机制传输报警和控制测量值信息，以减少传输的数据量。

4）通过时钟同步矫正 RTU 数据的时间戳。

5）用串行接口支持通信介质（专用线路、模拟电话线路和 ISDN 线路的拨号连接）、各种无线电设备（标准、扩频调制）、微波和 GSM。

6）基于广域网的 TCP/IP 的支持，如 DSL 或 GPRS 无线网络。

7）支持冗余通信连接。

8）具备用于 RTU 通信链路的扩展通信诊断功能。

9）具备 RTU 远程编程功能。

10）不同的通信拓扑结构：点对点支持，多点（多模式）和分层网络结构。

11）高质量的服务器冗余方案确保服务器宕机时，无数据丢失。

TeleControl 的产品发布信息请参考条目 ID 109744853，组态视频请参考条目 ID V1453。

17.6 WinCC/Calendar Scheduler

17.6.1 概述

WinCC/Calendar Scheduler（简称 Calendar Scheduler）是基于日历的事件管理的选件，用于在日历中定义和执行相关的事件，即在预定义时间内设置 WinCC 变量或启动脚本。

17.6.2　优势和功能

1）在 Calendar Scheduler 中，设置 WinCC 变量和启动脚本不占用 WinCC 脚本系统的进程，而是使用单独的服务进行处理。

2）采用 Microsoft Office 日历模式，事件的操作、组态和规划极为简单便捷。

3）通过参数设置快速组态操作（在特定时间执行 WinCC 脚本或写入 WinCC 变量），如图 17-12 所示。

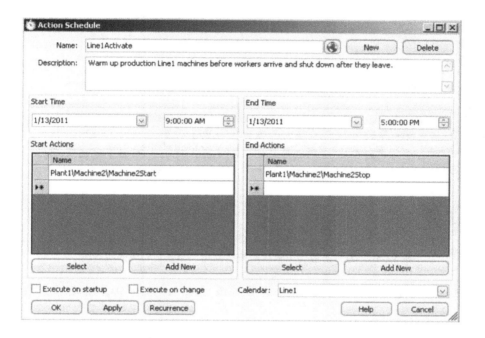

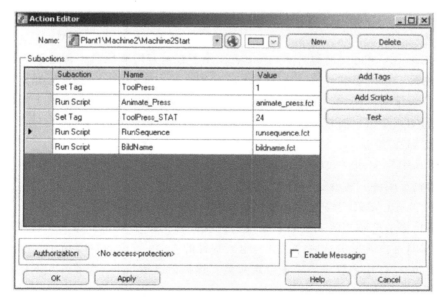

图 17-12　配置定期执行的时间和动作

4）当组态重复发生事件时，可设置例外的公共假日、假期和设备维护期。

5）支持 WinCC 单站、C/S 架构和 B/S 架构（Web Navigator）。

6）在画面中，使用 Calendar Scheduler 控件根据时间的显示区间显示所有事件的执行情况，在组态和运行过程中均可直观、便捷地操作（支持拖拽功能），如图 17-13 所示。

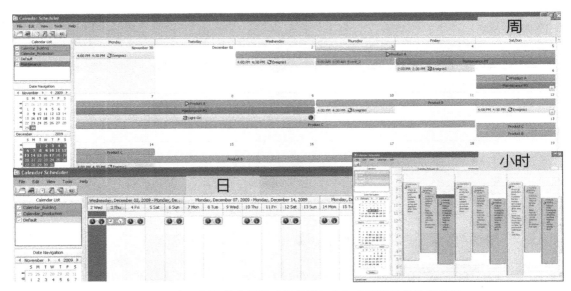

图 17-13　在日历控件中根据时间范围组态和查看动作的执行情况

Calendar Scheduler 的产品发布信息请参考条目 ID 109739350，组态视频请参考条目 ID V1392。

17.7　WinCC/Event Notifier

17.7.1　概述

WinCC/Event Notifier（简称 Event Notifier）用于在特定时间段内，将基于 WinCC 报警系统中发生的事件，以电子邮件方式向相关人员发送通知。Event Notifier 采用通知分级，并使用多级别的升级策略，例如，仅当"现场无人"或在指定时间内未收到第 1 组成员的任何响应时，才通知第 2 组。而相关人员对于特定事件的响应最终将会通知给全体相关人员。

17.7.2　优势和功能

1）由于采用与 Microsoft Office 的日历模式，消息的操作、组态和设计极为简单、便捷。

2）使用电子邮件方式发送与接收消息。

3）支持 WinCC 单站、C/S 架构和 B/S 架构（Web Navigator）。

4）根据报警消息和相关人员的等级设置升级策略，通过 WinCC 报警系统中的消息，组态，选择通知消息，通过消息块的选择，组态邮件的内容，如图 17-14 所示。

5）基于 WinCC 用户管理中的预设定人员，选择消息接收方，如图 17-15 所示。

提示：Event Notifier 不直接支持发送短信的功能，除非所应用的邮件服务器具备短信提醒功能。

Event Notifier 的产品发布信息请参考条目 ID 109739352，组态视频请参考条目 ID V1393。

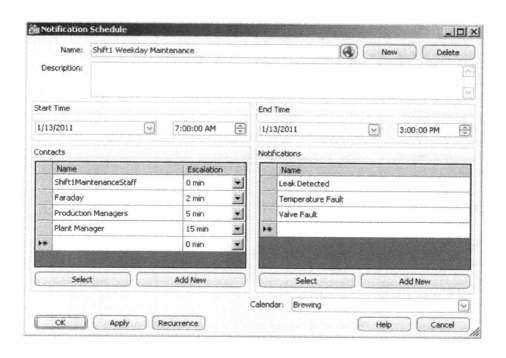

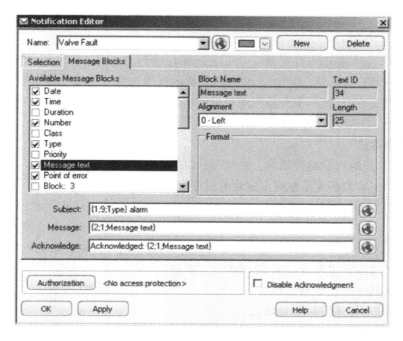

图 17-14 设置通知邮件的升级策略和消息内容

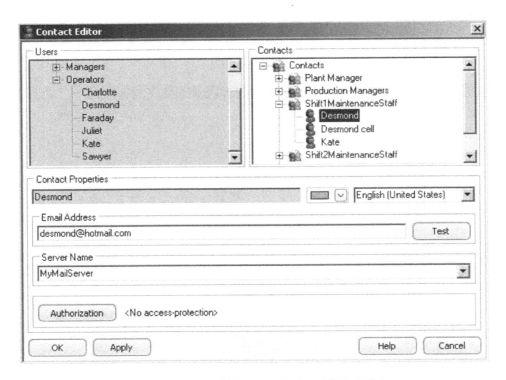

图 17-15　选择相关的 WinCC 用户作为通知接收方

17.8　WinCC/ODK

17.8.1　概述

WinCC/ODK（简称 ODK）是基于已开放的编程接口 C-API（C 应用程序接口）的开放式开发工具包，用于访问 WinCC 组态和运行系统数据的选件。相对于常规的 C 函数、VB 函数和 WinCC 函数，ODK 提供了大量的底层函数实现更加强大功能，例如直接编辑 WinCC 的用户管理和设计，在运行时可用的 ActiveX 控件等。

17.8.2　优势和功能

1）通过开放式的标准编程语言，扩展 WinCC 的系统功能。

2）为 WinCC 基本系统开发用户定制的程序和附加组件。

3）ODK 可以应用在 WinCC 内部的全局脚本或画面编辑器的 C 动作中。

4）ODK 也可以应用在基于 C-API 的 Windows 的外部应用程序中（需要 MS Visual C++/C#/Visual Basic. NET 的开发编译环境），直接访问 WinCC 组态和运行系统的数据和对象，例如，可以通过下列函数实现 WinCC 的某些特定功能。

- MSRTCreateMsg 用于创建消息。
- DMGetValue 用于读取变量数值。
- PDLRTSetProp 用于设置运行画面中显示对象的属性。

提示：ODK 提供的光盘仅包括 ODK 的函数说明和示例，无需安装。

17.9　WinCC/Powerrate

17.9.1　概述

WinCC/Powerrate（简称 Powerrate）是用来可视化和管理电能测量和需量控制的选件。Powerrate 连续记录、归档并进一步处理电能数据，准确计算消耗情况，不但有助于采购能源的预测，而且还能找出潜在的节省点，从而有效降低能源成本。Powerrate 集成的负荷管理功能可以有效地将能耗控制在限定范围内，以降低用能成本，尤其适用于电能需量控制。Powerrate 在能源管理系统（EMS）架构中所处的位置如图 17-16 所示。

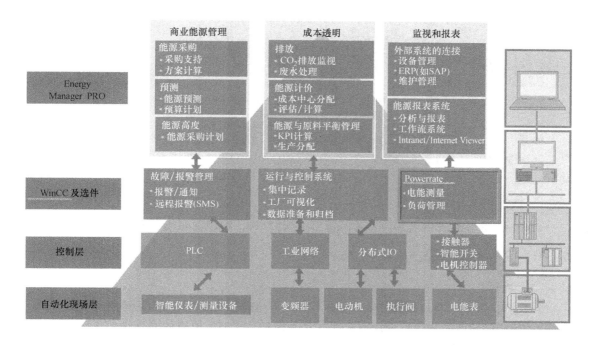

图 17-16　能源管理系统架构中的 Powerrate

17.9.2　优势和功能

1）通过现场检测仪表或传感器（数据源类型为开关量/脉冲，模拟量/瞬时值或计数器/累计值），使用预置的 PLC 功能块采集和记录能耗数据，使用预置的 WinCC 面板实现能耗数据的可视化。

2）通过监视当前设备功率是否达到合同规定的功率限制，采用负荷管理模块智能起动停止现场设备，避免不必要的高峰电价或者罚款。

3）利用直观的负荷曲线，快速、精确地展示能源消耗。

4）电能测量支持西门子的专用测量仪表（如 PAC3200/PAC4200）或第三方的采集设备。

5）在 PLC 和 WinCC 之间使用发送接收机制对测量值进行归档，通信中断不会导致数据的丢失。

6）采集的电能和批量生产数据可以导出到 MS Excel，以便进一步评估分析。

7）将电能数据分配给成本中心并以预定义报告的形式评估电能消耗的成本。

在 WinCC 项目运行画面中，显示 Powerrate 选件预置的面板，如图 17-17 所示。

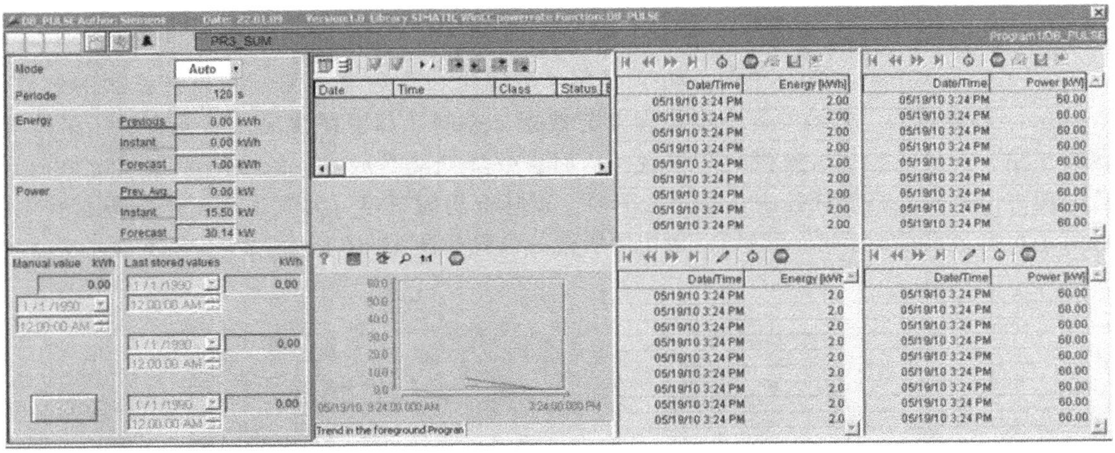

图 17-17　Powerrate 预置的面板

提示：

● SIMATIC Powerrate 需要使用经典 WinCC 和 STEP 7 集成组态，应用于 S7-300/400 PLC。

● 负荷管理需要使用"用户归档"选件组态。

Powerrate 的产品发布信息请参考条目 ID 48355131，组态视频请参考题条目 ID V0586。

17.10　Energy Manager PRO

17.10.1　概述

Energy Manager PRO 是 B. Data 的替代产品，作为 SIMATIC 能源管理系统，Energy Manager PRO 自动地采集和处理能源数据，计算能耗的 KPI，通过能源计价的评估和能耗费用的分摊实现能耗成本的透明化，同时结合生产计划和历史能耗数据为能源预测和采购提供数据支持。Energy Manager PRO 主要应用于食品饮料、汽车、水泥和电厂等行业。Energy Manager PRO 在能源管理系统（EMS）架构中所处的位置如图 17-16 所示。

17.10.2　优势和功能

1）除直接连接 WinCC 的历史数据外，还提供 OPC、Modbus、OLEDB 等数据接口连接测量系统，实现灵活的数据采集和监视。

2）集成大量的测量值算法和基于 MS Excel 的模块，用于计算 KPI 和生成统计数据，自动生成和发布报表。

3）集成的 Dashboard 和 Widget 可以对在线数据和历史数据进行图形化分析。

4）基于峰、谷、平的不同时间区间精确展示价格模型。

5）节约或消耗的能源最终换算为提供二氧化碳排放的监测数据报表。

6）能源数据可集成到更高层级的管理系统中，如 SAP 系统。

7）Energy Manager PRO 以 WEB 页面的形式展现能源数据和报表，如图 17-18 所示。

Energy Manager PRO 的产品发布信息请参考条目 ID 109741867。

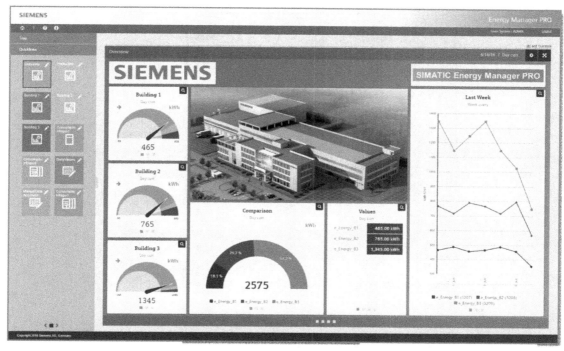

图 17-18　Energy Manager PRO 的展现形式

17.11　PM-Control

17.11.1　概述

PM-Control 作为 WinCC 的过程管理附加件，用于生产单元的柔性化配方（程序化配方）和生产数据管理，以及作业控制，即动态调用配方并自动分配作业到生产单元，实现复杂的自动化任务。PM-Control 主要应用于批量生产行业，例如精细化工，食品饮料和药品等。

17.11.2　优势和功能

1）相比于传统的参数化配方，PM-Control 的柔性化配方可以更紧密地结合生产工艺，不但能够灵活地组合配方参数，而且能够智能地调整配方的装载顺序。

2）集成的作业控制可根据计划产量和排产计划自动修改和编排配方数据。

3）良好的开放性允许其在操作和生产控制层与更上一层系统（如 MRP 制造资源系统）进行无缝连接。

4）满足 FDA 21 CFR Part11 关于审计追踪和电子签名方面的需求。

5）作业控制可以根据实际生产单元的状态进行正常生产、暂停生产、取消生产和重新生产（包括跳步和回退），如图 17-19 所示。

6）对于参数化配方和作业调度的修改和调整，可以通过电子签名（包括二次签名批准）的方式进行追溯。在内部系统审核跟踪中，变更记录包括时间戳、登录用户、参数名称以及每个批次的旧值和新值。

PM-Control 的组态视频请参考条目 ID V1577、V1578、V1579 和 V1580。

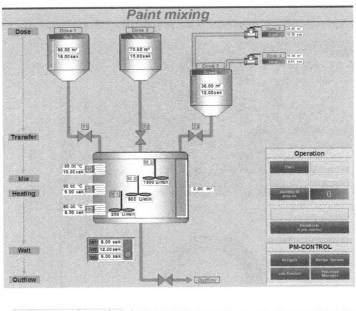

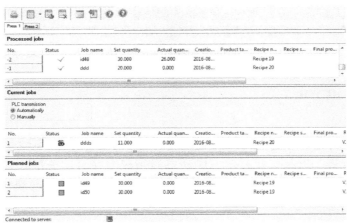

图 17-19　PM-Control 的生产作业调度

17.12　PM-Quality

17.12.1　概述

　　PM-Quality 作为 WinCC 的过程管理附加件，提供了以批次生产或作业控制为导向的模块化的生产信息归档系统。生产过程和产品数据、设备故障和操作信息、以及实验和分析数据可根据需求保存在批次的归档系统中。PM-Quality 主要应用于批量生产行业，例如精细化工，食品饮料和药品等。

17.12.2　优势和功能

　　1）PM-Quality 完整地记录、处理和批处理等相关数据的趋势，生产设定值和实际生产值等数据归档。基于批次生产参数的高度透明化，对质量控制和验证意义重大，满足 FDA 对于质量管理的要求。

2）通过图形化计算规则，使用系统提供的数学模型简化复杂的 KPI（关键绩效指标）计算，无需额外编程，如图 17-20 所示。

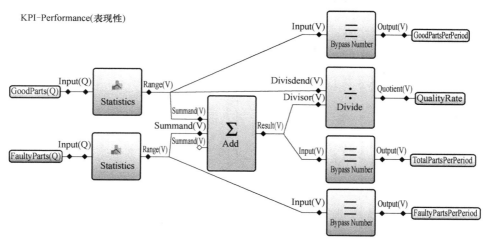

图 17-20　KPI 计算

3）可以将生产数据以订单和批次号的形式，通过批次趋势曲线或批次报表灵活进行展示。

4）可以在趋势中显示生产状态和不同生产阶段的持续时间，如图 17-21 所示。

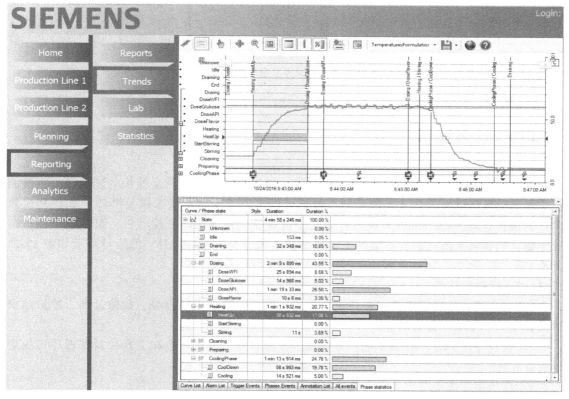

图 17-21　显示生产状态和持续时间的趋势图

5）可以在趋势中对比不同批次的生产数据实现对标功能，如图 17-22 所示。

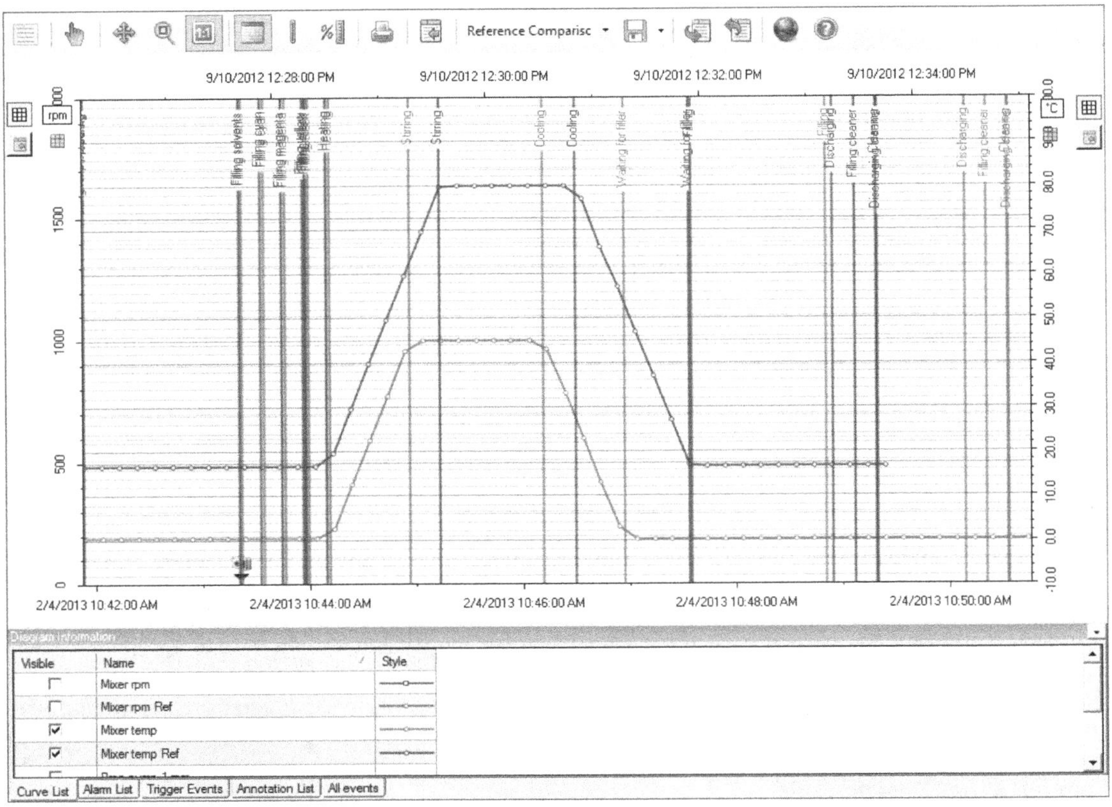

图 17-22　对比不同生产批次数据的趋势图

PM-Quality 的组态视频请参考条目 ID V1581、V1582 和 V1583。

17.13　PM-Maint

17.13.1　概述

PM-Maint 作为 WinCC 的过程管理附加件，是系统化的生产设备维护管理平台。不仅能够实现基于日历调度的日常维护计划，而且可以实现基于设备状态以及事件（如报警或故障）的维护计划。PM-Maint 系统可智能地分析计算设备维护的最佳时机，跟踪整个维护过程，建立和实施系统化的设备维护流程和维护成本分析。PM-MAINT 的运行画面如图 17-23 所示。

17.13.2　优势和功能

1）整个设备维护管理流程包括正常工作、设备故障、设备报警、故障诊断、维护请求和设备维护，形成完整的闭环。

2）在设备维护管理数据库中，分别采用设备管理、人员管理和工具材料管理等模块进行数据准备。

3）在维护工单中可添加维修说明指导。

4）设备维护的触发条件，采用对于过程报警信号，工作时间/运转周期和日程表等参

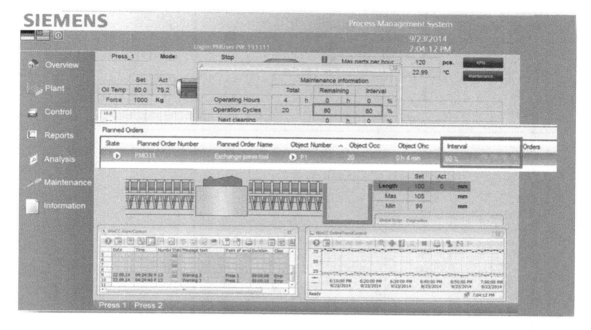

图 17-23　PM-MAINT 的运行画面

数的优化处理，自动/手动生成维修工单。

5）实时显示设备状态和维修工单执行情况，在维修工单完成并确认后，自动生成报表。

17.14　PM-Analyze

17.14.1　概述

PM-Analyze 作为 WinCC 的过程管理附加件，可以对一个或多个 WinCC 系统的报警消息进行集中分析。如故障出现频率分析、故障持续时间分析等，以帮助工厂提高设备生产力和产品质量。PM-Analyze 的运行画面如图 17-24 所示。

17.14.2　优势和功能

1）采用计算机辅助分析的方法评估来自各种来源的硬件中断、故障、状态和操作信息等大量信息，减少停机时间和维护时间，较早发现设备磨损迹象，定位故障来源或薄弱点。

2）可设置多达 4 个级别的过滤器，有助于更快地定位相关消息。

3）通过频度分析以确定最频繁发生的消息。

4）频率分析用于分析一段时间内的消息流量，将其划分为较小的时间间隔，以便在特定的时间内定位频繁发生的消息。

5）消息时间分析确定归档消息的持续时间。

6）闪烁分析用于在短时间内频繁发生的消息，然后不再在较长的时间内再次发生，这种突发情况可以通过可调阈值可靠地确定。

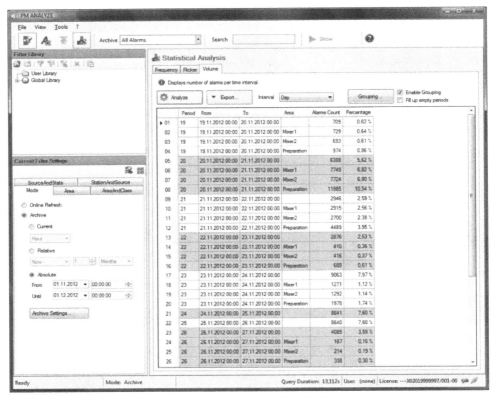

图 17-24　PM-Analyze 的运行画面

17.15　PM-Logon

17.15.1　概述

作为 WinCC 的过程管理附加件，PM-Logon 是通过 RFID（Radio Frequency Identification，无线射频识别）技术，维护和管理计算机和 WinCC 用户的智能工具。PM-Logon 的组态画面如图 17-25 所示。

17.15.2　优势和功能

1）PM-Logon 使用读卡器和芯片卡代替了传统的用户名和密码的手动登录方式。

2）在 PM-Logon 中，配置基于本地计算机管理和域控制器 Active Directory（活动目录）的用户帐号和密码。

3）在 PM-Logon 中，配置的用户帐号可以通过 SIMATIC Logon 和登录 WinCC Runtime，也可以使用 WinCC Viewer RT 登录 WinCC Web Navigator。

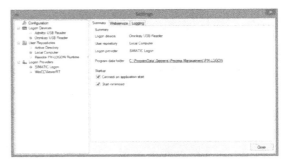

图 17-25　PM-Logon 的组态画面